Nachrichtentechnik
Herausgegeben von H. Marko
Band 15

Josef Hofer-Alfeis

Übungsbeispiele zur Systemtheorie

41 Aufgaben
mit ausführlich kommentierten Lösungen

Mit 352 Abbildungen

Springer-Verlag
Berlin Heidelberg New York Tokyo

Dr.-Ing. JOSEF HOFER-ALFEIS
Wissenschaftlicher Mitarbeiter, Zentralbereich Technik
Siemens AG, München

Dr.-Ing. HANS MARKO
Professor, Lehrstuhl für Nachrichtentechnik
Technische Universität München

CIP-Kurztitelaufnahme der Deutschen Bibliothek
Hofer-Alfeis, Josef:
Übungsbeispiele zur Systemtheorie: 41 Aufgaben mit ausführl. kommentierten Lösungen/
Josef Hofer-Alfeis.
Berlin; Heidelberg; New York; Tokyo: Springer, 1985.
Nachrichtentechnik; Bd. 15)

ISBN 3-540-15083-8 Springer-Verlag Berlin Heidelberg New York Tokyo
ISBN 0-387-15083-8 Springer-Verlag New York Heidelberg Berlin Tokyo

NE: GT

Druck: Mercedes-Druck, Berlin; Bindearbeiten: Lüderitz & Bauer, Berlin
2362/3020-543210

Zur Buchreihe „Nachrichtentechnik“

Die Nachrichten- oder Informationstechnik befindet sich seit vielen Jahrzehnten in einer stetigen, oft sogar stürmisch verlaufenden Entwicklung, deren Ende nicht abzusehen ist. Durch die Fortschritte der Technologie wurden ebenso wie durch die Verbesserung der theoretischen Methoden nicht nur die vorhandenen Anwendungsgebiete ausgeweitet und den sich ändernden Erfordernissen angepaßt, sondern auch neue Anwendungsgebiete erschlossen.

Zu den klassischen Aufgaben der Nachrichtenübertragung und Nachrichtenvermittlung sind die Nachrichtenverarbeitung und die Datenverarbeitung hinzugekommen, die viele Gebiete des beruflichen sowie des privaten Lebens in zunehmendem Maße verändern. Die Bedürfnisse und Möglichkeiten der Raumfahrt haben gleichermaßen neue Perspektiven eröffnet wie die verschiedenen Alternativen zur Realisierung breitbandiger Kommunikationsnetze. Neben die analoge ist die digitale Übertragungstechnik, neben die klassische Text-, Sprach- und Bildübertragung ist die Datenübertragung getreten. Die Nachrichtenvermittlung im Raumvielfach wurde durch die elektronische zeitmultiplexe Vermittlungstechnik ergänzt. Satelliten- und Glasfasertechnik haben zu neuen Übertragungsmedien geführt. Die Realisierung nachrichtentechnischer Schaltungen und Systeme ist durch den Einsatz des Elektronenrechners und die digitale Schaltungstechnik erheblich verbessert und erweitert worden. Die schnelle Entwicklung der Halbleitertechnologie zu immer höheren Integrationsgraden erschließt neue Anwendungsgebiete besonders auf dem Gebiet der digitalen Technik.

Die Buchreihe „Nachrichtentechnik“ trägt dieser Entwicklung Rechnung und bietet eine zeitgemäße Darstellung der wichtigsten Themen der Nachrichtentechnik an. Die einzelnen Bände werden von Fachleuten geschrieben, die auf dem jeweiligen Gebiet kompetent sind. Jedes Buch soll in ein bestimmtes Teilgebiet einführen, die wesentlichen heute bekannten Ergebnisse darstellen und eine Brücke zur weiterführenden Spezialliteratur bilden. Dadurch soll es sowohl dem Studierenden bei der Einarbeitung in die jeweilige Thematik als auch dem im Beruf stehenden Ingenieur oder Physiker als Grundlagen- oder Nachschlagewerk dienen. Die einzelnen Bände sind in sich abgeschlossen, ergänzen einander jedoch innerhalb der Reihe. Damit ist eine gewisse Überschneidung unvermeidlich, ja sogar erforderlich.

Die derzeitige Planung der Reihe umfaßt die mathematischen Grundlagen, die Baugruppen und Systeme sowie die Technik der Signalverarbeitung und Signalübertragung. Eine Ergänzung bildet die Meßtechnik. Das folgende Schema zeigt den heutigen Stand der Reihe unter Einschluß der demnächst erscheinenden Bände.

Mathematische Grundlagen	Band 1:	Methoden der Systemtheorie (H. Marko)
	Band 4:	Numerische Berechnung linearer Netzwerke und Systeme (H. Kremer)
	Band 7:	Grundlagen digitaler Filter (R. Lücker)
	Band 10:	Grundlagen der Theorie statistischer Signale (E. Hänsler)
	Band 15:	Übungsbeispiele zur Systemtheorie (J. Hofer-Alfeis)
	Geplant:	Mehrdimensionale Systemtheorie
	Geplant:	Kanalcodierung
Baugruppen und Systeme	Band 3:	Bau hybrider Mikroschaltungen (E. Lüder)
	Band 8:	Nichtlineare Schaltungen (R. Elsner)
	Geplant:	Transistorverstärker
Signalverarbeitung	Band 5:	Prozeßrechentechnik (G. Färber)
	Band 12:	Sprachverarbeitung und Sprachübertragung (K.-R. Fellbaum)
	Band 13:	Digitale Bildsignalverarbeitung (F. Wahl)
	Geplant:	Analoge Bildverarbeitung
Signalübertragung	Band 2:	Fernwirktechnik der Raumfahrt (P. Hartl)
	Band 6:	Nachrichtenübertragung über Satelliten (E. Herter, H. Rupp)
	Band 11:	Bildkommunikation (H. Schönfelder)
	Band 14:	Digitale Übertragungssysteme (G. Söder, K. Tröndle)
	Geplant:	Millimeterwellen
	Geplant:	Lichtwellenleiter
	Geplant:	Optimierung digitaler Übertragungssysteme
	Geplant:	Antennen
	Geplant:	Radartechnik
Ergänzungen	Band 9:	Nachrichten-Meßtechnik (E. Schuon, H. Wolf)

Herausgeber und Verlag danken für alle Anregungen zur weiteren Ausgestaltung dieser Reihe. Die freundliche Aufnahme in der Fachwelt hat die Richtigkeit der Idee, das sich schnell entwickelnde Gebiet der Nachrichtentechnik oder Informationstechnik in einer Buchreihe darzustellen, bestätigt.

München, im Herbst 1984 H. Marko

Vorwort

Die Systemtheorie ist heute eines der bedeutendsten theoretischen Werkzeuge der Nachrichten- oder Informationstechnik. Sie wird ebenso angewandt in der Meß- und Regelungstechnik, Kybernetik, Optik wie in anderen Wissenschaftsgebieten, die sich nachrichtentechnischer Methoden zur Beschreibung komplexer Kausalzusammenhänge bedienen.

Die Methoden der Systemtheorie sind in Band 1 dieser Buchreihe zusammengestellt. Zur Vertiefung ihres Verständnisses und zur Lernkontrolle ist für jeden, der dieses so vielseitig anwendbare theoretische Werkzeug beherrschen will, eigenes Üben im Lösen geeigneter Probleme unentbehrlich. Deshalb sind in diesem Buch 41 Aufgaben aus der in meiner mehrjährigen Lehrtätigkeit an der Technischen Universität München (u.a. Übungsvorlesung zur Systemtheorie, zusammen mit Herrn Prof. Dr. H. Marko) entstandenen Sammlung ausgewählt.

Die profunden Kenntnisse meines geschätzten Lehrers haben mir in vielen Diskussionen den Zugang zur Systemtheorie erleichtert und Freude an ihrer Vielseitigkeit, Effektivität und Eleganz vermittelt. Die Erfahrungen aus meiner Arbeit mit Studenten sind mit der Kenntnis der speziellen großen und kleinen Verständnisschwierigkeiten, die oft die Anwendung der systemtheoretischen Methoden blockieren, in die sorgfältig gewählte Aufgliederung der Aufgabenstellung und vor allem in die ausführliche Erklärung der Lösungen mit vielen Ableitungshinweisen und Skizzen eingeflossen.

Da das Buch überwiegend bei Studenten Verwendung finden wird, waren Verlag, Herausgeber und Autor bemüht, den Preis so niedrig wie möglich zu halten. Dies ließ sich durch einfache, aber zweckgerechte Herstellung des Buches erreichen, in der Manuskriptphase z.B. durch handschriftliche Einträge in die sachgemäß große Zahl der Formeln. Dadurch wurden auch Übertragungsfehler weitgehend vermieden.

Das Tippen eines so mit Formeln und Skizzen durchsetzten Manuskripts erfordert viel Aufmerksamkeit, dafür danke ich Frau Annelie Schröder. Herr Peter Osel hat mit ebensogroßem Einsatz die circa 340 Diagramme und Blockschaltbilder gezeichnet, Herr Richard Bamler hat mit gründlicher Durchsicht des Manuskripts und vielen Anregungen zur Klarheit der Darstellung beigetragen und meine kleine Tochter und meine Frau haben mit viel Geduld auf gemeinsame Stunden verzichtet.

München im November 1984 Josef Hofer-Alfeis

Inhaltsverzeichnis

Einführung

Die Auswahl und Reihenfolge der Aufgaben ist im wesentlichen dem Aufbau des Buches "Methoden der Systemtheorie" von H. Marko, 2. Auflage 1982 (Band 1 dieser Buchreihe), angepaßt, auf das mit "MS S. ..." verwiesen wird. Zusätzlich wurden Kapitel 2 "Operationen mit dem Dirac-Impuls" und Kapitel 8 "Einschwingvorgänge" aufgenommen. Am Anfang jedes Aufgabenkapitels steht eine kurzgefaßte Einführung, die den Inhalt der Aufgaben charakterisiert. Vor jeder Aufgabe werden die geforderten Lösungsmethoden aufgezählt, da im Gegensatz zu einer Übungsvorlesung bei einem Teil der Aufgaben auch Methoden angewendet werden, die erst in späteren Kapiteln ausführlich geübt werden. Dies soll den Lesern, die dieses Buch zur Einführung in die Methoden der Systemtheorie verwenden wollen, die Auswahl der Übungsaufgaben erleichtern. Die Lösungen sind im zweiten Teil des Buches jeweils unter der gleichen Kapitel- und Beispielnummer zu finden.
Folgende Abkürzung bzw. Funktionsnamen werden häufig verwendet:

FT Fouriertransformation

$$\mathrm{rect}(x) = \begin{cases} 1, & |x| < 1/2 \\ 1/2, & |x| = 1/2 \\ 0, & |x| > 1/2 \end{cases} \qquad \gamma(x) = \begin{cases} 1, & x > 0 \\ 1/2, & x = 0 \\ 0, & x < 0 \end{cases}$$

$$\mathrm{si}(x) = \sin(x)/x \qquad \mathrm{sign}(x) = \gamma(x) - \gamma(-x)$$

Alle anderen Funktionsnamen werden in der Aufgabe, in der sie Verwendung finden, definiert.
Eine Besonderheit gilt für Koordinatentransformationen bei Spektralfunktionen: Es werden trotz Wechsels der Variablen keine neuen Funktionsnamen, wie sonst mathematisch üblich, verwendet; es gilt also, ebenso wie in MS S.1 vereinbart, $U(f) = U(\omega) = U(j\omega) = U(p) = U(\lambda)$ um die Mühe mit den sonst erforderlichen Indizes zu sparen.

A 1 Spektralanalyse bei periodischen Funktionen

Eine Funktion u(t), für die gilt

$$u(t) = u(t+kT), \quad k_1 \leq k \leq k_2, k \text{ ganz}$$

besteht für $k_1 < k_2-1$ aus mehreren bis auf eine Verschiebung gleichartigen Einzelimpulsen der Periodendauer T. Sie ist (streng) periodisch für $k_1 = -\infty$ und $k_2 = +\infty$ und quasiperiodisch für k_1, k_2 endlich. In den folgenden Beispielen 1.1 - 1.4 wird die Spektralanalyse für streng periodische Funktionen durchgeführt, in Beispiel 1.5 die real immer gegebene Zeitbegrenzung berücksichtigt. Im Beispiel 1.6 wird der Zusammenhang Frequenzbandbegrenzung und Gibbssches Phänomen aufgezeigt.

A 1.1 Periodische Sägezahnfunktion, mit Parameter τ auf der Zeitachse verschiebbar (1)

Methoden: Symmetrie-Betrachtungen, Fourierkoeffizientenberechnung, Drehzeiger- und Linienspektrum-Darstellungen, Übergang zum Einzelimpulsspektrum.

Gegeben: Funktionsverlauf, graphisch

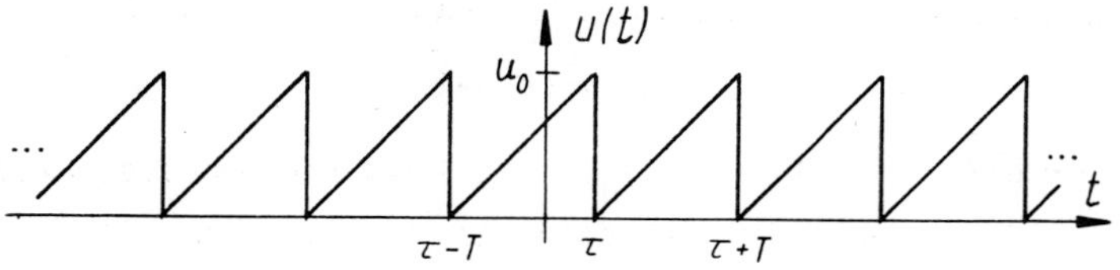

a) Geben Sie für $\tau=0$ den Einzelimpuls $u_e(t) = u(t)$ für $0 \leq t \leq T$ und u(t) formelmäßig an!

b) Geben Sie u(t) mit der Verschiebung $\tau \neq 0$ formelmäßig an!

c) Bestimmen Sie den Gleichanteil A_0 von u(t)!

d) Geben Sie Symmetrieeigenschaften von u(t) an!

e) Berechnen Sie die komplexen Fourierkoeffizienten von u(t)!

f) Geben Sie die reellen Fourierkoeffizienten an!

g) Falls unter (d) Symmetrieeigenschaften gefunden wurden, kontrollieren Sie ihren Einlfuß auf die komplexen Fourierkoeffizienten!

h) Skizzieren Sie das Drehzeigerdiagramm (die 9 längsten Drehzeiger) für u(t) zum Zeitpunkt t=0 und für τ=T/8!

i) Skizzieren Sie das komplexe Linienspektrum nach Real- und Imaginärteil in einer Pseudo-3D-Darstellung für τ=0, τ=T/2 und τ=T/8!

j) Mit u_0=10V ist u(t) eine Spannung. Geben sie für diesen Fall die in u(t) enthaltene reelle Grundschwingung $u_g(t)$ an!

k) Eine neues Signal $u_m(t)$ wird durch Auseinanderrücken der Einzelimpulse gebildet, so daß eine neue Periode T_m = mT, m ganz, entsteht, z.B. $u_3(t)$ für m=3

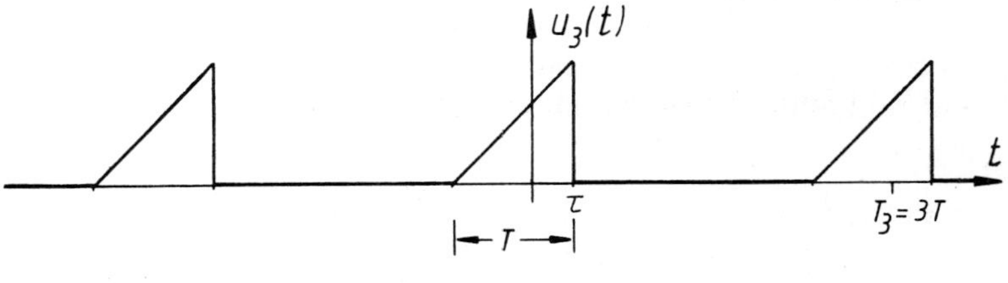

Welcher Zusammenhang besteht zwischen den Fourierkoeffizienten $\underline{A}_{m,n}$ von $u_m(t)$ und den in (e) berechneten $\underline{A}_n$ von u(t)?

l) Geben Sie qualitativ die Veränderungen im Linienspektrum an, wenn u(t) in $u_3(t)$ übergeht!

A 1.2 Dirac-Puls

Methoden: Fourier-Reihenentwicklung, Verschiebungssatz der FT

Gegeben: Dirac-Puls im Zeitbereich

$$p(t) = \sum_{k=-\infty}^{\infty} \delta(t-k\Delta t)$$

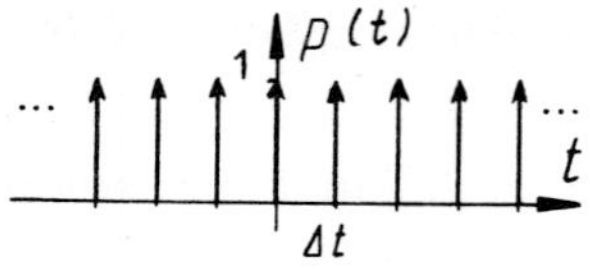

a) Bestimmen Sie mit Hilfe des Verschiebungssatzes das Fourierspektrum $P(f) \bullet\!\!-\!\!\circ\, p(t)$, dargestellt durch eine unendliche Funktionenreihe!

b) Da die Darstellung von P(f) aus (a) nicht besonders anschaulich ist, soll ein anderer Weg eingeschlagen werden: Entwickeln Sie p(t) in eine Fourierreihe und geben Sie die komplexen Koeffizienten an!

c) Auf zwei Wegen kann jetzt P(f) in anschaulicher Form dargestellt werden. Geben Sie sie an!

d) Skizzieren Sie P(f) und geben Sie eine qualitative Erklärung des Zusammenhangs $P(f) \bullet\!\!-\!\!\circ\, p(t)$, indem Sie p(t) aus reellen harmonischen Schwingungen zusammensetzen!

A 1.3 Periodische Sägezahnfunktion, mit Parameter τ auf Zeitachse verschiebbar (2)

Methoden: Synthese der periodischen Funktion durch Faltung von Einzelimpuls mit Dirac-Puls, Fourierspektrum der periodischen Funktion als Produkt von Einzelimpulsspektrum und Dirac-Puls, Verschiebungssatz der FT

Gegeben: $u(t) = \frac{u_0}{T}(t-\tau-kT)\ \mathrm{rect}((t-\tau-kT-T/2)/T)$,
mit $k = \ldots -1, 0, 1, 2, \ldots$

a) Skizzieren sie u(t)!

b) Der zentrierte Wechselanteil von u(t) sei $\tilde{u}_z(t) = u(t)\big|_{\tau=T/2} - A_0$

Welcher Zusammenhang besteht zwischen den Spektren $\tilde{U}_z(f)$ und U(f)?

c) Geben Sie den zentrierten Einzelimpuls $\tilde{u}_{ze}(t)$ aus $\tilde{u}_z(t)$ an (Formel und Skizze)!

d) Welcher Zusammenhang besteht zwischen $\tilde{u}_{ze}$ und $\tilde{u}_z$ im Zeit- und Frequenzbereich?

e) Bestimmen und skizzieren Sie das Einzelimpulsspektrum $\tilde{U}_{ze}(f)$!

f) Geben Sie U(f) an (Formel)!

g) Geben Sie U(f) an für $\tau=T/2$ (Formel und Skizze)!

h) Wie hängen die komplexen Fourierkoeffizienten $\underline{A}_{zn}$ von $\tilde{u}_z(t)$ mit $\tilde{U}_{ze}(f)$ zusammen? Geben Sie auch die $\underline{A}_n$ von u(t) an!

i) Geben Sie die reelle Grundschwingung in u(t) für $\tau=T/2$ und $u_0=10V$ an!

j) Welche Änderung ergibt sich, wenn die Einzelimpulse auf den Abstand cT, $c \geq 1$, auseinandergerückt werden?

A 1.4 Kombinierte Dreiecksschwingung

Methoden: Synthese der periodischen Funktion mit Hilfe von Einzelimpuls und Dirac-Puls, Fourier-Analyse über Faltungssatz

Gegeben:

1) Funktionsverlauf, graphisch

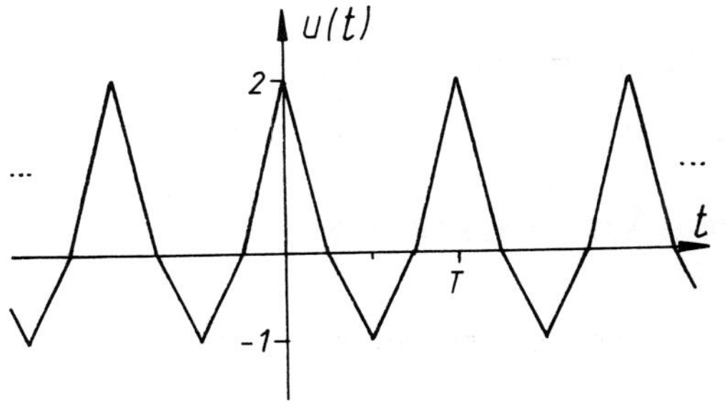

2) Fourierkorrespondenz für Dreiecksimpuls

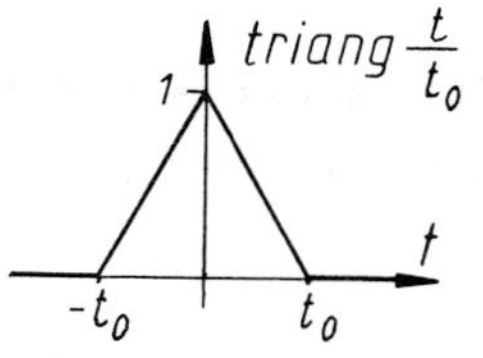

$$\text{triang}\,\frac{t}{t_0} \circ\!\!-\!\!\bullet\, t_0\ \text{si}^2\,\pi t_0 f$$

a) Bilden Sie u(t) mit Hilfe der Funktionen triang (Dreiecksimpuls und $\sum_k \delta(t-k\Delta t)$ (Dirac-Puls)!

b) Geben Sie das Spektrum U(f) an (Formel und Skizze)!

A 1.5 Periodisches Ausgangssignal einer Phasenanschnittssteuerung

Methoden: Fourierreihen-Entwicklung, Verschiebungssatz und Faltungssatz der FT, Darstellung einer Funktion als Produkt zweier einfacher Funktionen (Zeitfensterung)

Gegeben: Funktionsverlauf

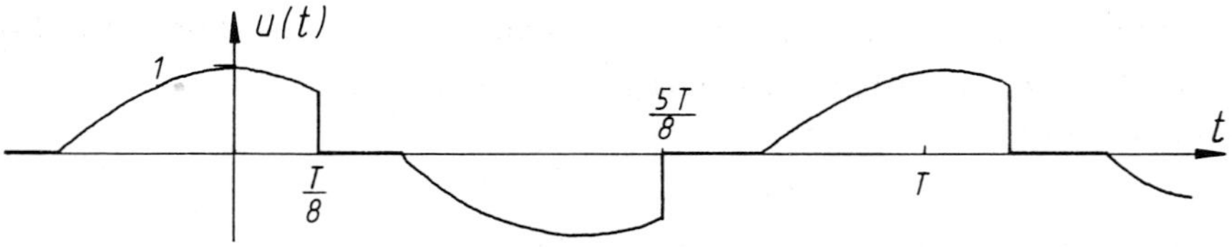

$$u(t) = \begin{cases} \cos 2\pi t/T & \text{für } -T/4 + kT/2 \le t \le T/8 + kT/2 \\ & \text{mit } k=\dots,-1,0,1,2,\dots \\ 0 & \text{sonst} \end{cases}$$

a) Hat u(t) Symmetrieeigenschaften? Wenn ja, geben Sie ihre Definition und ihre Bedeutung für die Fourierkoeffizienten an!

b) Berechnen Sie die komplexen Fourierkoeffizienten $\underline{A}_n$ für n = -1,0,1 und 2!

c) Geben Sie die in u(t) enthaltene reelle Grundschwingung $u_g(t)$ auf zwei Dezimalstellen genau an!

d) Geben Sie das Fourierspektrum $U(f) \circ\!\!-\!\!\bullet\, u(t)$ allgemein mit Hilfe der $\underline{A}_n$ an!

Das Fourierspektrum U(f) läßt sich auch über einen anderen Weg gewinnen, wenn u(t) als Produkt zweier einfacherer Funktionen angesetzt wird:

$$u(t) = u_1(t)\, u_2(t).$$

Im weiteren sei $u_1(t) = \cos 2\pi t/T$.

e) Skizzieren Sie $u_2(t)$!

f) Geben Sie $U_2(f) \circ\!\!-\!\!\bullet\, u_2(t)$ formelmäßig an!

g) Skizzieren Sie $|U_2(f)|$ für $0 \leq f \leq 2/T$! $1/T \hat{=} 1{,}5\,\text{cm}$; $1{,}5\,\text{cm} \hat{=} 5\,\text{cm}$

h) Geben Sie das Spektrum $U_1(f) \circ\!\!-\!\!\bullet\, u_1(t)$ an (Formel und Skizze, letztere in die Skizze von (g)!

i) Geben Sie U(f) als Funktion von $U_2(f)$ an!

j) Skizzieren Sie die beiden Summanden von U(f) aus (i) für $-2/T < f < 4/T$ in einer Pseudo-3D-Darstellung (Maßstab $1/T \hat{=} 1{,}5\,\text{cm}$)!

k) Berechnen Sie U(f) für $0 < f < 2/T$!

l) Bisher wurde u(t) als streng periodisch angenommen. Durch Beschränkung von u(t) auf 12 Perioden entsteht das quasiperiodische Signal $u_q(t)$, das zentriert ($u_{qz}(t)$) oder kausal ($u_{qk}(t)$) sein kann. Geben Sie $U_{qz}(f)$ und $U_{qk}(f)$ in Abhängigkeit von U(f) an!

m) Skizzieren Sie $U_{qz}(f)$ für $-2/T < f < 2/T$ in Pseudo-3D-Darstellung mit Abszissenmaßstab $1/T \hat{=} 3\,\text{cm}$!

A 1.6 Periodische Rechtecktfunktion mit Bandbegrenzung

Methoden: Verwendung von Tiefpaß-Sprungantworten

Gegeben: Periodische Rechteckfunktion u(t) mit Amplitude 1, zentriert, Breite der Impulse T/3 (Tastverhältnis 1:2) und Tabelle der Fourier-Reihe (MS S.197)

$$\tilde{u}_e(t) = \begin{cases} k, & t_1 < t < t_2 \\ 0, & t_2 < t < t_1 + T \end{cases}$$

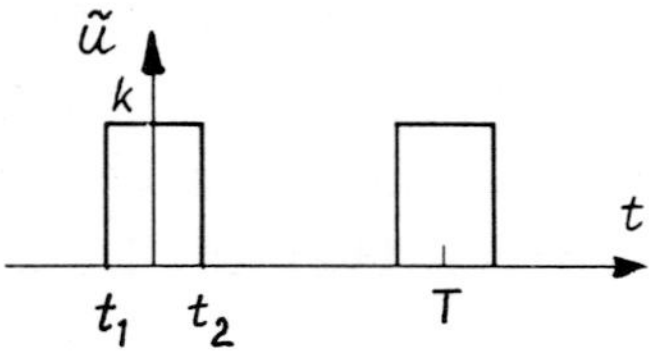

$$A_0 = k(t_2 + |t_1|)/T$$

$$A_n = \frac{k}{\pi n}(\sin n\omega_0 t_2 - \sin n\omega_0 t_1) \qquad B_n = \frac{k}{\pi n}(\cos n\omega_0 t_1 - \cos n\omega_0 t_2)$$

Spezialfall $t_2 = -t_1 = \frac{T}{4}$ (s. Skizze)

$$A_0 = \frac{k}{2}$$

$$A_n = \begin{cases} \frac{2k}{\pi n} & \text{für } n = 1,5,9,\ldots \\ \frac{-2k}{\pi n} & \text{für } n = 3,7,11,\ldots \\ 0 & \text{für } n = 2,4,6,\ldots \end{cases}$$

$$B_n = 0$$

a) Skizzieren Sie u(t)!

b) Bestimmen Sie die reellen Fourierkoeffizienten mit Hilfe der Tabelle!

c) Skizzieren Sie U(f) •—o u(t)! Maßstab: 1/T ≙ 0,5cm!

d) u(t) wird einer idealen Bandbegrenzung auf die Frequenzen $|f| < 10/T$ unterworfen. Dies kann durch einen Küpfmüller-Tiefpaß $S_K(f)$ ausgedrückt werden. Zeichnen Sie $S_K(f)$ in die Skizze von U(f) aus (c)!

e) Skizzieren Sie die Impulsantwort und die Sprungantwort von $S_K(f)$. (Abszissenmaßstab: $T \hat{=} 10cm$)!

f) Geben Sie $u_K(t)$ (=u(t) nach Bandbegrenzung mit S_K) an (Formel und qualitative Skizze mit Abszissenmaßstab $T \hat{=} 5cm$)!

g) Der Küpfmüller-Tiefpaß in (d) wird durch einen Spalttiefpaß $S_S(f)$ mit äquivalenter Bandbreite 20/T ersetzt. Zeichnen Sie $S_S(f)$ ebenfalls in die Skizze von U(f)!

h) Skizzieren Sie Impuls- und Sprungantwort von $S_S(f)$ ($T \hat{=} 10cm$)!

i) Skizzieren sie $u_S(t)$ (= u(t) nach Tiefpaßfilterung mit S_S) (Abszissenmaßstab $T \hat{=} 5cm$)!

j) Was versteht man unter dem Gibbsschen Phänomen?

A 2 Operationen mit dem Dirac-Impuls

Der Dirac-Impuls (oder δ-Funktion) ist definiert über seine Ausblendeigenschaft

$$\int_{-\infty}^{\infty} f(x)\,\delta(x)\,dx = f(0) \,, \qquad f(x) \text{ stetig im Nullpunkt}$$

s. MS Kap.10

Mit ihr lassen sich eine Reihe anderer Eigenschaften des Dirac-Impulses ableiten (2.1).
Ebenfalls von Bedeutung ist der Differentiationssatz für den Dirac-Impuls (MS S.181):

$$\int_{-\infty}^{\infty} \delta^{(n)}(x) f(x)\,dx = (-1)^n \, f^{(n)}(0), \qquad f(x) \text{ n-fach differenzierbar}$$

mit $\delta^{(n)}(x) = \frac{d^n}{dx^n}\delta(x)$.

Er wird benutzt, um z.B. in Beispiel 2.3 einen idealen Differenzierer durch seine Impulsantwort zu beschreiben. Im Beispiel 2.2 wird die Approximation des Dirac-Impulses durch realisierbare Signale untersucht und in 2.3 werden Faltungsbeispiele betrachtet.

A 2.1 Eigenschaften des Dirac-Impulses

Methoden: Ableitung aus Ausblendeigenschaft und Differentiationssatz, bei (e) Übertragungsgesetze für lineare zeitinvariante Systeme.

a) Welchen Amplitudenverlauf hat die δ-Funktion?

b) Welche Dimension hat der Spannungsimpuls

$$u(t) = u_0 t_1 \delta(t)$$

mit u_0=300V und t_1=10ms? (Erklärung!)

c) Zeigen Sie:

c1) $f(x)\delta(x-x_0) = f(x_0)\delta(x-x_0)$

c2) $\int_{-\infty}^{\infty} f(x)\,\delta(x-x_0)\,dx = f(x_0)$

c3) $\delta(ax) = \frac{1}{|a|}\,\delta(x)$

d) Welches Impulsintegral hat $\delta(\omega)$? Drücken Sie $\delta(\omega)$ durch $\delta(f)$ aus!

e) Auf ein lineares zeitinvariantes System mit Übertragungsfunktion $S(f) = \exp(-\pi(f/2f_0)^2)$ wird das Eingangssignal $u_1(t) = u_0\cos 2\pi f_0 t$ gegeben. Berechnen Sie die Amplitude des Ausgangssignals $u_2(t)$!

f) Berechnen Sie $\int_{-\infty}^{\infty} t^2\,\delta^{(2)}(t-2)\,dt$!

A 2.2 Approximationen für den Dirac-Impuls

a) Skizzieren Sie die Fourierkorrespondenz für $\delta(t)$ und $\mathrm{rect}(t)$!

b) Der Dirac-Impuls kann als Grenzübergang einer Funktionenreihe dargestellt werden, z.B. $\lim_{\Delta t \to 0} \frac{1}{\Delta t}\,\mathrm{rect}(\frac{t}{\Delta t}) = \delta(t)$.

Was bedeutet dieser Grenzübergang im Frequenzbereich?

c) Welche Anforderungen müssen Funktionen erfüllen, damit sie als Approximationen für den Dirac-Impuls verwendet werden können, d.h. im Grenzübergang einer linearen Stauchung (Koordinatentransformation wie in (b)) in $\delta(t)$ übergehen?

d) Sind folgende Impulsformen als Dirac-Impulsapproximation geeignet? Beweisen Sie Ihre Antworten!

d1) si-förmiger Impuls

d2) s. Skizze rechts

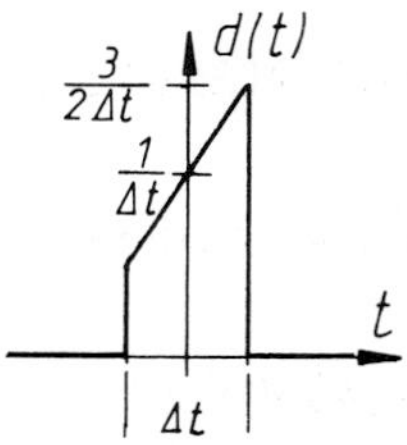

e) Die Systemfunktion $S(f)$ eines linearen zeitinvarianten Systems soll für $0 \leq f \leq f_g$ bestimmt werden. Als Eingangsfunktion steht ein Rechteckimpuls $u_1(t)$ mit variablem Δt als Dirac-Impulsapproximation und ein Frequenzanalysator für das Ausgangssignal zur Verfügung.

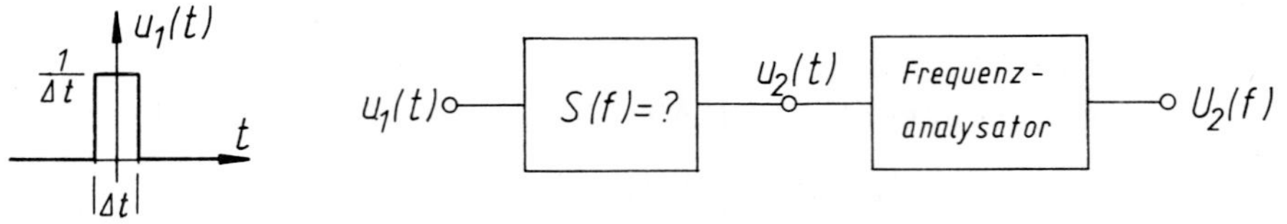

Wie klein muß die Ipulsdauer Δt mindestens sein, damit bei dieser Messung der relative Fehler $|\Delta S/S|$ kleiner 10% bleibt?

A 2.3 Faltung mit Dirac-Impuls

Methoden: Faltungsintegral, Zuordnungssatz

a) Die Funktion $u_1(t) = \Delta f \operatorname{si} \pi t \Delta f$ wird mit der harmonischen Schwingung $m(t) = \cos \omega_0 t + \sin \omega_0 t$ moduliert. Bestimmen Sie das Ausgangssspektrum $U_2(f)$ (Formel und Skizze) für $f_0 \gg \Delta f$!

b) Die Impulsantwort eines linearen zeitinvarianten Systems sei $s(t) = \delta'(t) = \frac{d}{dt}\delta(t)$. Geben Sie die Antwort dieses Systems auf folgende Eingangssignale an (für (b1) mit Beweis)!

b1) $u_1(t) = \cos \omega_0 t$

b2) $u_1(t) = \operatorname{rect} t$

b3) $u_1(t) = \delta(t-t_0)$

c) Gegeben ist das Modulationsprodukt

$$u(t) = \sin \omega_0 t(1+\cos \omega_0 t)$$

Wie groß ist der zeitliche Mittelwert von u(t)?
In welchem Amplitudenverhältnis steht die 1. Oberwelle zur Grundschwingung?

d) Das Signal $u_1(t)=\cos^2 \omega_0 t$ wird mit $p(t,\tau) = \sum_k \delta(t-\tau-k/(2f_0))$

abgetastet. Bestimmen Sie die im abgetasteten Signal $u_2(t)$ enthaltenen Frequenzen für zwei Fälle, indem Sie angeben (Skizzen):

d1) $\mathcal{F}\{\cos^2 \omega_0 t\}$

d2) $p(t,\tau)$ für $\tau = 1/(8f_0)$ und $\tau = 1/(4f_0)$

d3) $P(f,\tau)$ für $\tau = 1/(8f_0)$ und $\tau = 1/(4f_0)$

d4) die Überlagerung der Faltungsbeiträge zu U_2 der 5 Dirac-Impulse von P in $|f| \leq 4f_0$

d5) $U_2(f,\tau)$ für beide Fälle und $|f| \leq 4f_0$

d6) Erklären Sie beide Ergebnisse im Zeitbereich!

e) Geben Sie das Spektrum eines kausalen Dirac-Pulses $p_k = \sum_{k=0}^{\infty} \delta(t-k\Delta t)$ an (Formel und Skizze)!

A 3 Anwendung der Integraltransformationen

Die Beispiele betrachten häufig verwendete Korrespondenzen oder greifen Besonderheiten der Fourier-, Laplace und der Allgemeinen Spektraltransformation auf. Die häufig gebrauchte Korrespondenz rect-si-Funktion wird in 3.1 betrachtet, in 3.2 wird Fourier- und Laplacetransformation auf eine halbstationäre Sinusschwingung angewendet. In 3.3 wird der Zusammenhang der zwei bekannten Transformationen mit der Allgemeinen Spektraltransformation hergestellt und in 3.4 Besonderheiten der drei Transformationen am Beispiel von exponentiellen Signalen untersucht. Die Fourierrücktransformation unterscheidet sich nur in einem Vorzeichen von der Hintransformation und braucht deshalb nicht eigens untersucht zu werden. Die Laplace-Rücktransformation wird an mehreren Beispielen in Kap.4 erprobt. Die z-Transformation wird gesondert bei den zeitdiskreten Signalen in Kap.9 angewendet.

A 3.1 Fourierintegral angewandt auf die rect-Funktion

Gegeben: Definition

$$\text{rect}\ x = \begin{cases} 1\ , & |x| < 1/2 \\ 1/2, & |x| = 1/2 \\ 0\ , & |x| > 1/2 \end{cases}$$

a) Skizzieren Sie $r(t) = A\ \text{rect}\ t/\Delta t$!

b) Berechnen Sie mittels Fourierintegral das Spektrum $R(f)$!

c) Skizzieren sie $R(f)$ für $|f| \leq 5/\Delta t$! Tragen Sie in die Skizze in Prozent die Überschwingermaxima ($R(0)=100\%$) und die Hüllkurve ein!

A 3.2 Fourier- und Laplacetransformation einer halbstationären bzw. anklingenden Sinus-Schwingung

Methoden: Tranformationsintegrale, bei (e) Faltungs- und Zuordnungssatz

Gegeben: $u(t) = \gamma(t) e^{at} \sin \omega_0 t$

$a \geq 0$, reell

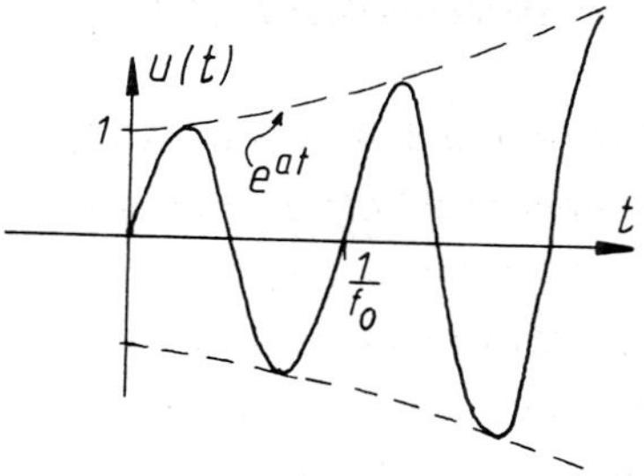

a) Geben Sie die Bedingungen, die u(t) für die Anwendung von Fourier-Integral bzw. Fouriertransformation erfüllen muß, an!

b) Stellen Sie eine Vorüberlegung zum Spektrum $U(f) \bullet\!\!-\!\!\circ\, u(t)$ an: Wie ist die spektrale Energie verteilt? Nur bei einer Frequenz?

c) Bestimmen Sie $U(\omega)$ mit dem nach (b) geeigneten Verfahren bzw. Parameter!

d) Skizzieren Sie $U(\omega)$!

e) Geben Sie einen anderen Lösungsweg mit Hilfe von Zuordnungs- und Faltungssatz an!

f) Kontrollieren Sie Ihr Ergebnis aus (e) an den Stellen $t=0$ und $f=0$!

g) Geben Sie die Bedingungen, die u(t) für die Anwendung der Laplace-Transformation erfüllen muß, an!

h) Berechnen Sie $U_L(p)$ mittels Transformationsintegral!

i) Zeichnen Sie die Pol-Nullstellenverteilung!

j) Wie erfolgt allgemein der Übergang von $U_L(p)$ zu $U(\omega)$?

k) Bestimmen Sie $U(\omega)$ und $\tilde{U}(\omega) = U_L(j\omega)$ aus $U_L(p)$!
Was stellt $\tilde{U}$ dar?

A 3.3 Fourier-, Laplace- und Allgemeine Spektraltransformation

a) Welcher Zusammenhang besteht zwischen der Allgemeinen Spektraltransformation und der einseitigen Laplacetransformation?

b) Welcher Zusammenhang besteht mit der Fouriertransformation?

c) Geben Sie ein Funktionsbeispiel, dessen Allgemeines Spektrum existiert (Skizze der Pol-Nullstellenverteilung), aber kein Fourier- und Laplacespektrum!

d) Gegeben ist folgende Pol-Nullstellenverteilung

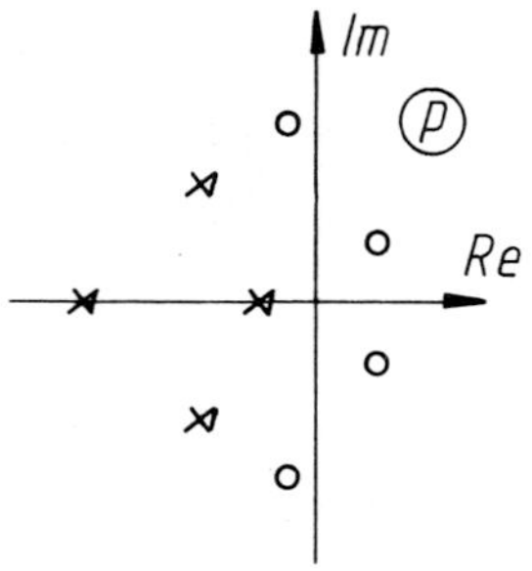

Ist es möglich, und wenn ja, mit welchem Integrationsweg, die Impulsantwort über

d1) die Laplacetransformation

d2) die Fouriertransfromation

d3) die Allgemeine Spektraltransformation zu bestimmen?

(Begründen Sie Ihre Antworten!)

A 3.4 Exponentielle Dämpfung

Methoden: Fourier- und Laplacetransformation, Faltungssatz

a) Bestimmen Sie das Fourierspektrum $A(\omega)$ der Funktion

$a(t) = \gamma(t)e^{-bt}$, $b > 0$ reell!

b) Skizzieren Sie $A(\omega)$!

c) Skizzieren Sie die Spektren von

c1) $p(t) = \sum_k \delta(t-kT)$

c2) $p_k(t) = \gamma(t)\sum_k \delta(t-kT)$

c3) $p_{ke}(t) = \gamma(t)e^{-bt}\sum_k \delta(t-kT)$, $b > 0$ reell!

untereinander!

d) Was bewirkt allgemein die Multiplikation der Zeitfunktion mit $\gamma(t)e^{-bt}$, $b > 0$ reell,

d1) im Fourierspektrum?
d2) im Laplacespektrum?
d3) im Allgemeinen Spektrum?

Beweisen Sie Ihre Aussagen!

e) Gegeben ist das Laplacespektrum $U_1(p) = \dfrac{2a}{(p-a)(p+a)}$

und das Fourierspektrum $U_2(f) = U_1(j\omega) = \dfrac{2a}{(j2\pi f-a)(j2\pi f+a)}$
(a reell und positiv).

e1) Skizzieren Sie die Pol-Nullstellenverteilung von $U_1(p)$!

e2) Geben Sie je einen Integrationsweg für die Rücktransformation nach Laplace und nach Fourier in der Skizze von (e1) an!

e3) Geben Sie die zugehörigen Zeitfunktionen u_1 und u_2 an (Formel und Skizze)!

e4) Geben Sie kurz die unterschiedlichen Abbildungseigenschaften von Laplace- und Fouriertransformation an!

A 4 Lineare zeitinvariante Systeme mit kausaler Impulsantwort

Für lineare Systeme gilt das Überlagerungsgesetz, d.h. auf eine Summe von Eingangssignalen antwortet das System mit der Summe der jeweiligen Ausgangssignale. Voraussetzung ist dabei, daß alle Antworten auf früherer eingegebene Signale abgeklungen sind, d.h. die Energiespeicher leer sind. Bei zeitinvarianten Systemen sind die Antworten bis auf die Lage auf der Zeitachse unabhängig vom Zeitpunkt zu dem die Eingangssignale aufgeschaltet wurden. Solche Systeme werden auch allgemein verschiebungsinvariant genannt, wobei es sich dann auch um Ortssignale, z.B. Bilder, handeln kann. Unter Kausalität versteht man den bei realen Zeitsystemen immer gegebenen Zusammenhang, daß die Wirkung, das Ausgangssignal, nicht zeitlich vor der Ursache, dem Eingangssignal, auftreten kann. Diese Definitionen sind an dem kleinen Beispiel 4.5 zu erproben. Ein ausführliches Beispiel (4.1) führt in die Auswertung der Pol-Nullstellen-Verteilung und die Anwendung der Laplace-Rücktransformation ein. Das Beispiel 4.2 knüpft an Fouriertransformation und Faltung an, im Beispiel 4.3 werden auch verschiedene Laufzeitdefinitionen angewendet und interpretiert. In 4.4 wird vor allem die Verwendung einer Laplace-Tabelle geübt.

A 4.1 Ausführliches Beispiel

Methoden: Laplace-Rücktranformation, Aussagen der Pol-Nullstellen-Verteilung einschl. Abschätzung von Dämpfung und Phase, Laufzeitdefinitionen, Sprungantwort aus Impulsantwort

Gegeben : Lineares zeitinvariantes System in drei verschiedenen Darstellungen (RCL-Netzwerk, Blockschaltbild, Vierpol)

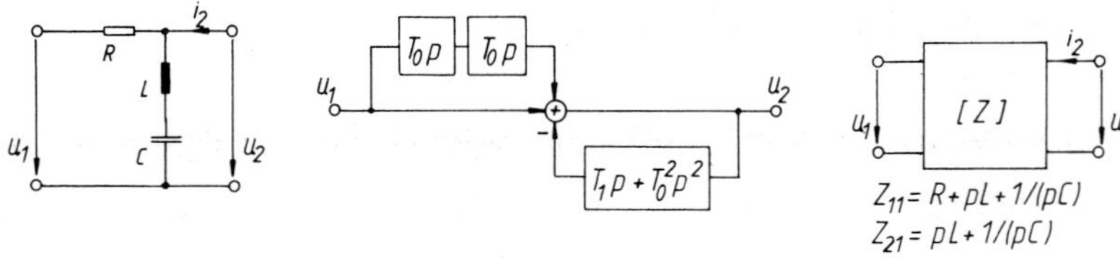

a) Berechnen Sie die Übertragungsfunktion $S(p) = U_2(p)/U_1(p)$ für ausgangsseitigen Leerlauf ($i_2=0$)!
Benutzen Sie folgende Abkürzungen : $\omega_0=(LC)^{-1/2} = 1/T_D$ und $v=R/L=T_1\omega_0^2$

b) Kontrollieren Sie bei Ihrem Ergebnis von (a):

- die Dimension
- ist S komplex oder reell in p?
- die Dimensionen der Hilfsgrößen ω_0 und v!

c) Versuchen Sie mit einfachen Vorüberlegungen den Übertragungscharakter (Tief-, Hoch-, Bandpaß, usw.) festzustellen!

d) Berechnen Sie Pole und Nullstellen von S_1 und zeichnen Sie die Pol-Nullstellenverteilung, wobei $S_1(p) = S(p)\big|_{v=2\omega_0}$!

e) Ist S_1 ein stabiles System?
(Begründung und Stabilitätskriterium angeben!)

f) Ist S_1 ein Minimumphasensystem (Begründung!)?
Geben Sie Besonderheiten bei Dämpfung und Phase von Minimumphasensystem, Allpaß und allgem. System an!

g) Wie hängen Dämpfung und Phase mit der Lage von Pol- und Nullstellen in der p-Ebene zusammen?

h) Skizzieren Sie $a_1(\omega)$ mit Hilfe von (g)!

i) Skizzieren Sie $b_1(\omega)$ mit Hilfe von (g)! (Die Beiträge von Pol- und Nullstellen zuerst gesondert untereinander auftragen!)

j) Kontrollieren Sie die Symmetrieeigenschaften Ihrer Ergebnisse für a_1 und b_1!

k) Läßt sich eine passive RCL-Schaltung mit den gefundenen Dämpfungs- und Phasenverläufen realisieren oder wie müßten sie andernfalls aussehen (qualitativ!)?

l) Welche Aussagen lassen sich zur Kausalität im Zusammenhang mit $S_1(p)$ machen?

m) Geben Sie allgemein an, wie die Laplace-Rücktransformation und die Residuenberechnung zusammenhängen!

n) Berechnen Sie die Impulsantwort $s_1(t)$ und skizzieren Sie sie!

o) Wie hängen Impuls- und Sprungantwort zusammen?

p) Skizzieren Sie die Sprungantwort $\sigma_1(t)$! Begründen Sie, warum in Ihrer Skizze $\min\{\sigma_1(t)\} > 0$ oder < 0 ist und woher $\lim_{t\to\infty} \sigma_1(t)$ stammt!

q) Die in (d) gemachte Annahme $v=2\omega_0$ wird jetzt fallengelassen. Bestimmen Sie die Pole und Nullstellen in Abhängigkeit von v und ω_0!

r) Skizzieren Sie in 3 nebeneinanderstehenden Pol-Nullstellen-Plänen die Orte von Polen und Nullstellen für $v < 2\omega_0$, $v=2\omega_0$ und $v > 2\omega_0$!

s) Wie hängt in den 3 Fällen aus (r) R mit L und C zusammen?

t) Berechnen Sie s(t)!

u) Skizzieren sie s(t) für alle 3 Fälle $v \lesseqgtr 2\omega_0$ in ein Diagramm!

A 4.2 RC-Hochpaß als Differenzierer-Approximation

Methoden: Umrechnung Laplace- Fourier, Auswertung des Fourierspektrums, Differentiationssatz

Gegeben: Schaltung

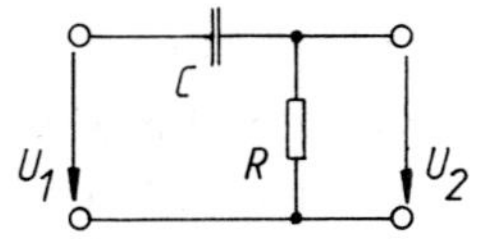

a) Bestimmen Sie die Übertragungsfunktion S(p)! (Verwenden Sie zur Vereinfachung $1/(RC) = a$)!
In welchem Zusammenhang steht S(p) mit der Übertragungsfunktion des zugehörigen RC-Tiefpasses $S_{TP}(p)$?

b) Geben Sie die Übertragungsfunktion $S(\omega)$ an (Formel und Skizze)!
Bestimmen Sie für die Skizze $\max\{\mathrm{Im}\{S\}\}$ und $\frac{d}{d\omega}\,\mathrm{Im}\{S\}\Big|_{\omega=0}$!

c) Für welchen Bereich von ω kann $S(\omega)$ näherungsweise als Differenzierer-Übertrangungsfunktion betrachtet werden?
Begründung angeben!

d) Geben Sie die Impulsantwort an (Formel und Skizze)!

e) In (c) wurde eine Bandbreite definiert, für die S einen Differenzierer approximiert. Zeigen Sie die Verhältnisse dieser Approximation im Zeitbereich!

f) Berechnen Sie die Antwort $u_2(t)$ auf

$$u_1(t) = \gamma(t)e^{-bt} \quad \text{mit } b = a/10!$$

g) Skizzieren Sie u_1, s, und u_2 untereinander mit gleichem Abszissenmaßstab!

h) Berechnen und Skizzieren Sie $u_1'(t)/a$! Zeigen Sie, daß die Fläche unter dem positiven Teil von u_2 größenordungsmäßig $1/a$ ist!

A 4.3 Aktive RC-Schaltung

Methoden: Auswertung des Pol-Nullstellendiagramms, Laplacetransformation, Laufzeitdefinitionen

Gegeben: aktives RC-Netzwerk

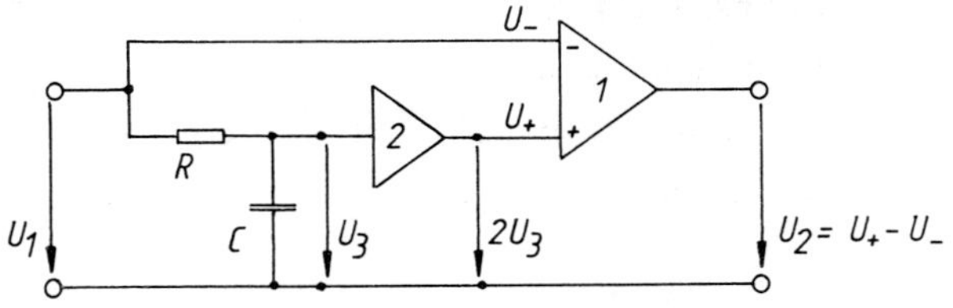

a) Berechnen Sie die Übertragungsfunktion S(p)!
Lösung:

$$S(p) = (a-p)/(a+p); \quad a = 1/(RC)$$

b) Zeichnen Sie das Pol-Nullstellendiagramm!

c) Ist das System
c1) stabil?
c2) ein Minimumphasensystem?
Begründen Sie kurz Ihre Antwort!

d) Skizzieren Sie den Verlauf der Dämpfung a und der Phase b über ω (ω linear aufgetragen)!

e) Geben Sie a und b formelmäßig an! Um welches Übertragungssystem handelt es sich (Tiefpaß, Bandpaß, Laufzeitglied, etc.)?

f) Geben Sie den Verlauf der Gruppenlaufzeit τ_g an (Formel und Skizze)!

g) Geben Sie die Impulsantwort s(t) an (Formel und Skizze)!

h) Geben Sie die Schwerpunktslaufzeit τ_s an und tragen Sie sie in die Skizze der Impulsantwort ein! Skizzieren Sie $s(t)(t-\tau_s)$!

i) Geben Sie die Sprungantwort $\sigma(t)$ an (Formel und Skizze)!

j) Skizzieren Sie die Antwort $u_2(t)$ des Systems auf folgenden Impuls

$$u_1(t) = a \text{ rect } (t-1/a)/2$$

und geben Sie max $\{u_2\}$ an!

k) Interpretieren Sie u_2 anhand des in (f) angegebenen Verlaufs der Gruppenlaufzeit und der Übertragungsfunktion aus (a)!

A 4.4 Beispiel mit Laplace-Tabelle

Methoden: Auswertung der Pol-Nullstellen-Verteilung, Impulsantwort und Eingangsfunktion bei gegebener Ausgangsfunktion über Tabelle

Gegeben: Übertragungsfunktion eines linearen, zeitinvarianten und kausalen Systems

$$S(p) = (p^2 + \omega_0^2)/(p^2 + \omega_0 p + \omega_0^2), \quad \omega_0 > 0, \text{ reell}$$

a) Zeichnen sie die Pol-Nullstellenverteilung!

b) Ist das System stabil? (Begründung und Stabilitätskriterium!)

c) Welchen Übertragungscharakter (Tief-, Hochpaß, ...) hat das System? (Begründung!)

d) Bestimmen Sie die Impulsantwort s(t) mit Hilfe der unten angegebenen Tabelle!

e) Skizzieren Sie s(t)!

f) Am Ausgang wird $u_2(t)$ gemessen

$$u_2(t) = \gamma(t) e^{-\omega_0 t/2} \sin \frac{\sqrt{3}}{2} \omega_0 t$$

Skizzieren sie $u_2(t)$!

g) Bestimmen Sie mit Hilfe der Tabelle, welches Eingangssignal $u_1(t)$ am Ausgang von S das Signal $u_2(t)$ aus (f) erzeugt (Formel und Skizze)!

h) Interpretieren Sie das Ergebnis in (g) anhand des in (e) angegebenen Übertragungscharakters!

i) Skizzieren Sie ein einfaches RCL-Netzwerk, das bei geeigneter Wahl der Elementewerte als Leerlaufspannungsübertragungsfunktion

S(p) hat und beweisen Sie Ihre Angabe!

Tabelle von Laplace-Korrespondenzen $u(t) \circ\!\!-\!\!\bullet U(p)$ aus MS S.203/204

$u(t),\ t > 0$		$U_L(p)$
$\delta(t)$	$\circ\!\!-\!\!\bullet$	1
$1 = \gamma(t)$	$\circ\!\!-\!\!\bullet$	$1/p$
t	$\circ\!\!-\!\!\bullet$	$1/p^2$
e^{-at}	$\circ\!\!-\!\!\bullet$	$1/(p+a)$
te^{-at}	$\circ\!\!-\!\!\bullet$	$1/(p+a)^2$
$1 - e^{-at}$	$\circ\!\!-\!\!\bullet$	$a/(p(p+a))$
$\cos at$	$\circ\!\!-\!\!\bullet$	$p/(p^2+a^2)$
$\sin at$	$\circ\!\!-\!\!\bullet$	$a/(p^2+a^2)$
$t \cos at$	$\circ\!\!-\!\!\bullet$	$(p^2-a^2)/(p^2+a^2)^2$
$t \sin at$	$\circ\!\!-\!\!\bullet$	$2ap/(p^2+a^2)^2$
$1-\cos at$	$\circ\!\!-\!\!\bullet$	$a^2/(p(p^2+a^2))$
$e^{-at}\cos bt$	$\circ\!\!-\!\!\bullet$	$(p+a)/((p+a)^2+b^2)$
$e^{-at}\sin bt$	$\circ\!\!-\!\!\bullet$	$b/((p+a)^2+b^2)$
$e^{-at}-e^{-bt}$	$\circ\!\!-\!\!\bullet$	$(b-a)/((p+a)(p+b))$

A 4.5 Linearität und Zeitinvarianz

Methoden: Prüfung mit Hilfe der in der Kapiteleinleitung gegebenen Definitionen

Gegeben: Abtastsystem S mit $p(t) = \sum_k \delta(t-k\Delta t)$

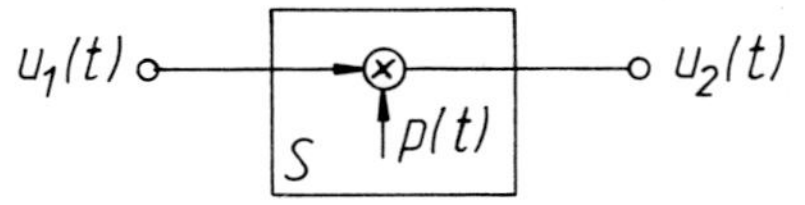

a) Geben Sie allgemein $u_2 = u_2(u_1, p)$ und $U_2 = U_2(U_1, P)$ an!
Um welchen Typ von System handelt es sich?

b) Skizzieren Sie $u_2(t)$ für

$$u_1(t) = \text{rect}\,\frac{t}{5\Delta t} - \text{rect}\,\frac{t-2{,}25\Delta t}{5\Delta t},$$ (Maßstab $\Delta t \mathrel{\hat{=}} 1\,\text{cm}$)!

c) Ist S ein lineares System? (Begründung!)

d) Ist S ein zeitinvariantes System? (Begründung!)

e) Skizzieren Sie $\tilde{u}_2(t\,;\,2{,}4\Delta t)$, die Antwort auf

$$\tilde{u}_1(t\,;\,2{,}4\Delta t) = u_1(t-2{,}4\Delta t)$$ mit u_1 aus (a)!

f) Skizzieren Sie ein Schaltbild für das System S_1, das aus S entsteht, wenn gilt $p(t) = 2u_1(t)$!
Prüfen Sie erneut auf Linearität und Zeitinvarianz!

A 5 Faltung

Den großen Verständnisschwierigkeiten, die meist bei der Lösung des Faltungsintegrals auftreten, wenn mindestens eine der beiden Funktionen nur bereichsweise definierbar ist (z.B. mit Hilfe der rect-Funktion), wird durch das ausführliche Berechnungsbeispiel 5.1 Rechnung getragen. Kontrollüberlegungen zum Funktionsverlauf des Ergebnisses und den Dimensionen der beteiligten Funktionen sollen die Überprüfung des Ergebnisses ermöglichen. Daran wurde eine allgemeine Dimensionenbetrachtung für die systemtheoretischen Kennfunktionen angehängt (5.1 k). Im Beispiel 5.2 wird die Rechenerleichterung durch Abspalten idealisierter einfacher Systeme demonstriert und die Autokorrelationsfunktion mit ihrem Spektrum eingeführt. Im Beispiel 5.3 wird die vielseitige Anwendbarkeit des Faltungsintegrals zur Beschreibung bekannter systemtheoretischer Methoden gezeigt und zugleich der oft einfachere Weg über den Frequenzbereich in Erinnerung gebracht. Das Beispiel 5.4 läßt auf verschiendenen Wegen die Antwort eines Schmalbandfilters auf einen Rechteckimpuls bestimmen und knüpft eine Verbindung zur Wechselsignalsprungantwort in 8.3.

A 5.1 Ausführliches Berechnungsbeispiel

Methoden: Analytische Faltung, Bestimung der Funktionsbereiche und Integralgrenzen mit Hilfe eines verschiebbaren transparenten Diagramms, Kontrolle an den Bereichsgrenzen, Kontrolle durch Dimensionsbetrachtungen, Dimensionsbetrachtungen allgemein für die charakteristischen Funktionen.

Gegeben: Lineares zeitinvariantes System mit Impulsantwort

$$s(t) = \frac{t}{2t_0^2} \operatorname{rect} \frac{t-t_0}{2t_0}$$

und Eingangssignal

$$u_1(t) = u_0 \operatorname{rect} \frac{t-2t_0}{4t_0}$$

a) Skizzieren Sie $s(t)$ und $u_1(x)$ für $\frac{1}{t_0} = \frac{u_0}{2} \mathrel{\hat{=}} 1\text{cm}$ (Ordinate) und $t_0 \mathrel{\hat{=}} 1\text{cm}$ (Abszisse)!
Skizzieren Sie gestrichelt in die Skizze von u_1 die Funktion $s(t-x)$ für $t=-3t_0$!

b) Geben Sie das Faltungsintegral so an, daß s der verschobene Multiplikant im Integranden ist!

c) Skizzieren Sie $s(t-x)$ auf eine transparente Unterlage im Maßstab von (a) mit vollständiger Beschriftung der Skalen bei beliebigem t!

d) Bestimmen Sie unter Verschiebung von Skizzen aus (c) und (a) die Bereiche, in denen u_2 überall differenzierbar ist, geben Sie das Faltungsintegral für u_2 dazu an und werten Sie es aus!

e) Kontrollieren Sie Ihre Ergebnisse auf Übereinstimmung an den Bereichsgrenzen!

f) Unter welchen Bedingungen können Sprünge in u_2 auftreten?

g) Skizzieren Sie u_2!

h) Geben Sie Bereiche und Integrale (ohne Auswertung) an, wenn u_1 statt s verschoben wird!

i) Hat eine der beiden Möglichkeiten ((b) oder (h)) Vorteile?

j) Stellen Sie zur Kontrolle eine Dimensionsbetrachtung für u_1, s und u_2 an, wenn $u_0 = 1\text{V}$ und $t_0 = 1\text{s}$ ist!

k) Leiten Sie allgemein die Dimensionen von $U_1(f)$, $U_2(f)$, $S(f)$, $s(t)$ und $\sigma(t)$ aus der Bedingung $\text{Dim}\{u_1\} = \text{Dim}\{u_2\} = \text{Dim}\{u\}$ (z.B. Spannung) ab!

A 5.2 System mit näherungsweise differenzierender Wirkung, Autokorrelations- und Autofaltungsfunktion

Methoden: Analytische Faltung, Abspalten eines idealisierten Systems (hier Differenzierer), Symmetriebetrachtung und Spektrum zur Autokorrelationsfunktion

Gegeben: Lineares zeitinvariantes System S mit Impulsantwort

$$s(t) = 2(\mathrm{rect}(t-1/2) - \mathrm{rect}(t-3/2))$$

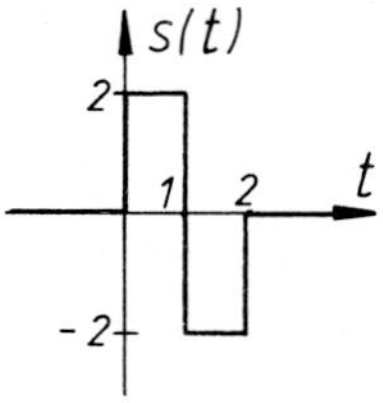

Maßstab für alle Skizzen: Abszisse 1 ≙ 1cm
Ordinate 1 ≙ 0,5cm

a) Berechnen Sie mit analytischer Faltung die Antwort $u_{21}(t)$, wenn am Eingang $u_{11}(t) = s(t)$ anliegt! (Das Ergebnis ist die "Autofaltungsfunktion" $s * s$)

b) Skizzieren Sie $s * s$!

c) Bestimmen Sie die Antwort $u_{22}(t)$, wenn am Eingang $u_{12}(t) = s^*(-t)$ anliegt und skizzieren Sie sie! (Das Ergebnis ist die sogenannte Autokorrelationsfunktion (AKF) $s(t) * s^*(-t)$)

d) Das System S hat näherungsweise differenzierende Wirkung. Skizzieren Sie $\frac{d}{dt}\, s(t)$ und $\frac{d}{dt}\, s(-t)$!

e) Wie hängt s(t) mit der Impulsantwort $\delta'(t)$ des idealen Differenzierers zusammen, wenn S als Serienschaltung, die einen idealen Differenzierer enthält, betrachtet werden soll! Charakterisieren Sie die anderen Komponenten!

f) Geben Sie ein Blockschaltbild für S entsprechend (e) an!

g) Mit dem Ergebnis aus (e) und (f) läßt sich die Antwort $u_{23}(t)$ leicht bestimmen (Skizze genügt), die S auf das Eingangssignal

$$u_{13}(t) = 2\sum_k \text{rect}\,\frac{t-3k}{2} \quad \text{liefert.}$$

h) Bestimmen Sie die Fouriertransformierte $U_{22}(f)$ der in (c) bestimmten AKF $u_{22}(t)$ von s in Abhängigkeit von $|S(f)|$!

i) Zeigen Sie, daß die AKF von s immer eine gerade Funktion ist, wenn s reell ist!

j) Bestimmen Sie S(f) (Formel) nach Möglichkeit über den in (e) und (f) gefundenen Zusammenhang und folgender Korrespondenz

$$(1-|t|)\,\text{rect}\,\frac{t}{2} \circ\!\!-\!\!\bullet\ \text{si}^2\,\pi f$$

A 5.3 Bekannte systemtheoretische und mathematische Operationen ausgedrückt durch Faltung

Methoden: Faltungsintegral, Methoden der Systemtheorie

Gegeben: 10 verschiedene Faltungskerne $s_1 \ldots s_{10}$ mit $f_0 = t_0^{-1}$

$s_1 = \gamma(t)$	$s_6 = \delta'(t)$
$s_2 = 1/(\pi t)$	$s_7 = \gamma(t)\cdot t$
$s_3 = \delta(t)$	$s_8 = e^{j2\pi f_0 t}$
$s_4 = \text{rect}\,(t/2t_0)/2t_0$	$s_9 = \gamma(t)\;e^{j(\omega_0 t-\varphi_0)}$
$s_5 = \delta(t+t_0)$	$s_{10} = \sum_k \delta(t-kt_0)$

a) Leiten Sie in allen 10 Fällen her, welcher bekannten systemtheoretischen bzw. mathematischen Operation die Faltung

$$u_{2i}(t) = u_1(t) * s_i(t) \qquad \text{entspricht!}$$

b) Skizzieren Sie alle u_{2i}, bzw. falls anschaulicher das zugehörige Spektrum U_{2i} für $u_1 = \text{rect}\,(t/2t_0)$!

c) Der Faltungsausdruck u_{22} soll für folgendes Eingangssignal u_{12} bestimmt werden

$$u_{12}(t) = (1-\cos 2\pi t)/t \circ\!\!-\!\!\bullet\; U_{12}(f) = j(\mathrm{rect}(t-0,5) - \mathrm{rect}(t+0,5)).$$

Geben Sie verschiedene Berechungswege an und bestimmen Sie u_{22} auf dem kürzesten!

A 5.4 Antwort eines Schmalbandfilters auf einen Rechteckimpuls

Methoden: analytische Faltung

Gegeben: lineares zeitinvariantes Sytem mit Impulsantwort

$$s(t) = \gamma(t) e^{-at} \cos \omega_0 t$$

Eingangssignal

$$u_1(t) = \frac{1}{\Delta t}\,\mathrm{rect}\,\frac{t-\Delta t/2}{\Delta t}$$

a) Bestimmen Sie die Übertragungsfunktion S(f) möglicherweise unter Verwendung der nachfolgenden Korrespondenz, und skizzieren Sie sie für $a \approx f_0$!

$$s(t) \overset{L}{\circ\!\!-\!\!\bullet} S_L(p) = (p+a)/((p+a)^2 + \omega_0^2)$$

b) Berechnen Sie die Antwort $u_2(t)$ des Systems mit analytischer Faltung!

c) Geben Sie $u_2(t)$ an, wenn $\Delta t = \frac{8\pi}{\omega_0}$ und a=0 (Formel und Skizze)!

d) Leiten Sie das Ergebnis aus (c) über eine Zerlegung von $u_1(t)$ in Einheitssprünge und die Überlagerung der entsprechenden Sprungantworten ab!

e) Welche Interpretation ergibt sich für $u_2(t)$ aus (c) und (d), wenn u_1 als Impulsantwort und s als Eingangsfunktion betrachtet werden?

A 6 Gesetze der Fourier-Transformation (FT)

Mit Hilfe der Gesetze der FT kann oft der mühsame Weg über das Transformationsintegral abgekürzt werden. Meist läßt sich z.B. eine Funktion, insbesondere ihre Approximation durch Geradenzug, durch Differenzieren in einfacher zu transformierende Funktionen wandeln, die unter Anwendung des Differentiationsatzes auf die gesuchte Fouriertransformierte führen (6.1). Systemtheoretisch kann die Differentiation durch ein lineares zeitinvariantes System dargestellt werden, was in vorangegangenen Kapiteln mehrfach verwendet wurde. In 6.1 wird die Impulsantwort des idealen Differenzierers genauer untersucht. In 6.2 wird u.a. die Verwendung von Korrespondenz-Tabellen zur FT geübt, wobei Symmetrieüberlegungen und der Ähnlichkeitssatz Anwendung finden. In 6.3 soll eine Transformationsaufgabe nach eigener Wahl angegangen werden, außerdem werden Überlegungen zur äquivalenten Impuls- bzw. Bandbreite angestellt.

A 6.1 Vereinfachung von Fourierkorrespondenzen mittels Differentiationssatz

Methoden: Gesetze der FT

a) Geben Sie die Übertragungsfunktion, die Impulsantwort und die Sprungantwort des idealen Differenzierers an (Formel)!

b) Bestimmen und skizzieren Sie die Korrespondenz $d(t) \circ\!\!-\!\!\bullet D(f) = e^{-\varepsilon|f|}$ für endliches ε und $\varepsilon \to 0$!

c) Skizzieren Sie die Korrespondenz $\frac{d}{dt}d(t) = d_1(t) \circ\!\!-\!\!\bullet D_1(f)$ für endliches ε und $\varepsilon \to 0$!

d) Geben Sie ein weiteres Beispiel für eine Funktion, die im Grenzfall bei Veränderung eines Parameters in $\delta'(t)$ übergeht!

Gesucht ist das Spektrum $U(f) \bullet\!\!-\!\!\circ u(t)$ mit

$$u(t) = (t/t_1)\ \mathrm{rect}\ (t/(2t_1))$$

e) Skizzieren Sie u(t)!

f) Bestimmen Sie U(f), indem Sie u(t) durch einmalige Differentiation auf einfacher zu transformierende Funktionen zurückführen!

g) Bestimmen Sie U(f), indem Sie u(t) durch Differentiation in Funktionen wandeln, die nur aus Dirac-Impulsen bestehen, und in den Frequenzbereich gehen!

h) Was ergibt sich für ein Spektrum mit den Methoden aus (f) und (g) für

$$u_k(t) = u(t) + 1\ ?$$

i) Wie müssen die Methoden aus (f) und (g) erweitert werden, damit im Beispiel u_k das korrekte Spektrum errechnet wird?

j) Die Transformation des "rechten" Teils $D_k = \gamma(f)e^{-\varepsilon f}$ der Funktion D in (b), d.h. für $f \geq 0$, kann auch ausschließlich mit Hilfe des Differentiationssatzes erfolgen; zeigen Sie diesen Weg!

A 6.2 Abgeschrägter Rechteckimpuls

Methoden: Gesetze der Fouriertransformation, einfache Laplace-Korrespondenzen, Anwendung von Tabellen-Korrespondenzen

Gegeben:

$$u\ (t) = (4 + t/t_0)\ \mathrm{rect}(t/2t_0))$$

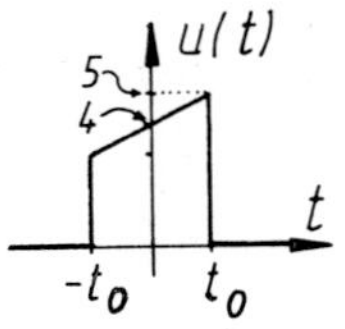

a) Ist U(f) reell oder komplex (Begründung!)?

b) Welche Symmetrieeigenschaften besitzt U(f)

c) Bestimmen Sie U(f) mit Hilfe der folgenden Korrespondenz, s. z.B. MS S.213

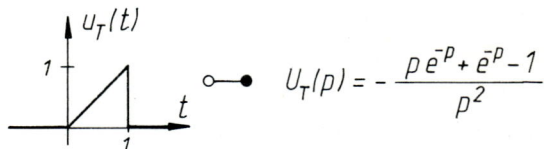

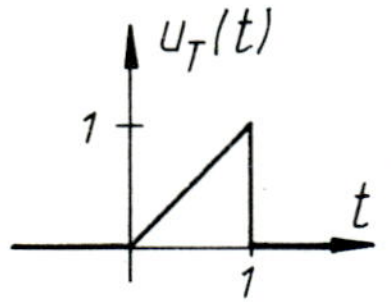

$$\circ\!\!-\!\!\bullet \quad U_T(p) = -\frac{p\,e^{-p} + e^{-p} - 1}{p^2}$$

d) Wie hängt U(0) mit u(t) zusammen?

e) Geben Sie die Hüllkurve von $|U(f)|$ für $f \gg 1/(2\pi t_0)$ in erster Näherung an und bestimmen sie damit $f_{1\%}$, die Frequenz, bei der $|U(f)|$ ungefähr unter 1% seines Maximums gefallen ist!

f) Läßt sich ein Laplacespektrum zu u(t) angeben (Begründung!)?

g) Skizzieren Sie $u(t-t_0)$ und setzen Sie es aus Einheitssprüngen ($c_1 (t-t_1)$, c_1 und t_1 beliebig) und Rampenfunktionen ($c_2 t\,(t-t_2)$, c_2 und t_2 beliebig) zusammen!

h) Geben Sie $\tilde{U}_L(p) \bullet\!\!-\!\!\circ\, u(t-t_0)$ an!

i) Leiten Sie aus $\tilde{U}_L(p)$ das Fourierspektrum $U(\omega)$ ab!

A 6.3 Trapez-Impuls

Methoden: Gesetze der FT, Reziprozität von Zeitdauer und Bandbreite

Gegeben: Betrag der Übertragungsfunktion

$$|A(f)| = \mathrm{rect}\,\frac{f}{2f_0} + \left(1 - \frac{|f| - f_0}{cf_0}\right)\left(\mathrm{rect}\,\frac{f}{(c+1)\,2f_0} - \mathrm{rect}\,\frac{f}{2f_0}\right)$$

a) Skizzieren Sie $|A(f)|$ für c = 0,5!

b) Geben Sie den verzerrungsfreien Phasengang von $A(f) = |A|e^{-jb_A}$ an, wenn die Impulsantwort a(t) ihr Maximum bei $10/f_0$ haben soll!

c) Wie groß ist die äquivalente Impulsbreite Δt_a von a(t) in Abhängigkeit von c und für c = 0,5?

d) Bestimmen Sie auf zwei verschiedenen Wegen a(t) für beliebige c und c = 0,5!

e) Skizzieren Sie a(t) für c = 0,5 (Maßstab $f_0^{-1} \mathrel{\hat{=}} 3\text{cm}$) und das flächengleiche Rechteck zur Definition Δt_a dazu!

f) Kontrollieren Sie Ihre Ergebnisse für die Grenzfälle $c \to 0$ und $c \to \infty$!

A 7 Hilbert-Transformation (HT)

In Aufgabe A7.1 wird die HT im Zeitbereich angewendet, außerdem wird der "Hilbert-Transformator" eingeführt, dessen Impuls- und Sprungantwort in weiteren Aufgaben dieses Kapitels Anwendung findet. Die HT im Frequenzbereich verbindet Real- und Imaginärteil der Übertragungsfunktion eines realisierbaren Systems. Dies wird in 7.2 näher untersucht. Die Bedeutung der HT für Minimumphasensysteme und ihre Anwendung auf einfachste Dämpfungsverläufe ist in 7.3 der Hintergrund. Ein Beispiel für ein Entzerrungsproblem ist 7.4, in dem die Benutzung von Fourierkorrespondenzen für die HT angewendet wird.

A 7.1 Hilbert-Transformation im Zeitbereich

Methoden: Hilbert-Transformation, analytisches Signal

a) Wie berechnet sich allgemein die Hilbert-Transformierte $\hat{u}(t)$ eines Zeitsignals $u(t)$ im Zeitbereich?

b) Was bezeichnet man als analytisches Signal zu $u(t)$ und welche Eigenschaft hat dessen Spektrum?

c) Kann $\hat{u}(t)$ durch ein lineares zeitinvariantes System gewonnen werden? Wenn ja, geben Sie Übertragungsfunktion S_H, Impulsantwort s_H und <u>Spektrum</u> der Sprungantwort Σ_H an (Formel und Skizze)!

d) Berechnen Sie die Sprungantwort σ_H, indem Sie Σ_H durch folgenden Grenzübergang beschreiben

$$\Sigma_H(f) = \lim_{\alpha \to 0} \left(1 - \mathrm{rect}\,\frac{f}{2\alpha}\right) \Sigma_H(f) = \lim_{\alpha \to 0} \Sigma_{H\alpha}(f),$$

diesen transformieren (Integral im Sinne des Cauchyschen Hauptwertes) und das Ergebnis als Grenzübergang beschreiben. Skizzieren Sie dazu $\Sigma_{H\alpha}$ und $\sigma_{H\alpha} \circ\!\!-\!\!\bullet\ \Sigma_{H\alpha}$!

e) Bestimmen Sie die Übertragungsfunktion und die Impuls- und Sprungantwort (Formel und Skizze) für folgende Serienschaltung:

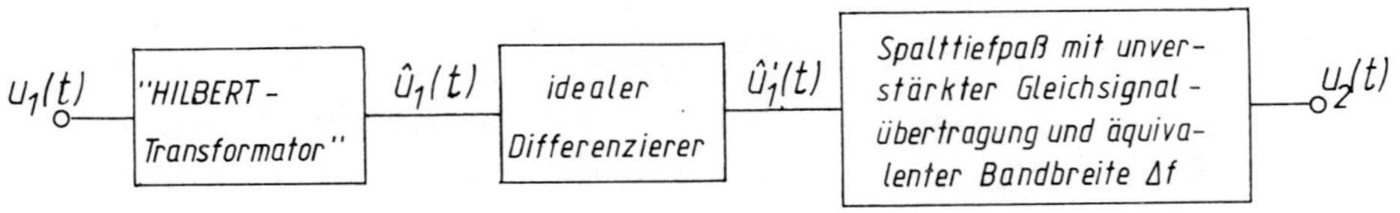

A 7.2 Hilbert-Transformation im Frequenzbereich

Gegeben: Realteil der Übertragungsfunktion eines realisierbaren Systems $\quad Re\{S(\omega)\} = \sin(\omega t_0)/\omega t_0$

a) Berechnen Sie $Im\{S(\omega)\}$!

b) Skizzieren Sie $S(\omega)$!

c) Skizzieren Sie die Impulsantwort $s(t)$!

d) Geben sie formelmäßig den Zusammenhang von $Im\{S\}$ mit s an und kontrollieren Sie Ihr Ergebnis am Beispiel in (a) - (c)!

A 7.3 Realisierbare Minimumphasensysteme (MPS)

Methoden: Gesetze der Hilbert-Transformation, Faltung

a) Ein System hat näherungsweise folgenden Dämpfungsverlauf

$$a_1(f) = a_0 \operatorname{rect}(f/(2f_g))$$

Um welche Art von Übertragungssystem handelt es sich?

b) Leiten Sie ausgehend von der Übertragungsfunktion S(p) eines MPS her, welcher Zusammenhang zwischen Phase und Dämpfung herrscht!

c) Welchen Phasenverlauf $b_1(f)$ hat ein MPS mit der Dämpfung $a_1(f)$? Bestimmen Sie $b_1(f)$

c1) qualitativ über Faltung (Skizze)

c2) formelmäßig

c3) unter Verwendung der in 7.1 berechneten Sprungantwort des Hilbert-Transformators

d) Bestimmen Sie den Phasenverlauf des MPS mit Dämpfung $a_2(f) = a_0 - a_1(f)$

e) Geben Sie den Phasenverlauf b_3 (Formel und Skizze) für eine MPS-Bandsperre mit ideal rechteckigem Sperrbereich an! (Sperrdämpfung a_0, Durchlaßdämpfung = 0, Breite = Mittenfrequenz/5)

A 7.4 Hilbert-Transformierte und Fourierkorrespondenztafel

Methoden: Gesetze der FT, Zusammenhang Hilbert-Transformation und Fourierkorrespondenzen

Gegeben: Blockschaltbild für Messung und Weiterverarbeitung eines Signals u_1 (Beispiel)

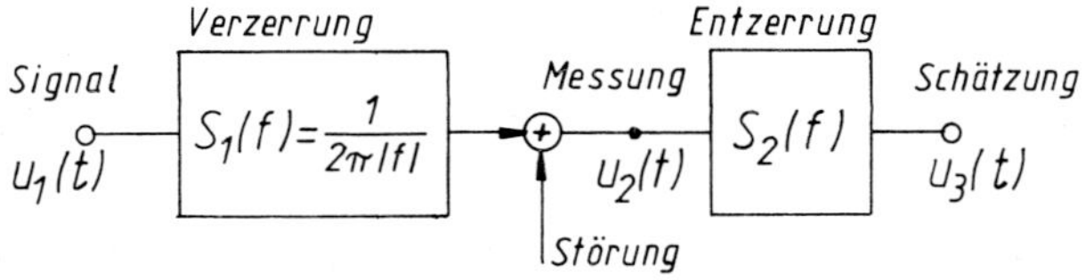

a) Skizzieren Sie die Übertragungsfunktion $S_1(f)$!

b) Skizzieren Sie die Übertragungsfunktion des idealen Entzerrers S_{2id}, für den gilt $u_3(t) = u_1(t)$, wenn keine Störung anliegt.

c) Da $U_1(f)$ für hohe Frequenzen $(f > f_g)$ kleinere Spektralanteile als die Störung hat, soll die Entzerrung zu hohen Frequenzen weich abgedämpft werden durch einen Tiefpaß. Es gilt

$$S_2(f) = S_{2id}(f) \cdot f_g\, J_1(2f/f_g)/f, \quad J_1 \text{ Besselfunktion 1. Ordnung}$$

Geben Sie $S_2(f)$ als Serienschaltung an, die einen idealen Differenzierer enthält!

d) Die Entzerrung soll in einem Faltungsrechenwerk im Zeitbereich mit nachfolgender Differentiation erfolgen. Berechnen Sie die im Faltungswerk zu realisierende Impulsantwort $s_{2F}(t)$ und skizzieren Sie s_{2F}! Benützen Sie zur Vereinfachung $\Delta t = 2/(\pi f_g)$.
Gegeben: Fourierkorrespondenz MS S. 218

$$\gamma(t)\, a\, J_1(at)/t \;\circ\!\!-\!\!\bullet\; \mathrm{rect}(\omega/(2a))\sqrt{a^2 - \omega^2} \;-$$

$$- \; j(\omega - (1 - \mathrm{rect}\; \omega/(2a))\sqrt{\omega^2 - a^2}$$

e) Berechnen und skizzieren Sie $s_2(t)$!

A 8 Einschwingvorgänge

Mit Hilfe der Integraltransformationen (FT und Laplace) lassen sich Einschwingvorgänge bei analogen linearen zeitinvarianten Systemen leicht berechnen und durchschauen. In 8.1 werden Impuls- und Sprungantwort für die drei Tiefpaß-Grundtypen, Küpfmüller-, Spalt- und Gauß-Tiefpaß abgeleitet und eine kausale Approximation für einen Küpfmüller-TP untersucht. In 8.2 werden andere Übertragungstypen wie Hoch- und Bandpaß auf äquivalente Tiefpässe zurückgeführt und dadurch ihre Einschwingvorgänge durch bereits bekannte ausgedrückt und die für Abschätzungen häufig nützliche Schmalbandnäherung eingeführt. Die Antwort auf einen Wechselsignalsprung wird im ausführlichen Beispiel 8.3 für einen Tiefpaß entwickelt und in 8.4 für einen Bandpaß bei symmetrischer und unsymmetrischer Lage der Wechselfrequenz im Übertragungsband erprobt. 8.5 ist ein Wiederholungsbeispiel für das 8. Kapitel.

A 8.1 Küpfmüller-, Spalt- und Gauß-Tiefpaß

Geben Sie die Übertragungsfunktion, Impuls- und Sprungantwort an für

a) den Küpfmüller-Tiefpaß

b) den Spalt-Tiefpaß

c) den Gauß-Tiefpaß!

Skizzieren Sie alle Funktionen und tragen Sie bei den Impulsantworten die Hüllkurve und die Amplitude der ersten Überschwinger und bei den Sprungantworten die Steigung bei t=0 ein!

d) Welche Forderung muß die Impulsantwort erfüllen, damit die Sprungantwort überschwingerfrei ist?

Eine Küpfmüller-Tiefpaßimpulsantwort $s_K(t)$ soll durch eine kausale, symmetrische Impulsantwort s(t) approximiert werden unter folgenden Bedingungen:

1) $s(t,n) = s_K(t-n\Delta t)\ \mathrm{rect}((t-n\Delta t)/(2n\Delta t))$

2) $|s(t,n) - s_K(t-n\Delta t)|/s_K(0) = \varepsilon \le \hat{\varepsilon}$

3) Bandbreite S_K: $\Delta f = 1/\Delta t$

e) Geben Sie s(t,n) an und skizzieren Sie s(t,5)! Wie hängt der relative Fehler ε vom Impulsdauerparameter n ab?

f) Wie hängt S(f,n) mit $S_K(f)$ zusammen?

g) Beschreiben Sie |S(f,n)| mit Hilfe der Sprungantwort σ_K des Küpfmüller-Tiefpasses!

h) Skizzieren Sie |S| und die Phase b_S für n=5!

i) Wie hängt die Flankensteilheit des approximierten Küpfmüller-Tiefpasses mit n zusammen?

A 8.2 Hochpaß, Bandpaß und Schmalbandnäherung

Methoden: Beschreibung durch eine Ersatzschaltung mit Tiefpaß, Schmalbandnäherung

a) Skizzieren Sie die Dämpfungsfunktion $a_1(f) = -\ln(1-\mathrm{si}\pi f/\Delta f))$ und geben Sie die zugehörige Übertragungsfunktion S_1 an (Formel und Skizze von $|S_1|$) mit $b_1(f) = \pi\Delta tf$! Geben Sie für S_1 eine Ersatzschaltung mit Tiefpaß an!

b) Geben Sie Impuls- und Sprungantwort zu $S_1(f)$ aus (a) an (Formel und Skizze)!

c) Skizzieren Sie die Übertragungsfunktion eines idealen Bandpasses $S_2(f) = \mathrm{rect}((|f| - f_m)/\Delta f)$ für $f_m = \Delta f$. Skizzieren Sie eine Ersatzschaltung mit Tiefpässen und geben Sie Impuls- und Sprungantwort dazu an (Formel und Skizze)!

d) Für $f_m \gg \Delta f$ kann die Sprungantwort durch die "Schmalband-näherung" vereinfacht werden. Skizzieren Sie $S_2(f)$ und $|\Gamma(f)|$ aus $\Gamma(f) \bullet\!\!-\!\!\circ\, \gamma(t)$ in ein Diagramm für $f_m = 10\Delta f$ und geben Sie S_2 abhängig von einem idealen Tiefpaß mit Breite Δf an!

e) Geben Sie für $f_m = 10\Delta f$ eine Näherung $\tilde{\sigma}_2$ für die Sprungantwort von S_2 an, indem Sie $|\Gamma(f)| \approx$ const im Übertragungsbereich annehmen und skizzieren Sie sie!

f) Wie würde sich $\tilde{\sigma}_2$ ändern, wenn Sie die Näherung verfeinern und $|\Gamma(f)| \approx c_1 + c_2 f$; c_1, c_2 = const, im Übertragungsbereich annehmen?

A 8.3 Gleich- und Wechselsignalsprungantwort eines Tiefpasses

Methoden: Gesetze der FT

Gegeben: Tiefpaß $S(f) = \mathrm{si}(\pi f T)$

a) Skizzieren Sie S(f)! (Maßstab Abszisse: $1/T \mathrel{\hat{=}} 1$cm, Ordinate: $1 \mathrel{\hat{=}} 1{,}5$cm)

b) Skizzieren Sie die Impuls- und die Sprungantwort!

c) Geben Sie $\Gamma(f) \bullet\!\!-\!\!\circ\, \gamma(t)$ an!

d) Skizzieren Sie $U_{1r}(f) \bullet\!\!-\!\!\circ\, u_{1r} = \cos 2\pi f_0 t$ und $U_{1k}(f) \bullet\!\!-\!\!\circ\, u_{1k} = e^{j2\pi f_0 t}$!

e) Skizzieren Sie das Spektrum des reellen Wechselsignalsprungs $G_r(f) \bullet\!\!-\!\!\circ\, g_r(t) = \gamma(t) u_{1r}(t)$ und geben Sie formal an, auf welchen Wegen die Antwort von S darauf berechnet werden kann!

f) Geben Sie das Spektrum des komplexen Wechselsignalsprungs $G_k(f) \bullet\!\!-\!\!\circ\, g_k(t) = \gamma(t) u_{1k}(t)$ an (Formel und Skizze von $|G_k|$ in die

Skizze von (a) für $f_0 = 4/T$ und $T = \pi/5$)!

Die Antwort des Tiefpasses auf den komplexen Wechselsignalsprung g_k sei $\underline{\sigma}_W(t)$. Sie kann in folgender Produktform dargestellt werden, für die auch der Zusammenhang im Spektralbereich gegeben ist

$$\begin{aligned} \underline{\sigma}_W(t) &= \underline{\sigma}_H(t) \cdot x(t) \\ G_k(f)S(f) &= (\Gamma(f)S(f+f_0)) * \delta(f-f_0) \end{aligned}$$

g) Wie lautet x(t) formelmäßig und was stellt es dar?

h) Was bedeutet $\underline{\sigma}_H(t)$? Berechnen Sie $\underline{\sigma}_H(t)$ für $f_0 = 4/T$! Geben Sie die In-Phase und die Quadraturkomponente an!

i) Geben Sie den reellen Einschwingvorgang $\sigma_W(t)$ am Ausgang von S(f) an, wenn g_r aus (e) am Eingang anliegt für $f_0 = 4/T$ (Formel und Skizze)!

j) Bestimmen Sie den stationären Endzustand von σ_W für $t \gg T$ und $f_0 = 4/T$ und begründen Sie ihn kurz!

k) Welchen Vorteil bietet die Einführung des komplexen Wechselsignalsprungs und seiner Antwort $\underline{\sigma}_W$?

A 8.4 Wechselsignalsprungantwort eines idealen Bandpasses

Methoden: Allgemeines Berechnungsverfahren mit komplexem Ansatz, s. 8.3

Gegeben: $S(f) = \text{rect}((|f| - f_m)/\Delta f)$

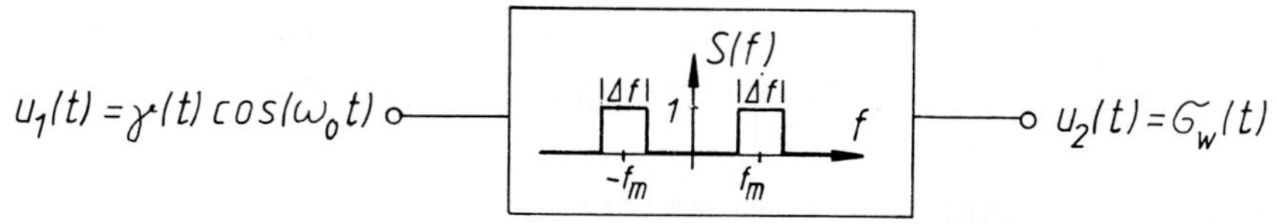

a) Ersetzen Sie $u_1(t)$ durch den komplexen Ansatz $\underline{u}_1(t)$ mit $u_1(t) = \mathrm{Re}\{\underline{u}_1(t)\}$ und skizzieren Sie $\underline{U}_1(f) \bullet\!\!-\!\!\circ\, \underline{u}_1(t)$!

b) Das Ausgangssignal $u_2(t)$ soll in der Form $\mathrm{Re}\{\underline{\sigma}_H(t)e^{j2\pi f_0 t}\}$ dargestellt werden. Geben Sie $\underline{\Sigma}_H(f) \bullet\!\!-\!\!\circ\, \underline{\sigma}_H(t)$ an (Formel)!

c) Skizzieren Sie $\underline{\Sigma}_H(f)$ für $f_m = 10\Delta f$ und $f_0 = f_m$!

d)Kennzeichnen Sie in der Formel von (b) und in der Skizze von (e) den Nebenfrequenzbereich (NFB)! Geben Sie an, was die Schmalbandnäherung für den NFB bedeutet und unter welchen Bedingungen Sie bei $f_0 \approx f_m$ angesetzt werden kann! Unter welchen Bedingungen für f_0, Δf und f_m kann der NFB vernachlässigt werden?

e) Geben Sie $\underline{\sigma}_H(t)$ für $f_0 = f_m$ und NFB-Vernachlässigung an!

f) Geben Sie $u_2(t)$ für $f_0 = f_m$ an (Formel und Skizze)!

g) Bestimmen Sie näherungsweise $\underline{\sigma}_H(t, \Delta f_0)$ für $f_0 = f_m + \Delta f_0$, $\Delta f_0 \ll f_m$ und $\Delta f \ll f_m$ mit In-Phase- und Quadraturkomponente!

h) Skizzieren Sie $\underline{\sigma}_H(t)$ (Real- und Imaginärteil und die Ortskurve) und $|\sigma_H(t)|$ für $\Delta f_0 = \Delta f/4$!

i) Geben Sie $u_2(t)$ näherungsweise für die in (g) gegebenen Verhältnisse an!

j) Für $\Delta f_0 \ll \Delta f$ läßt sich eine einfache Näherung für $\mathrm{Im}\{\underline{\sigma}_H\} = \sigma_q$ angeben. Schätzen Sie damit $\max\{\sigma_q(t)\}$ abhängig von Δf_0 ab und skizzieren Sie $\sigma_q(t)$!

k) Schätzen Sie den Fehler in $\underline{\sigma}_H$ aus (g) durch die NFB-Vernachlässigung ab!

A 8.5 Gauß-Tief-, Hoch- und Bandpaß

Methoden: Reziprozität von Impulsdauer und Bandbreite, Ersatzschaltungen mit äquivalentem Tiefpaß, s. 8.2, Wechselsignalsprungantwort eines Schmalbandpasses, s. 8.4.

Gegeben: Gauß-Tiefpaß ohne Phasenverzerrung, äquivalente Bandbreite 30 Hz. Maßstab: 30Hz $\hat{=}$ 1cm, für (a)-(c): 100ms $\hat{=}$ 3cm, für (d) und (e): 100ms $\hat{=}$ 6cm Grundlaufzeit für alle Systeme τ_0

a) Skizzieren Sie den Betrag der Übertragungsfunktion $|S_{TP}|$!

b) Skizzieren Sie die Sprungantwort $\sigma_{TP}(t)$!

c) Skizzieren Sie die Übertragungsfunktion (Betrag) und die Sprungantwort des äquivalenten Hochpasses!

d) Bilden Sie einen Bandpaß durch Verschieben von S_{TP} zu $f_m = \pm$ 120Hz. Skizzieren Sie den Betrag der Übertragungsfunktion und die Sprungantwort (näherungsweise über Schmalbandnäherung)!

e) Skizzieren Sie näherungsweise die Wechselsignalsprungantwort des Bandpasses aus (d) für eine bei t=0 eingeschaltete Sinusschwingung mit Amplitude 1 und der Frequenz 120 Hz!

A 9 Das Abtasttheorem

Die Eigenheiten der Abtastung bei verschiedenen Abtastfrequenzen werden im Einführungsbeispiel 9.1 anhand eines Schmalbandsignals untersucht. Dabei ergibt sich auch die Einsicht in ein auch für HF-Signale brauchbares Abtasttheorem. Nebenbei wird noch eine Überlegung zur Phasenverzerrung gefordert. In 9.2 wird die praktisch wichtige Zusammenschaltung von Abtaster und Übertragungssystemen analysiert und auf Verzerrungen und Störungen eingegangen. 9.3 ist ein Wiederholungsbeispiel, das über eine weitere Abtastung im Frequenzbereich zum finiten Signal überleitet.

A 9.1 Abtastung eines schmalbandgefilterten Signals

Methoden: Zusammenhang Gruppenlaufzeit und unsymmetrische Impulsform, Abtastung mit Dirac-Puls

Gegeben: Eingangssignal $u_1(t)$ und Betragsspektrum $|U_1|$

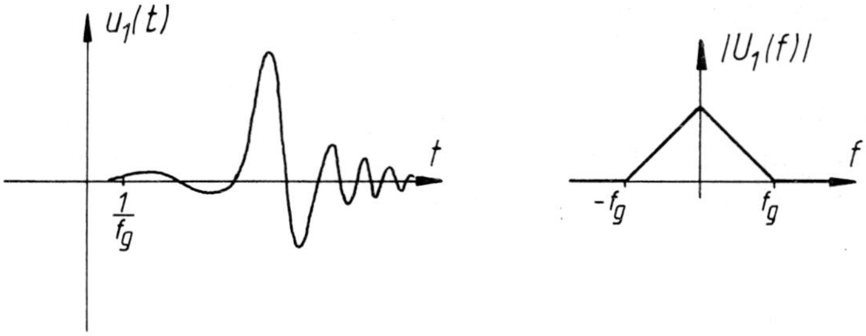

a) Skizzieren Sie grob qualitativ den Verlauf der Gruppenlaufzeit des Spektrums U_1!

b) Das Signal u_1 wird mit einem idealen Bandpaß (Mittenfrequenz $f_g/2$, Bandbreite $\Delta f_B \ll f_g$) gefiltert. Skizzieren Sie das entstehende Spektrum U_2 und näherungsweise $u_2(t)$ unter der Annahme $b(f_g/2) \approx \pi/2$!

Das Signal u_2 wird zur Übertragung oder digitalen Verarbeitung abgetastet und später wieder zum Analogsignal interpoliert.

c) Skizzieren Sie das Spektrum U_3, das nach der Abtastung von $u_2(t)$ mit einem Diracpuls $p(t,\Delta t) = \sum_k \delta(t-k\Delta t)$ aus U_2 entsteht, und daneben näherungsweise $u_3(t)$ für folgende 3 Fälle

c1) $\Delta t < 1/f_g$

c2) $\Delta t = 1/f_g$

c3) $1/f_g \quad \Delta t < 2/f_g$

d) In welchen Fällen kommt es zu sogenannten Aliasing-Störungen? Mit welchem Übertragungssystem läßt sich jeweils das Originalsignal u_1 verzerrungsfrei zurückgewinnen (Übertragungseigenschaften definieren!)?

e) Tragen Sie den Betrag der zur Rückgewinnung geeigneten Übertragungsfunktion gestrichelt in die Skizze von U_3 in (c) ein, wobei Sie jeweils minimale Flankensteilheit anstreben!

f) Skizzieren Sie qualitativ die Impulsantworten, die entsprechend (d) und (e) u_3 zu u_2 interpolieren und geben Sie ihre äquivalente Impulsbreite, bzw. die äquivalente Impulsbreite der Hüllkurve an!

A 9.2 Abtastsystem

Methoden: Abtasttheorem, Faltung

Gegeben:

Abtast-
schaltung

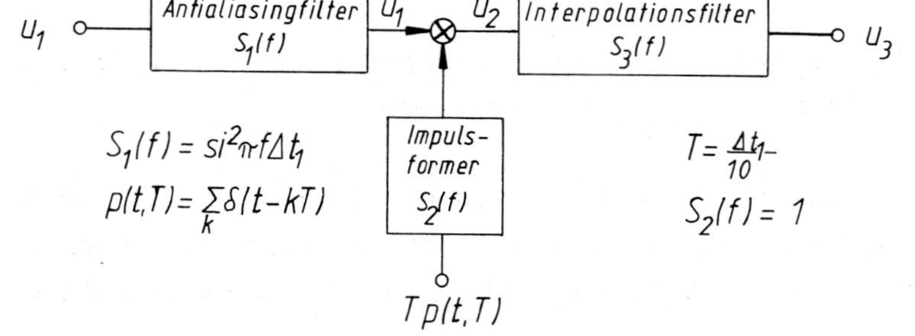

a) Berechnen Sie $s_1(t)$ (Formel und Skizze mit $t_1 \mathrel{\hat{=}} 2{,}5\,\text{cm}$)!

Von u_1 ist bekannt, daß es im bezüglich der Bandbreite ungünstigsten Fall folgender Gauß-Impuls sein kann, mit dem im weiteren gerechnet werden soll:

$$u_1(t) = \Delta f_G\, e^{-\pi (t\,\Delta f_G)^2} \quad \text{mit } \Delta f_G = 20/\Delta t_1$$

b) Skizzieren Sie $u_1/20$ gestrichelt in die Skizze von (a)!

c) Skizzieren Sie $S_1(f)$ und $U_1(f)$ (gestrichelt) in ein Diagramm ($1/\Delta t_1 \mathrel{\hat{=}} 0{,}25\,\text{cm}$)!

d) Geben Sie $u_2(t)$ ausgedrückt durch u_1 und s_1 an und skizzieren Sie u_2 qualitativ!

e) Wird die Beziehung zwischen u_2 und u_1 in ein System S_A gefaßt, muß geklärt werden

e1) ist S_A linear?

e2) ist S_A zeitinvariant?

f) Geben Sie $\tilde{U}_1(f)$ an und drücken Sie U_2 durch U_1 und S_1 aus!

g) Skizzieren Sie $U_2(f)$!

Im folgenden wird $S_3(f) = \text{rect}\,(f\Delta t_1/10)$ als Interpolationsfilter angenommen.

h) Skizzieren Sie S_3 gestrichelt in die Skizze von (g)!

i) Mit welchen Verzerrungen und Störungen ist u_1 in u_3 enthalten? Skizzieren Sie Ihre Spektren!

j) Die Abtastfrequenz $1/T$ soll auf $1/T'$ so verändert werden, daß die maximale spektrale Amplitude der Aliasing-Störung in u_3 ungefähr 1% des Gleichanteils erreicht. Schätzen Sie das Verhältnis (1/T')/(1/T) ab!

k) Durch welche Veränderung an S_1, S_2 oder S_3 könnten die Aliasing-Störungen ganz verhindert werden?

l) $S_2(f)$ sei jetzt ein Spalt-Tiefpaß mit $s_2(t)$ = rect (2t/T) und T sei wieder das Abtastintervall. Geben Sie für diesen Fall $u_2(t)$ und $U_2(f)$ an (Formel und Skizze)! Beschreiben Sie die wesentlichen Unterschiede, insbesondere was Verzerrungen und Störungen in u_3 betrifft!

A 9.3 Abtastung im Zeit- und Frequenzbereich

Methoden: Abtasttheorem

Gegeben:
Ein Spektrum-Analysator berechnet mit diskreter FT näherungsweise Spektralwerte des zeitbegrenzten Eingangssignals $u_1(t)$. Bei Vernachlässigung der Amplitudenquantisierung beschreibt folgendes Blockschaltbild den Vorgang:

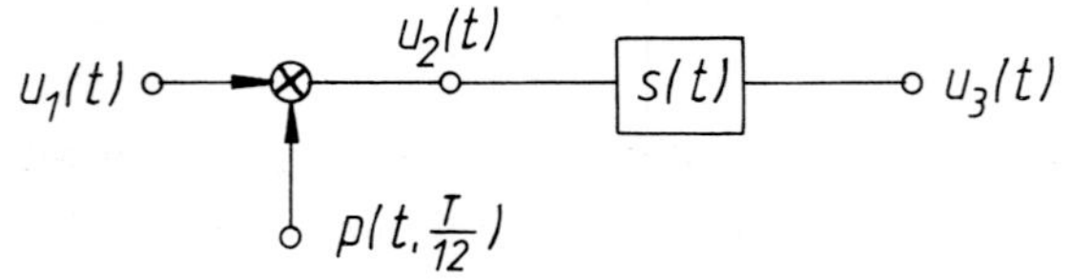

$p(t,T/12) = \sum_k \delta(t - kT/12)$ Abtastpuls

$u_1(t) = T(1 - 2|t|/T)\ \mathrm{rect}\ (t/T)/2$

$\circ\!\!-\!\!\bullet$ Signalbeispiel

$U_1(f) = T^2 \mathrm{si}^2(\pi fT/2)/4$

a) Skizzieren Sie $u_1(t)$ und $U_1(f)$ nebeneinander (Maßstab $u_1(t)$: T $\hat{=}$ 3cm, $U_1(f)$: 1/T $\hat{=}$ 0,25cm)!

b) Geben Sie $u_2(t)$ und $U_2(f)$ an!

c) Skizzieren Sie $u_2(t)$ und $U_2(f)$ nebeneinander im Maßstab von (a)!

d) Ist das Abtasttheorem erfüllt (Begründung!)? Was kann allgemein über u_2 ausgesagt werden, wenn es erfüllt ist?

Aus den Abtastwerten in $u_2(t)$ werden für die diskreten Frequenzen $f_k = k\Delta f$, $k=0,+1,+2,...$ die Spektralwerte $U_3(f_k)$ berechnet. Dies entspricht einer Abtastung im Frequenzbereich:

$$U_3(f) = U_2(f)\ \Delta f \sum_k \delta(f - k\Delta f)$$

e) Wie groß darf das Frequenzintervall Δf maximal werden, damit die Information über $u_2(t)$ in $u_3(t)$ vollständig erhalten bleibt?

f) Skizzieren Sie $u_3(t)$ und $U_3(f)$ nebeneinander im Maßstab von (a) mit Δf aus (e)!

g) Geben Sie die Impulsantwort $s(t)$ des Systems an, das die Abtastung im Frequenzbereich beschreibt (s. Blockschaltbild)! Um welchen Typ von System handelt es sich? Ist es linear und zeitinvariant?

h) Im Spektrum-Analysator sind $u_3(t)$ und $U_3(f)$ jeweils durch einen komplexen Vektor mit N Komponenten, das finite Signal, abgespeichert. Berechnen Sie das minimale N für das gegebene Signalbeispiel, das für die vollständige Beschreibung genügt! (Die Symmetrie von u_1 soll jedoch nicht berücksichtigt werden).

i) Der komplexe Vektor besteht aus 2N reellen Zahlen; Läßt sich hier noch eine Vereinfachung zur Datenplatzreduktion durchführen (ohne Berücksichtigung der Symmetrie von u_1)?

j) Zeigen Sie, daß streng genommen kein Analogsignal vollständig durch eine endliche Anzahl von Abtastwerten dargestellt werden kann!

A 10 Zeitdiskrete Signale und Systeme

Zeitdiskrete Signale als Impulsantworten in analogen Systemen mit Echoverzerrung werden in 10.1 behandelt, wo auch eine Orstskurvendarstellung der Übertragungsfunktion und die Untersuchung auf Verzerrungen gefragt sind. In 10.2 wird die z-Transformation eingeführt und in Zusammenhang mit FT und Laplace-Transformation gesetzt. In 10.3 werden verschiedene Berechnungswege für zeitdiskrete Filter anhand eines Entzerrungsproblems geübt. Die diskrete FT wird in 10.4 zusammen mit finitem Signal und finitem Spektrum untersucht.

A 10.1 Echoverzerrung

Methoden: Näherungen für Dämpfung und Phase bei kleinen Echoverzerrungen, Ortskurvendarstellung einer Übertragungsfunktion

Gegeben: Impulsantwort eines Übertragungssystems

$$s(t) = 0{,}1\delta(t-t_0) + \delta(t-2t_0) + 0{,}1\delta(t-3t_0)$$

a) Skizzieren Sie Impuls- und Sprungantwort des Übertragungssystems!

b) Berechnen Sie die Übertragungsfunktion S(f)!

c) Skizzieren Sie die Ortskurve von S(f) in der komplexen Ebene!

d) Ist das Übertragungssystem verzerrungsfrei? (Begründung anhand der Ortskurve aus (c)).

e) Berechnen Sie näherungsweise Dämpfungs- und Phasenverlauf und skizzieren Sie sie!

A 10.2 z-Transformation

Methoden: Zusammenhang FT, Laplace- und z-Tranformation, Vereinfachung durch Summenformel für geometrische Reihen, Pol-Nullstellenverteilung in der z-Ebene und ihre Bedeutung

Gegeben : lineares zeitinvariantes System mit Impulsantwort

$$s_1(t) = \begin{cases} a e^{-at}, & t \geq 0, \quad a > 0, \text{ reell} \\ 0, & t < 0 \end{cases}$$

und Abtastung durch δ-Puls nach folgender Schaltung

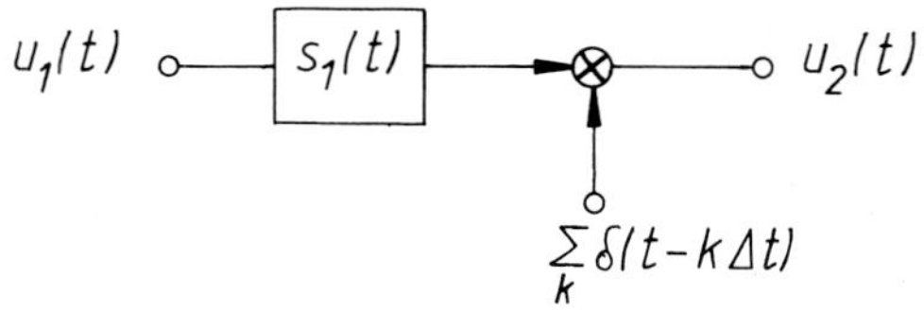

a) Geben Sie die Antwort $s_d(t)$ des obigen Gesamtsystems auf $\delta(t)$ am Eingang an (Formel und Skizze)!

b) Geben Sie $S_d(f)$ an und leiten Sie daraus $\underset{\sim}{S}(z)$, die z-Transformierte von $s_d(t)$, ab!

c) Mit Hilfe der Summenformel für geometrische Reihen

$$\sum_{k=0}^{\infty} x^k = 1/(1-x), \quad |x| < 1$$

kann u.U. $\underset{\sim}{S}(z)$ aus (b) zu $\underset{\sim}{S}_v(z)$ vereinfacht werden. Geben Sie $\underset{\sim}{S}_v(z)$ und das Gültigkeitsgebiet an!

d) Skizzieren Sie die Polverteilung von $\underset{\sim}{S}_v(z)$ in der z-Ebene und die Grenze des Gültigkeitsgebiets!

e) Ist das Gesamtsystem stabil (Begründung mit Hilfe von (d))?

f) Lassen sich $S_d(f)$ und $S_d(p)$ über $\underset{\sim}{S}_v(z)$ vereinfacht angeben?

g) Geben Sie die Orte der Pole von $S_d(p)$ an!

h) Wo ist in der z-Ebene der Integrationsweg zu führen, um $s_d(t)$ aus $\underset{\sim}{S}_v(z)$ zu gewinnen?

i) Was stellt das Spektrum $\underset{\sim}{S}_v(z)$ für $|z| = 1$ dar?

j) Zeigen Sie wie die z-Ri :ktransformation von $\underset{\sim}{S}_v(z)$ wieder auf $s_d(t)$ führt!

A 10.3 Diskrete Entzerrungsfilter

Methoden: diskrete Faltung, z-Transformation

Gegeben: Entzerrungsproblem

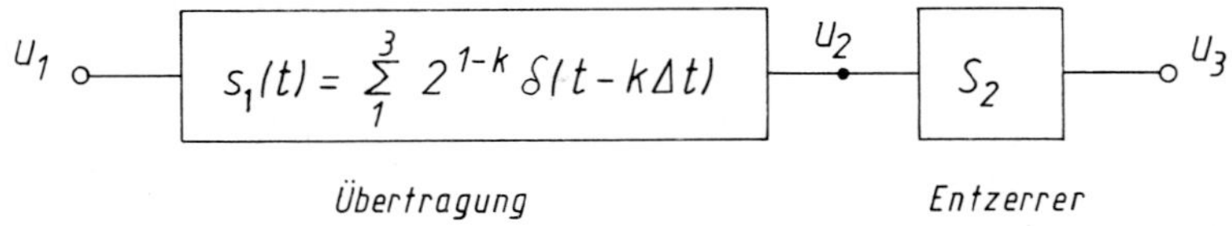

a) Skizzieren Sie $s_1(t)$!

b) Bei idealer Entzerrung entsteht die Gesamtimpulsantwort $s_0(t) = \delta(t-\Delta t)$. Welche Übertragungsfunktion $S_{20}(\omega)$ muß der Entzerrer haben?

c) Zur näherungsweisen Entzerrung soll ein 4-stufiges nichtrekursives Laufzeitfilter (Finite-Impuls-Response-Filter) verwendet werden. Berechnen Sie die z-Übertragungsfunktion $\underset{\sim}{S}_{21}$ und skizzieren Sie Filterschaltung und Impulsantwort $s_{21}(t)$!

d) Die Entzerrung soll näherungsweise durch ein n-stufiges nichtrekursives Laufzeitfilter so durchgeführt werden, daß kein Restimpuls in der Gesamtimpulsantwort $s_{02}(t)$ betragsmäßig größer als 1% des Hauptimpulses ist. Bestimmen Sie mit diskreter Faltung die Entzerrerimpulsantwort $s_{22}(t)$ und geben Sie $s_{02}(t)$ und n an!

e) Für den Entzerrer soll jetzt ein rekursives Laufzeitfilter (Infinite-Impuls-Response-Filter) verwendet werden. Geben Sie die der idealen Entzerrung ähnlichste Entzerrerübertragungsfunktion $\underset{\sim}{S}_{23}(z)$ und das Filterblockschaltbild an!

f) Bestimmen Sie die Entzerrerimpulsantwort $s_{23}(t)$ für das rekursive Filter aus (e) über

f1) Polynomdivision

f2) z-Rücktransformation!

A 10.4 Diskrete FT (DFT)

Methoden: DFT über Matrizenrechnung, finite Signaldarstellung, s. MS S.154ff.

Gegeben: Grundfolge eines finiten Signals

$\{u_k\}_8 = \{1,1,1,0,0,0,1,1\}$

a) Skizzieren Sie die Grundfolge über k!

b) Wie hängt allgemein die Grundfolge $\{u_k\}_N$ mit dem Analogsignal u(t) zusammen?

c) Skizzieren Sie zwei mögliche $u_j(t)$ zur gegebenen Grundfolge und deren Spektren $U_j(f)$!

d) Geben Sie die Matrix $[F]$ der DFT für N=8 an!

e) Berechnen Sie $\vec{U}_D = [F]\vec{u}$ mit $\vec{u} = \{u_k\}_8^T$!

f) Skizzieren Sie die Grundfolge $\{U_i\}_8$ zu $\vec{U}_D$ über i!

g) Leiten Sie die Einhüllende von $\{U_i\}_8$ aus u(t) in (c) mit Hilfe der analogen FT und ihren Gesetzen ab, wobei Sie verwenden $u(t) = \mathrm{rect}\,(t/(5\Delta t))$!

h) Wie hängt $\vec{U}_D$ mit u(t) zusammen?

Einführung

Kapitel und Lösungen sind in diesem Buchteil in gleicher Weise durchnummeriert wie im Aufgabenteil, unterschieden durch ein vorgestelltes L statt A. Hinweise auf das Buch "Methoden der Systemtheorie" von H. Marko, 2. Auflage 1982 (Band 1 dieser Buchreihe), werden mit "MS S. ..." oder MS (...Formelnummer...) gegeben. Weitere Literaturempfehlungen finden sich z.B. am Ende des obengenannten Buches.
Vor jedem Lösungsunterpunkt ist des einfacheren Überlicks willen stichwortartig die Aufgabenstellung wiederholt. Erläuterungen, die über die geforderte Lösung hinausgegegen, sind in Klammern dazugesetzt. Erklärungen zu Herleitungsschritten sind oft mit einem Pfeil auf das vorangehende Gleichheitszeichen gegeben. Komplexe Größen werden nur bei den Fourierkoeffizienten durch Unterstreichen zur Unterscheidung von den gleichnamigen reellen Größen gekennzeichnet.

L 1.1 Periodische Sägezahnfunktion, mit Parameter τ auf der Zeitachse verschiebbar (1)

a) formelmäßige Darstellung mit $\tau=0$

$$u_e(t) = \frac{u_0}{T}\, t\ \mathrm{rect}((t-T/2)/T)$$

$$u(t) = \frac{u_0}{T}(t-kT)\ \mathrm{rect}((t-kT-T/2)/T), \qquad k=\ldots-1,0,1,2,\ldots$$

oder

$$u_e(t) = \begin{cases} \frac{u_0}{T}t\ , & 0 \leq t \leq T \\ 0\ , & \text{sonst} \end{cases}$$

$$u(t) = \frac{u_0}{T}(t-kT), \qquad kT \leq t \leq (k+1)T\ , \qquad k=\ldots-1,0,1,2,\ldots$$

b) formelmäßige Darstellung mit $\tau \neq 0$

$$u(t) = \frac{u_0}{T}(t-\tau-kT)\ \mathrm{rect}((t-\tau-kT-T/2)/T), k=\ldots-1,0,1,2,\ldots$$

c) Gleichanteil

MS (1.18), S.6 — t_0 beliebig — hier günstig $t_0=\tau$

$$A_0 \overset{\text{MS (1.18), S.6}}{=} \frac{1}{T}\int_0^T u(t)dt \overset{t_0\ \text{beliebig}}{=} \frac{1}{T}\int_{t_0}^{t_0+T} u(t)dt \overset{\text{hier günstig}\ t_0=\tau}{=} \frac{1}{T}\int_{\tau}^{\tau+T} u(t)dt =$$

$$= \frac{1}{T}\cdot(\text{Dreiecksfläche}) = \frac{u_0}{2} = \text{Mittelwert über eine Periodendauer.}$$

d) Symmetrie (s. MS S.9)

d1) τ beliebig: keine Symmetrie, auch nach Abspalten des (immer geraden) Gleichanteils auch keine Halbwellenantimetrie wegen $u_1(t) \neq -u_1(t+T/2)$

Beispiel mit Halbwellenantimetrie

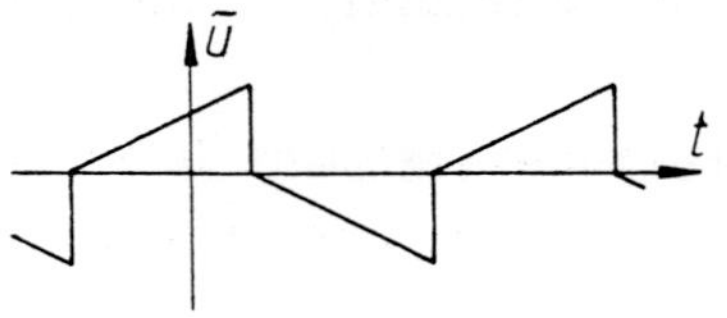

d2) Sonderfälle

$\tau = 0$: der Wechselanteil $u_{W0}(t) = [u(t)-A_0]_{\tau=0}$ ist eine ungerade Funktion, denn es gilt $u_{W0}(t) = -u_{W0}(-t)$

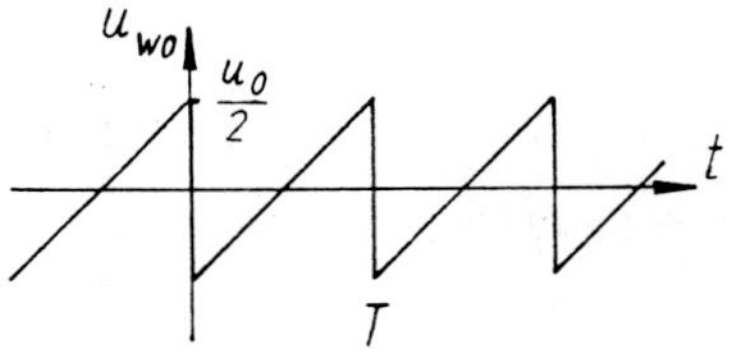

$\tau = \frac{T}{2}$: der Wechselanteil $u_{W1}(t) = [u(t)-A_0]_{\tau=T/2}$ ist eine ungerade Funktion, denn es gilt $u_{W1}(t) = -u_{W1}(-t)$

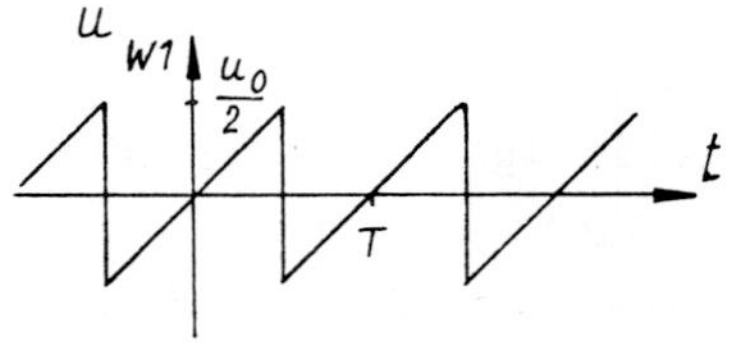

e) Komplexe Fourierkoeffizienten (s. MS S.7)

Integration über die Periodendauer T bei beliebiger Lage t_0 auf der Zeitachse; günstig: $t_0 = \tau$; s.(b)

$$\underline{A}_n = \frac{1}{T}\int_{t_0}^{t_0+T} u(t)e^{-jn\omega_0 t}\,dt = \frac{1}{T}\int_{\tau}^{\tau+T} u(t)e^{-jn\omega_0 t}\,dt =$$

$\omega_0 = 2\pi/T$

$$= \frac{u_0}{T^2}\int_{\tau}^{T+\tau}(t-\tau)e^{-jn\omega_0 t}\,dt = \frac{u_0}{T^2}\left(\int_{\tau}^{T+\tau} t\, e^{-j2\pi n t/T}dt - \frac{u_0\tau}{T^2}\int_{\tau}^{T+\tau} e^{-j2\pi n t/T}dt\right) =$$

Formelsammlung: $\int x\, e^{ax} dx = e^{ax}(ax-1)/a^2$ für $a \neq 0$, d.h. Formel nicht verwendbar für $n=0$, aber A_0 wurde bereits in (c) berechnet;

zweites Integral verschwindet, da über Drehzeiger konstanter Länge während n voller Umdrehungen integriert wird.

$$= -\frac{u_0}{(n2\pi)^2}\left[e^{-j2\pi nt/T}(-j2\pi nt/T-1)\right]_{\tau}^{T+\tau} =$$

ergibt Differenz identischer Zeiger → kein Beitrag

$$\overset{j=e^{j\pi/2}}{=} \frac{u_0}{n2\pi} e^{-j(2\pi n\tau/T-\pi/2)} = \frac{u_0}{n2\pi}\sin 2\pi n\tau/T + j\frac{u_0}{n2\pi}\cos 2\pi n\tau/T,\quad n \neq 0$$

Betrag   Phase   Realteil   Imaginärteil

f) reelle Fourierkoeffizienten

$$\underline{A}_n \overset{MS(1.24)}{=} \frac{1}{2}(A_n - jB_n)$$

damit

$$A_n = 2\mathrm{Re}\{\underline{A}_n\} = \frac{u_0}{n\pi}\sin 2\pi n\tau/T$$

$$B_n = -2\mathrm{Im}\{\underline{A}_n\} = -\frac{u_0}{n\pi}\cos 2\pi n\tau/T$$

g) Einfluß der Symmetrieeigenschaften s.(d2)

$$\left.\begin{array}{ll}\tau=0: & \underline{A}_n = j\dfrac{u_0}{n2\pi},\quad n \neq 0 \\ \tau=\dfrac{T}{2}: & \underline{A}_n = (-1)^n j\dfrac{u_0}{n2\pi},\quad n \neq 0\end{array}\right\}\text{ rein imaginär}$$

s. MS S.9: für ungerade Funktionen verschwinden die A_n, d.h. $\underline{A}_n$ rein imaginär

Bedeutung: $u_{W0}(t)$ und $u_{W1}(t)$ s. (d2) wird nur aus sin-Funktionen zusammengesetzt

h) Drehzeigerdarstellung (s. MS S.5)

mit $A_0 = \frac{u_0}{2}$ und der Zeigerdarstellung von $\underline{A}_n$ in (e) für $\tau = T/8$

$$\underline{A}_n \Big|_{\tau=T/8} = A_0 \frac{1}{n\pi} e^{j(1-n/2)\pi/2}$$

liegen folgende neun größten Drehzeiger bei t=0 im Drehzeigerdiagramm

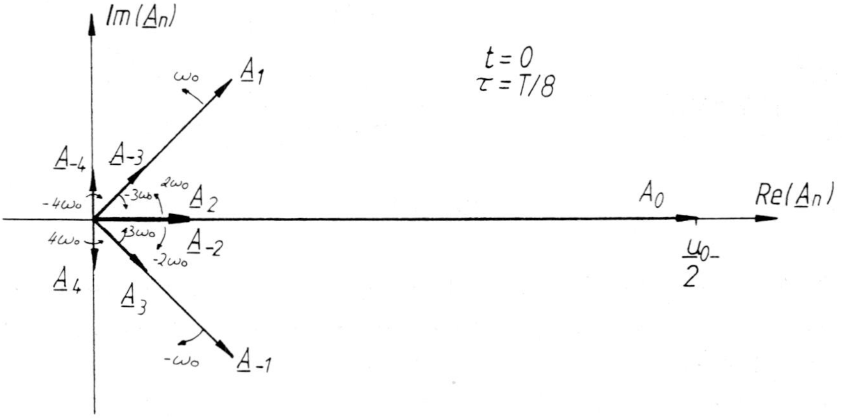

u(t) ergibt sich als Summe aller Drehzeiger, deren Winkelstellung sich mit den angegebenen Winkelgeschwindigkeiten ändert.

i) komplexe Linienspektren

Pseudo-3D-Darstellung eines komplexen Fourierkoeffizienten

$\underline{A}_n = |\underline{A}_n| \, e^{-jb_n}$

Beispiel n=6

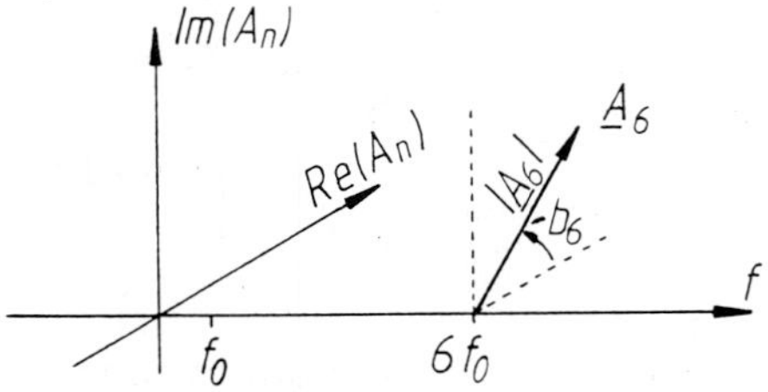

Erläuterung:
Bei jeder Frequenz, mit der eine Harmonische in u(t) enthalten ist, (f_0 oder Vielfache davon) muß eine Ebene parallel zur Ebene bei f=0 gedacht werden, die von der Realteil- und Imaginärteilachse aufgespannt wird. Sie bildet jeweils eine komplexe Ebene,

in die der entsprechende komplexe Fourierkoeffizient als Zeiger eingezeichnet wird, der sich nicht dreht, da hier die Frequenz durch die Lage auf der Frequenzachse ausgedrückt wird.
Projiziert man alle Zeiger in die komplexe Ebene bei f=0, erhält man das Drehzeigerdiagramm für t=0.
Die $\underline{A}_n$ für $\tau=0$ und $\tau=T/2$ wurden in (g) bereits errechnet. Folgende Pseudo-3D-Darstellungen ergeben sich daraus

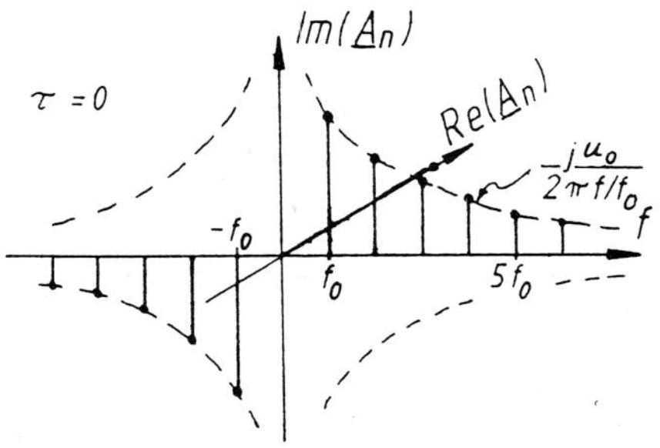

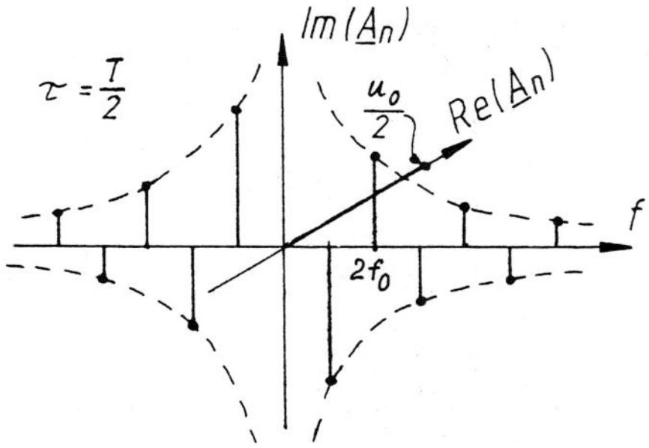

Außer A_0 sind alle Spektrallinien imaginär; man kann sie paarweise kombiniert als Linienspektrum der reinen Sinusschwingungen in $u(t;\tau=0)$ bzw. $u(t;\tau=T/2)$ deuten, s. (g).
Für $\tau=T/8$ ergab sich in (h)

$$\underline{A}_n\Big|_{\tau=T/8} = \frac{u_0}{2}\,\frac{1}{n\pi}\,e^{j(1-n/2)\pi/2}$$

und damit folgendes Linienspektrum

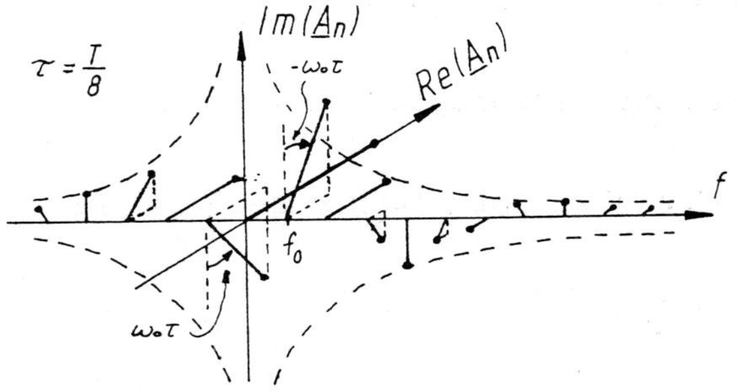

j) Grundschwingung

$$u(t) \overset{\text{Fourier-Reihenentwicklung}}{=} \sum_n \underline{A}_n e^{jn\omega_0 t}$$

$$u_g(t) = u(t)\Big|_{\omega=\omega_0} = \underline{A}_1\, e^{j\omega_0 t} + \underline{A}_{-1}\, e^{-j\omega_0 t} =$$

$$\underline{A}_{-1} = \underline{A}_1^*, \text{ da } u(t) \text{ reell s. MS S.7}$$

$$= \underline{A}_1 (\cos\omega_0 t + j\sin\omega_0 t) + \underline{A}_1^* (\cos\omega_0 t - j\sin\omega_0 t) =$$

$$= \underbrace{2\mathrm{Re}\{\underline{A}_1\}}_{A_1} \cos\omega_0 t - \underbrace{2\mathrm{Im}\{\underline{A}_1\}}_{-B_1} \sin\omega_0 t$$

mit $\underline{A}_1 \overset{\text{s. (e)}}{=} \dfrac{u_0}{2\pi}(\sin 2\pi\tau/T + j\cos 2\pi\tau/T)$

und $u_0 = 10\mathrm{V}$ ergibt sich

$$u_g(t) = \frac{10}{\pi}\sin(2\pi\tau/T)\cos\omega_0 t - \frac{10}{\pi}\cos(2\pi\tau/T)\sin\omega_0 t \text{ V} =$$

$$= A_1\cos\omega_0 t + B_1\sin\omega_0 t = C_1\cos(\omega_0 t - \varphi_1)$$

mit

$$C_1 \overset{\text{MS S.2}}{=} \sqrt{A_1^2 + B_1^2} = 10/\pi \text{ V}$$

$$\varphi_1 = \mathrm{artan}(B_1/A_1) = \mathrm{artan}(-\cot 2\pi\tau/T) =$$

$$= 2\pi\tau/T - \pi/2$$

folgt eine andere Darstellung

$$u_g(t) = \frac{10}{\pi}\cos\left(\omega_0 t + \frac{\pi}{2} - 2\pi\tau/T\right)\mathrm{V} = -\frac{10}{\pi}\sin(\omega_0 t - 2\pi\tau/T)\mathrm{V}$$

oder über Betrag- & Phase-Darstellung $\underline{A}_1 = |\underline{A}_1| e^{-jb_1}$ aus (e)

$$u_g(t) = \underline{A}_1 e^{j\omega_0 t} + \underline{A}_1^* e^{-j\omega_0 t} = |\underline{A}_1| (e^{j(\omega_0 t - b_1)} + e^{-j(\omega_0 t - b_1)}) =$$

$$= 2|\underline{A}_1| \cos(\omega_0 t - b_1) \overset{\text{s.(e)}}{=} \ldots$$

Vergleich mit Zeigerdiagramm in (h) für $\tau = T/8$

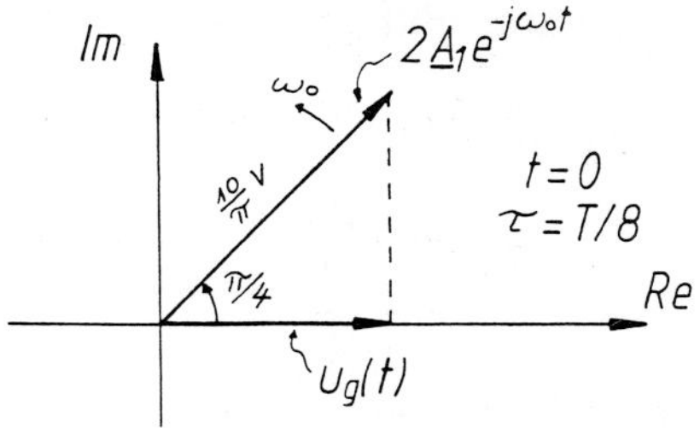

$$u_g(t) = \mathrm{Re}\left\{ 2|\underline{A}_1| \, e^{j(\omega_0 t - b_1)} \right\} =$$

$$= \mathrm{Re}\left\{ \frac{10}{\pi} \, e^{j(\omega_0 t + \pi/4)} \right\}$$

k) Fourierkoeffizienten nach Auseinanderrücken der Einzelimpulse: neue Periode $T_m = mT$

$$\underline{A}_{m,n} \overset{\text{s. (e)}}{=} \frac{1}{T_m} \int_{t_0}^{t_0+T_m} u_m(t) \, e^{-j2\pi n/T_m} dt =$$

$$T_m = mT \qquad u_m(t) = \begin{cases} u(t), & \tau \le t \le T+\tau \\ 0 & \text{, sonst innerhalb der Periodendauer } T_m \end{cases}$$

$$= \frac{1}{m} \frac{1}{T} \int_{\tau}^{T+\tau} u(t) \, e^{-j2\pi n/(mT)} dt$$

für n = km, k ganz, ergibt sich

$$\underline{A}_{m,km} = \frac{1}{m} \frac{1}{T} \int_{\tau}^{T+\tau} u(t) e^{-j2\pi k/T} dt \overset{\text{s. (e)}}{=} \frac{1}{m} \underline{A}_k$$

l) Für das Beispiel m=3 bedeutet das Ergebnis aus (j), daß $\underline{A}_{3,0}$, $\underline{A}_{3,3}$, $\underline{A}_{3,6}$ ... jeweils bis auf den Faktor 1/3 mit den bereits bekannten $\underline{A}_0$, $\underline{A}_1$, $\underline{A}_2$, ... übereinstimmen, dazwischen gibt es je zwei neue Spektrallinien bei bisher nicht enthaltenen Frequenzen, z.B. $\underline{A}_{3,1}$ bei der langsameren Grundfrequenz 1/(3T) und $\underline{A}_{3,2}$ der neuen 1. Oberschwingung 1/(1,5T).

Hinweis: Die Veränderung des Linienspektrums durch Auseinanderrücken der Einzelimpulse ist bequem beschreibbar durch die Lösungsmethode von Beispiel 1.3.

L 1.2 Dirac-Puls

a) P(f) über Verschiebungssatz

Verschiebungssatz der FT angewandt auf einen Dirac-Impuls

$\delta(t) \circ\!\!-\!\!\bullet\ 1$ und $\delta(t-k\Delta t) \circ\!\!-\!\!\bullet\ e^{-j2\pi f k\Delta t}$

daher

$$P(f) = \sum_k e^{-j2\pi f k\Delta t}$$

b) p(t) als Fourierreihe

$$p(t) \overset{\text{MS S.7}}{=} \sum_n \underline{A}_n\, e^{jn\omega_0 t}$$

kompl. Koeffizienten:

$$\underline{A}_n = \frac{1}{\Delta t}\int_{-\Delta t/2}^{\Delta t/2} u(t)\, e^{-jn\omega_0 t}\, dt = \frac{1}{\Delta t}\int_{-\Delta t/2}^{\Delta t/2} \delta(t)\, e^{-jn\omega_0 t}\, dt =$$

$$\overset{\text{da } \delta(t)=0 \text{ für } t\neq 0}{=} \frac{1}{\Delta t}\int_{-\infty}^{\infty} \delta(t)\, e^{-jn\omega_0 t}\, dt \overset{\text{s. MS S.179 oder Kap.2 "Ausblendeigenschaft" der } \delta\text{-Funktionen}}{=} \frac{1}{\Delta t}$$

daher

$$p(t) = \frac{1}{\Delta t}\sum_n e^{-jn\omega_0 t}$$

c) Ableitung des Spektrums P(f)

$$p(t) = \sum_k \delta(t-k\Delta t) \overset{\overset{\omega_0 = 2\pi f_0 = \frac{2\pi}{\Delta t}}{\text{s.(b)}}}{=} \frac{1}{\Delta t}\sum_k e^{-j2\pi kt/\Delta t}$$

Weg 2: Verschiebungssatz der FT s.(a)

$$P(f) \underset{\text{aus (a)}}{=} \sum_n e^{-j2\pi f n\Delta t} \underset{\text{Weg 1}}{=} \frac{1}{\Delta t}\sum_n \delta\left(f - \frac{n}{\Delta t}\right)$$

Weg 1: aus der Gleichung für p(t) mit t durch f und k/Δt durch kΔt vertauscht

d) qualitative Erklärung der Korrespondenz p(t) o—• P(f)

p(t) kann als Summe von cos-Schwingungen (+Gleichanteil) betrachtet werden, die nur zu den Zeitpunkten $k\Delta t$ gleichzeitig alle positiv $(=\frac{2}{\Delta t})$ sind und dazwischen verschiedene Werte zwischen $+2/\Delta t$ und $-2/\Delta t$ einnehmen und sich dort in der unendlichen Summe zu Null ausmitteln.

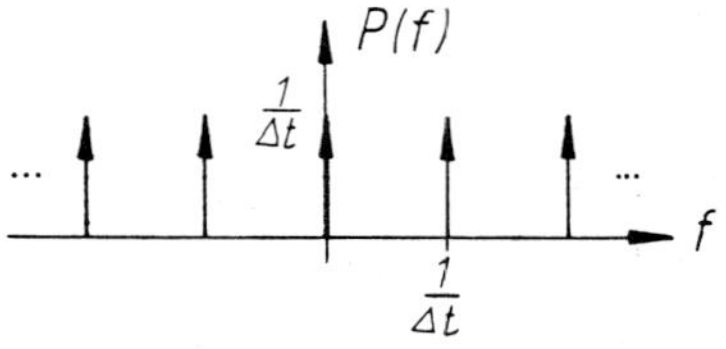

L 1.3 Periodische Sägezahnfunktion, mit Parameter τ auf Zeitachse verschiebbar (2)

a) Skizze von u(t)

siehe A1.1 "gegeben"

b) Zusammenhang $\tilde{U}_z(f)$ und U(f)

$$\tilde{u}_z(t) = u(t+\tau-T/2) - A_0 = u(t)*\delta(t+\tau-T/2) - A_0$$

Verschiebungssatz der FT, MS S.86

$$\tilde{U}_z(f) = U(f)\, e^{j\omega(\tau-T/2)} - A_0\,\delta(f)$$

c) Zentrierter Einzelimpuls

$$\tilde{u}_{ze}(t) = \tilde{u}_z(t) \operatorname{rect} t/T =$$

$$= (u_0 t/T) \operatorname{rect} t/T$$

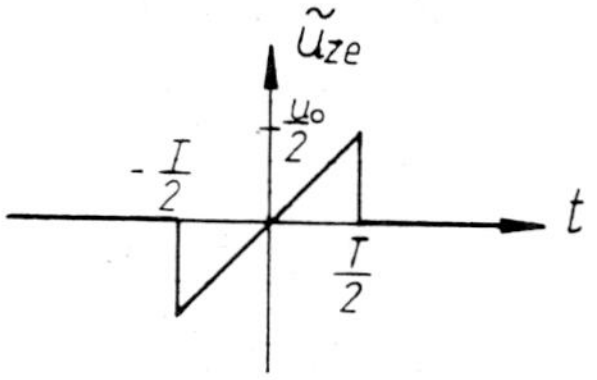

d) Zusammenhang $\tilde{u}_{ze}$ und $\tilde{u}_z$

$$\tilde{u}_z(t) = \tilde{u}_{ze}(t) * \sum_k \delta(t-kT)$$ periodische Wiederholung im Abstand T

Faltungssatz MS S.97 ; s. L1.2c

$$\tilde{U}_z(f) = \tilde{U}_{ze}(f) \cdot \frac{1}{T} \sum_k \delta(f-k/T)$$

e) Bestimmung von $\tilde{U}_{ze}(f)$

$\tilde{U}_{ze}(f)$ kann bestimmt werden z.B. über

- Fourierintegral MS S.11 und Beisp. in L3.1
- Differentiationssatz (MS S.90), Berechnung s. L6.1
- Tabelle z.B. MS S.199

aus L 6.1f mit $t_1 = T/2$ und Maximum $u_0/2$

$$\tilde{U}_{ze}(f) = ju_0(\cos\pi fT - \mathrm{si}\,\pi fT)/(2\pi f)$$

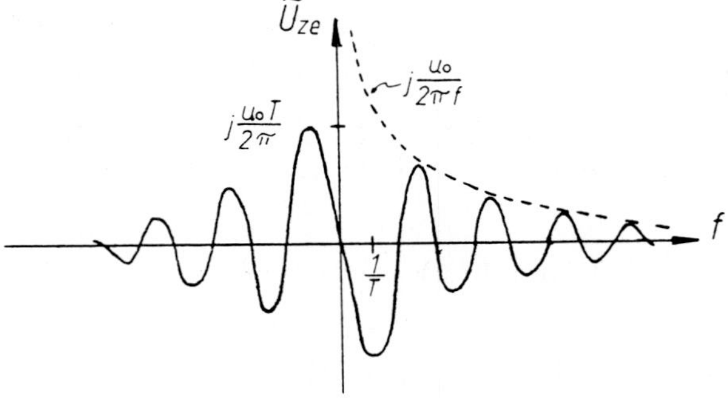

f) Formel von U(f)

s.(b); $e^{-j\omega(\tau-T/2)}\Big|_{\omega=0} = 1$

$$U(f) = (\tilde{U}_z(f) + A_0\,\delta(f))\,e^{-j\omega(\tau-T/2)} = \tilde{U}_z(f)\,e^{-j\omega(\tau-T/2)} + A_0\,\delta(f) =$$

s.(d) und (e); $A_0 = \frac{1}{T}\int_0^T u(t)dt = \frac{u_0}{2}$ s. L1.1c

$$= ju_0(\cos\pi fT - \mathrm{si}\,\pi fT)/(2\pi fT)\;e^{-j\omega(\tau-T/2)} \sum_k \delta(f-\frac{k}{T}) + \frac{u_0}{2}\delta(f)$$

g) U(f) für $\tau = T/2$

$$U(f)\Big|_{\tau=T/2} = ju_0(\cos\pi fT - \mathrm{si}\,\pi fT)/(2\pi fT)\sum_k \delta(f-\tfrac{k}{T}) + \frac{u_0}{2}\delta(f)$$

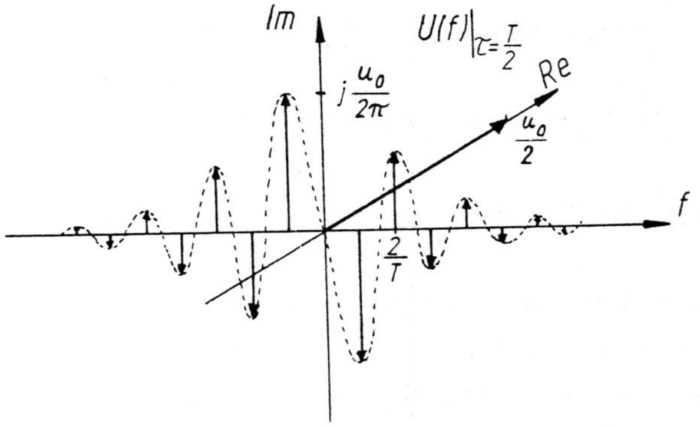

Hinweis: Vergleich mit L1.1i!

h) Zusammenhang zwischen Fourierkoeffizienten und Spektrum

$$\underline{A}_{zn} \overset{\text{s. L1.1e, für } n\neq 0}{=} \frac{1}{T}\int_{t_0}^{t_0+T} \tilde{u}_z(t)\, e^{-j2\pi nt/T}\, dt \overset{\text{da } t_0 \text{ beliebig und } \tilde{u}_{ze} \text{ auf eine Periode beschränkt}}{=} \frac{1}{T}\int_{-\infty}^{\infty} \tilde{u}_{ze}(t)\, e^{-jn2\pi t/T}\, dt =$$

$$\overset{\text{Fourierintegral für die Frequenz } n/T}{=} \frac{1}{T}\tilde{U}_{ze}(n/T), \quad n\neq 0$$

$$\underline{A}_n \overset{\text{Verschiebunssatz der FT, Zentrierverschiebung s.(b)}}{=} \frac{1}{T}\tilde{U}_{ze}(n/T)\, e^{j2\pi(T/2-\tau)n/T}, \quad n\neq 0$$

$$A_0 \overset{\text{s.(f)}}{=} \frac{u_0}{2}$$ Der Gleichanteil wird bei einer Verschiebung nicht verändert

i) Grundschwingung $u_g(t)$ für $\tau = T/2$

Berechnung über $\underline{A}_1$ s. L1.1j oder als Ausgang eines idealen Bandpasses um $\pm\frac{1}{T}$ mit Bandbreite $\Delta f < 1/T$ mit u(t) am Eingang:

$u_g(t) \circ\!\!-\!\!\bullet\; U(f) \cdot S_{BP}(f)$

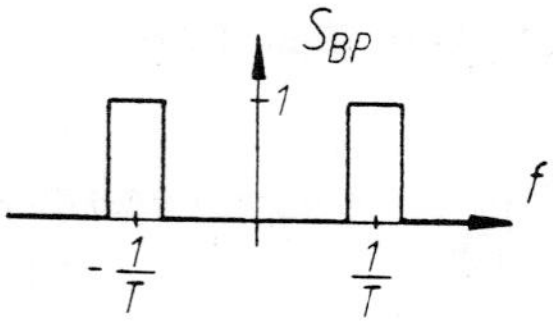

$U(f)\Big|_{\tau = T/2}$ s. (g)

$$U_g(f) = j\,\frac{u_0}{2\pi}\left(\delta(f+1/T) - \delta(f-1/T)\right)$$

Verschiebungssatz oder s. L3.2

$u_0 = 10\,V$

$$u_g(t) = \frac{10}{\pi}\sin 2\pi t/T$$

j) auseinandergerückte Einzelimpulse

Bei der Signalsynthese aus dem Einzelimpuls in (d) muß der Dirac-Puls verändert werden:

$$\tilde{u}_z(t) \rightarrow \tilde{u}_{zc}(t) = \tilde{u}_{ze}(t) * \sum_k \delta(t-kcT)$$

damit folgt

$$\tilde{U}_z(f) = \tilde{U}_{ze}(f)\,\frac{1}{cT}\sum_k \delta\!\left(f-\frac{k}{cT}\right)$$

Der Dirac-Puls, der $\tilde{U}_{ze}(f)$ abtastet, hat eine kleinere Periode und ein kleineres Impulsintegral.

L 1.4 Kombinierte Dreiecksschwingung

a) u(t) gebildet aus triang und Dirac-Puls

u(t) wird zerlegt in zwei periodische Funktionen zusammengesetzt aus gleichartigen Dreieckimpulsen

$$u(t) = u_+(t) + u_-(t)$$

mit $u_+(t) = u(t)$ für $u \geq 0$

und $u_-(t) = u(t)$ für $u \leq 0$

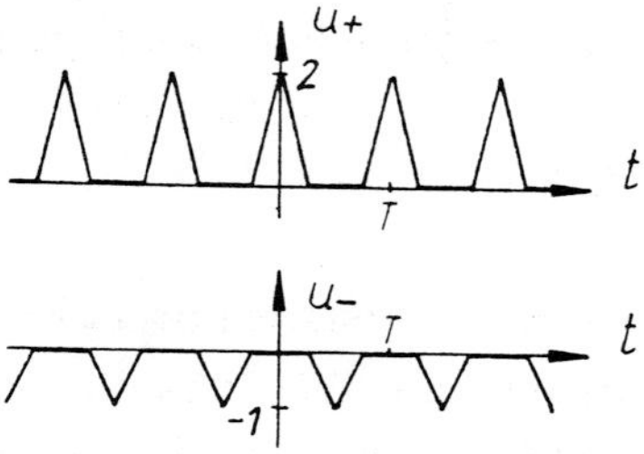

Damit folgt

$$u(t) = 2\,\mathrm{triang}\,\frac{t}{T/4} * \sum_k \delta(t-kT) - \mathrm{triang}\,\frac{t}{T/4} * \sum_k \delta\!\left(t-\frac{T}{2}-kT\right)$$

b) das Spektrum U(f)

Faltungssatz, geg. Korrespondenz und Verschiebungssatz

$$U(f) = \frac{T}{2}\,\mathrm{si}^2(\pi fT/4)\frac{1}{T}\sum_k \delta(f-k/T) -$$

$$- \frac{T}{4}\,\mathrm{si}^2(\pi fT/4)\,\frac{1}{T}\,e^{-j2\pi fT/2}\sum_k \delta(f-k/T) =$$

$$= \frac{1}{4}\,\mathrm{si}^2(\pi fT/4)\,(2 - e^{-j2\pi fT/2})\sum_k \delta(f-k/T) =$$

$\delta(f-k/T) = 0$ für $f \neq k/T$

$$= \frac{1}{4}\sum_k \mathrm{si}^2(k\pi/4)\,(2 - e^{-jk\pi})\,\delta(f-k/T) =$$

$$= \begin{cases} \frac{1}{4}\sum_k \mathrm{si}^2(k\pi/4)\,\delta(f-k/T), & k \text{ gerade} \\ \frac{3}{4}\sum_k \mathrm{si}^2(k\pi/4)\,\delta(f-k/T), & k \text{ ungerade} \end{cases}$$

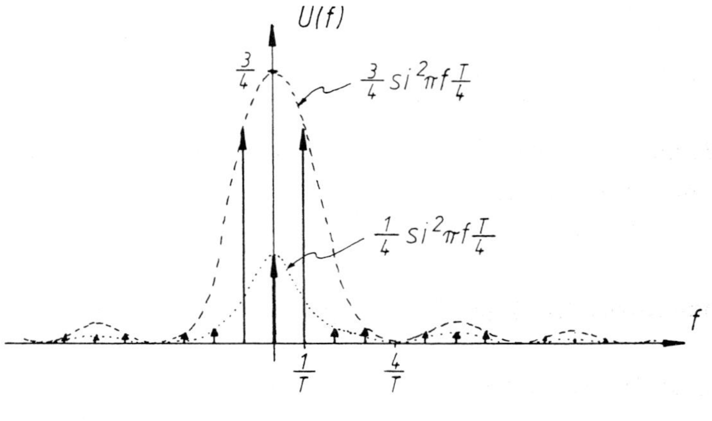

L 1.5 Periodisches Ausgangssignal einer Phasenanschnittssteuerung

a) Symmetrie

Halbwellen-Antimetrie: $u(t) = -u(t+T/2)$

Bedeutung für die Fourier-Koeffizienten (s. MS S.9):

alle $\underline{A}_n = 0$ für n gerade

b) Fourier-Koeffizienten

$\underline{A}_{-1} = \underline{A}_1^*$ da u(t) reell, s. MS S.7

$A_0 = 0$
$A_2 = 0$ } wegen Halbwellen-Antimetrie

$$\underline{A}_1 = \frac{1}{T}\int_{t_0}^{t_0+T} u(t)\, e^{-j\omega_0 t}\, dt =$$

$$= \frac{1}{T}\Big[\int_{-T/4}^{T/8} \cos 2\pi t/T(\cos 2\pi t/T - j\sin 2\pi t/T)dt + \int_{T/4}^{5T/8} \ldots\, dt\Big] =$$

wegen Halbwellenantimetrie von u(t) und cos(·) und sin(·) ist der Betrag beider Integrale gleich

$\cos x \sin x = \frac{1}{2}\sin 2x$

$$= \frac{2}{T}\int_{-T/4}^{T/8} \left(\cos^2 2\pi t/T - \frac{j}{2}\sin 4\pi t/T\right)dt = \ldots =$$

$$= \frac{3}{8} + \frac{1}{4\pi} + j\,\frac{1}{4\pi} \approx 0{,}45 + j\,0{,}08$$

c) reelle Grundwelle

$$u_g(t) = A_1 \cos\omega_0 t + B_1 \sin\omega_0 t \overset{\text{MS S.7}}{=} 2\mathrm{Re}\{\underline{A}_1\}\cos\omega_0 T - 2\mathrm{Im}\{\underline{A}_1\}\sin\omega_0 t \approx$$

$$\approx 0{,}90 \cos 2\pi t/T - j0{,}16 \sin 2\pi t/T$$

oder

$$u_g(t) \overset{\text{s. L1.1j}}{=} 2|\underline{A}_1| \cos(\omega_0 t - b_1) \approx 0{,}92 \cos(2\pi t/T + 0{,}17)$$

d) Zusammenhang Spektrum - Fourierkoeffizienten

$$u(t) = \sum_n \underline{A}_n e^{j2\pi f n/T}$$ komplexe Fourierreihe

$$U(f) = \sum_n \underline{A}_n \delta(f - n/T)$$

Verschiebungssatz

e) Skizze der Modulationsfunktion u_2

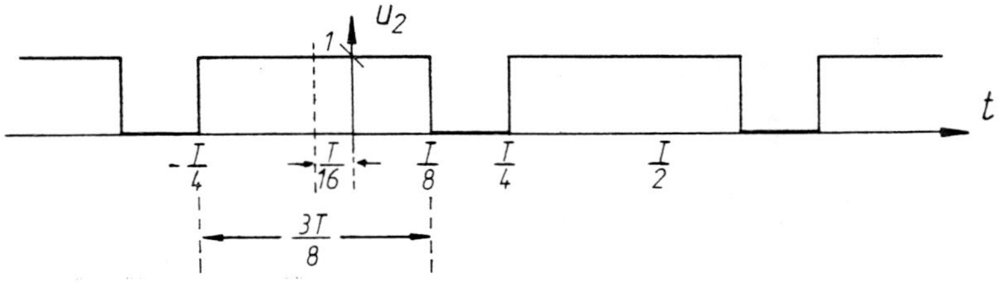

f) Spektrum $U_2(f)$

$u_2(t)$ kann mittels Rechteckfunktion, Dirac-Puls und Verschiebung so beschreiben werden, daß $U_2(f)$ leicht bestimmbar wird:

$$u_2(t) = \mathrm{rect}(t/(3T/8)) * \sum_k \delta(t-kT/2+T/16)$$

$$U_2(f) = \frac{3T}{8}\,\mathrm{si}(\pi f3T/8)\, e^{j2\pi fT/16}\, \frac{2}{T}\sum_k \delta(f-2k/T) =$$

$$= \frac{3}{4}\sum_k \mathrm{si}(3\pi k/4)\, e^{jk\pi/4}\delta(f-2k/T)$$

g) Skizze des Betrags von $U_2(f)$

$$|U_2(f)| = \frac{3}{4}\sum_k \mathrm{si}(3\pi k/4)\delta(f-2k/T)$$

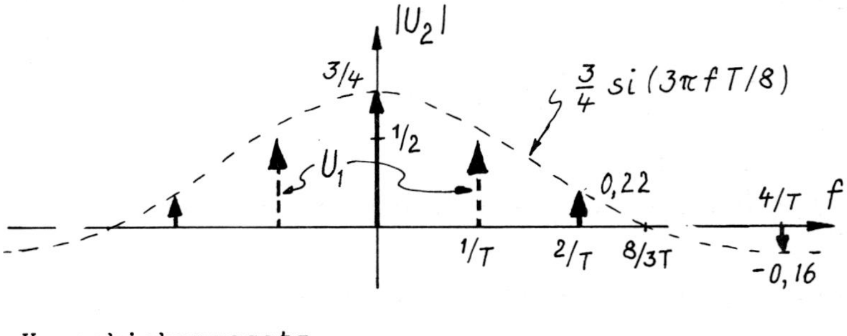

h) $U_1(f) \overset{\text{Verschiebungssatz}}{=} \frac{1}{2}(\delta(f-f_0) + \delta(f+f_0))$

i) $U(f) \overset{\text{Faltungssatz}}{=} U_1(f) * U_2(f) =$

Faltung mit δ-Funktion → Verschiebung s. L2.3

$$= \frac{1}{2}(U_2(f-f_0) + U_2(f+f_0))$$

j) Skizze der zwei Summanden von U(f)

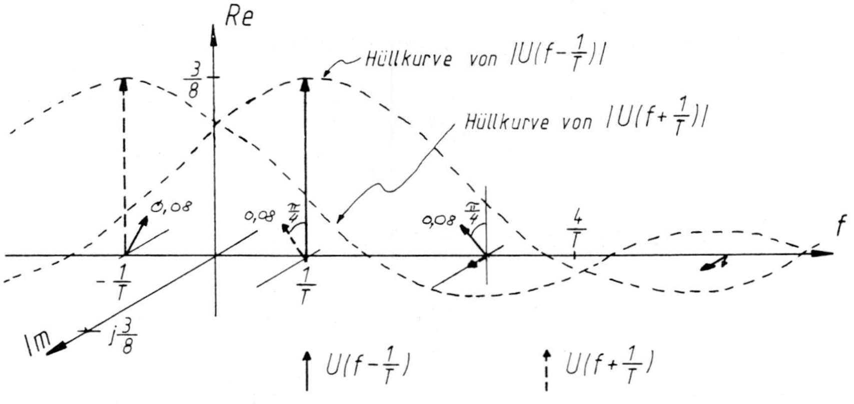

k) U(f) im Bereich $0 < f < 2/T$

In diesem Bereich entsteht nur bei 1/T eine Summe von zwei Dirac-Impulsen, s. Skizze (j)

$$U(f) = \left[U_2(f-f_0)\Big|_{k=0} + U_2(f+f_0)\Big|_{k=1} \right]/2$$

mit U_2 aus (f)

$$= \left[3\delta(f-f_0)/4 + 3e^{j\pi/4}\, si(3\pi/4)\delta(f-f_0)/4 \right]/2 =$$

$$= \left[3\, si(3\pi/4)\cos(\pi/4)/8 + j\, 3\, si(3\pi/4)\sin(\pi/4)/8 \right]\delta(f-f_0) \approx$$

$$\approx (0{,}45 + j0{,}08)\delta(f-f_0)$$

Vergleichen Sie mit den Fourierkoeffizienten (s. (b) und (d))!

l) quasiperiodisches Signal (12 Perioden)

$$u_{qz}(t) = u(t)\, rect \frac{t}{12T}$$

$$U_{qz}(f) = U(f) * 12T si(\pi f 12T)$$

Verschiebung nach rechts, bis $u_{qk}(t) = 0$ für $t < 0$ (kausal)

$$u_{qk}(t) = \left(u(t)\ \mathrm{rect}\ \frac{t}{12T}\right) * \delta(t-6T)$$

$\circ\!\!-\!\!\bullet$

Verschiebungssatz

$$U_{qk}(f) = U_{qz}(f)\ e^{-j12\pi fT} = \left[U(f) * 12T\ \mathrm{si}(12\pi fT)\right] e^{-j12\pi fT}$$

m) Skizze von $U_{qz}(f)$ mit U(f) aus (k)

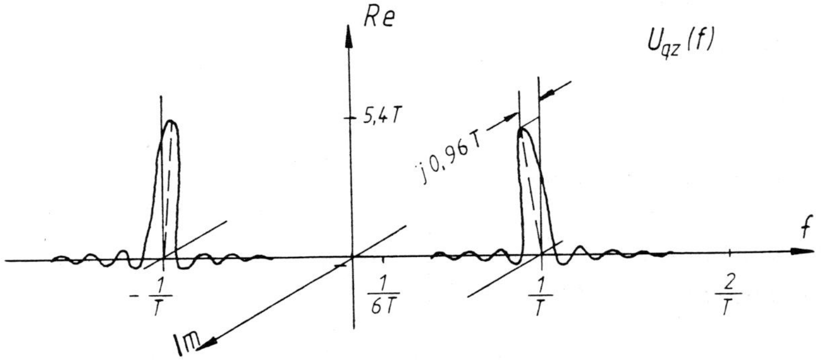

L 1.6 Periodische Rechtecktfunktion mit Bandbegrenzung

a) Skizze von u(t)

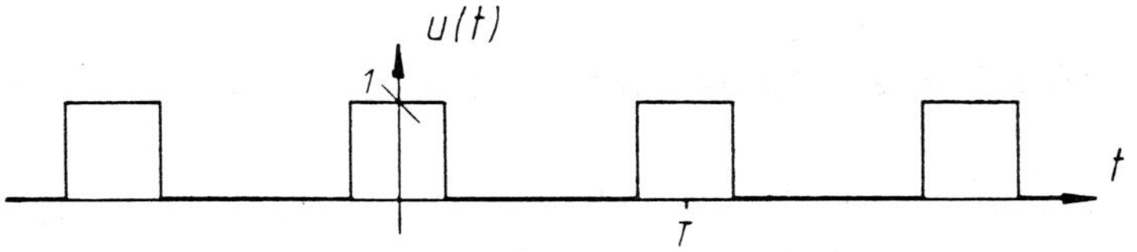

b) reelle Fourierkoeffizienten aus Tabelle

Tabellenparameter: k=1, $t_2=-t_1=T/6$ damit (s. Tabelle)

$A_0 = 1/3$

$A_n = \frac{1}{\pi n}\ 2 \sin n\omega_0 t$

$B_n = 0$ (u(t) ist gerade!)

c) Skizze von U(f)

+

d) Mit $U(f) = U_e(f)\,\frac{1}{T}\sum_k \delta(f-k/T)$ s. L1.3d

+

g) ist $U(f) = \mathrm{si}(\pi f T/3) \sum_k \delta(f-k/T)/3$

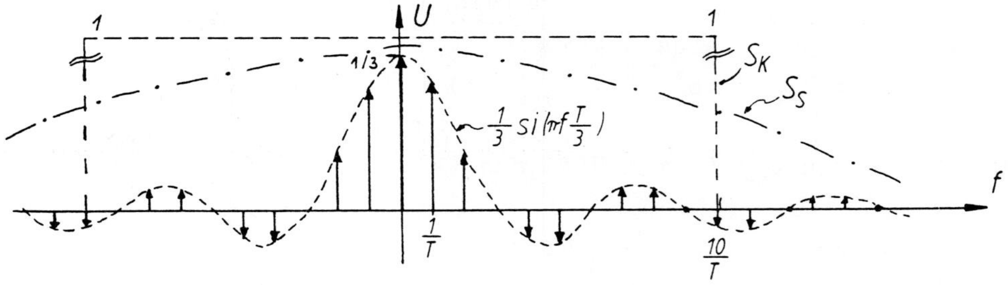

e) Impuls- und Sprungfunktion von S_K s. MS S.74

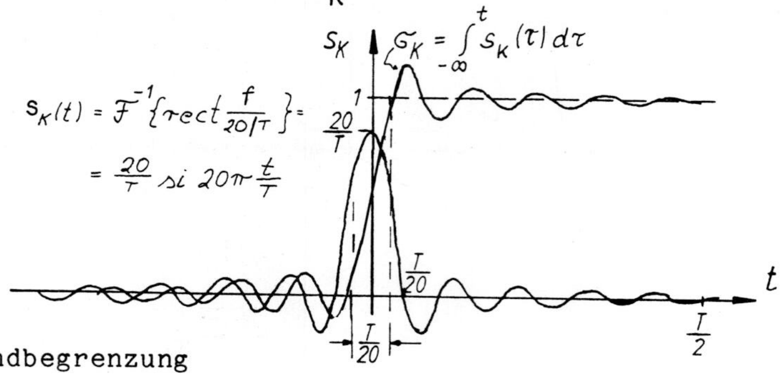

f) u(t) nach Bandbegrenzung

$$u_K(t) = u(t) * s_K(t)$$

einfacher als Faltung:

u(t) kann durch Überlagerung von Einheitssprüngen beschrieben werden:

$$u(t) = \sum_k \gamma(t + T/6 - kT) - \sum_k \gamma(t - T/6 - kT)$$

da S_K ein lineares System ist, gilt

$$u_K(t) = \sum_k \sigma_K(t + \frac{T}{6} - kT) - \sum_k \sigma_K(t - \frac{T}{6} - kT)$$

mit

$$\sigma_K(t) = \frac{20}{T}\int_{-\infty}^{t} \mathrm{si}(20\pi t/T)dt = \frac{1}{\pi}\int_{-\infty}^{20\pi t/T} \mathrm{si}(x)dx = \frac{1}{2} + \frac{1}{\pi}\int_{0}^{20\pi t/T} \mathrm{si}(x)dx =$$

$$\overset{\text{MS S.211}}{=} 1/2 + \frac{1}{\pi}\,\mathrm{Si}(20\pi t/T) \text{ folgt}$$

$$u_k(t) = \frac{1}{\pi}\sum_k \mathrm{Si}(20\pi t/T + T/6 - kT) - \frac{1}{\pi}\sum_k \mathrm{Si}(20\pi t/T - T/6 - kT)$$

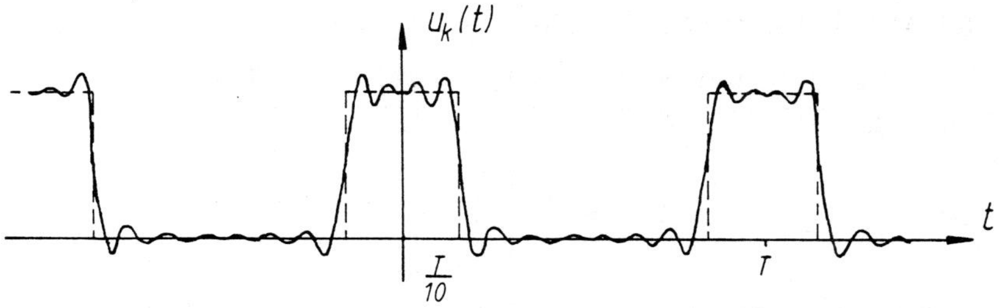

g) Skizze von $S_S(f)$ s. (c)

h) Impuls- und Sprungantwort von S_S

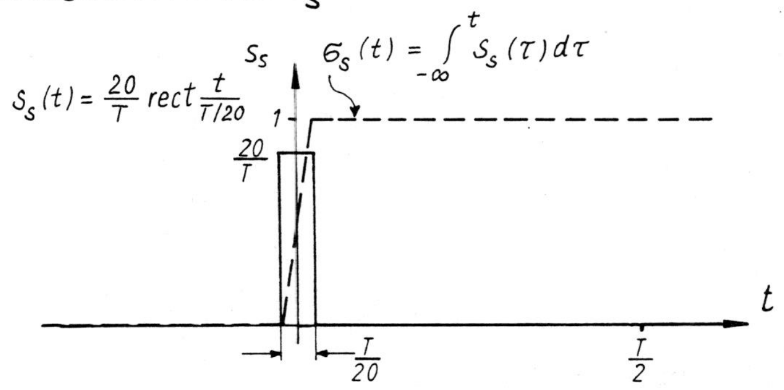

i) u(t) nach Tiefpaßfilterung mit S_S

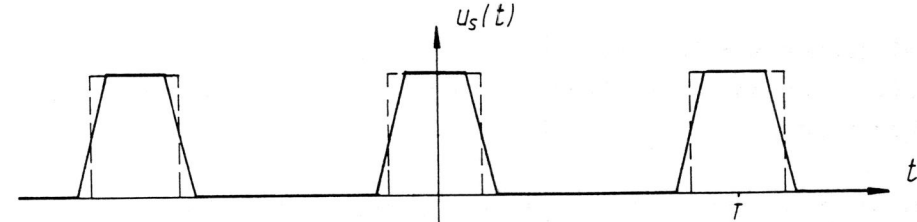

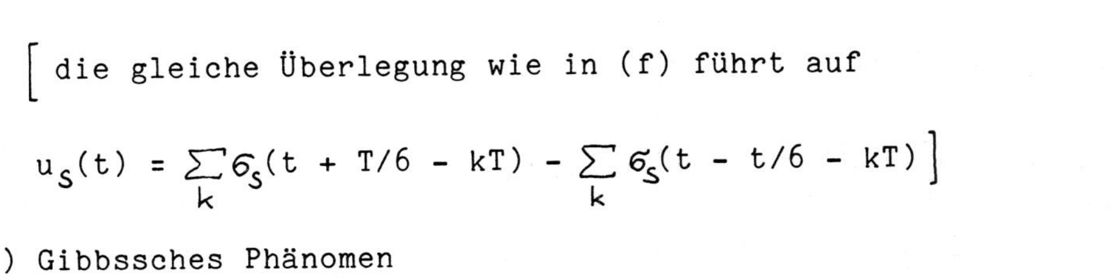

[die gleiche Überlegung wie in (f) führt auf

$$u_S(t) = \sum_k \sigma_S(t + T/6 - kT) - \sum_k \sigma_S(t - t/6 - kT)\ ]$$

j) Gibbssches Phänomen

Wird ein Linienspektrum abgebrochen, z.B. hart wie durch den Küpfmüller-Tiefpaß, kommt es in der periodischen Funktion zu Überschwingern mit konstanter Amplitudenhöhe, unabhängig wie weit der Abbruch zu hohen Frequenzen verschoben wird. Dies erklärt die Darstellung durch Sprungantworten sehr anschaulich, ebenso die Verringerung der Überschwinger durch einen "weichen Abbruch", (s. MS S.10).

L 2.1 Eigenschaften des Dirac-Impulses

a) Amplitudenverlauf

Aus der Gültigkeit der Ausblendeigenschaft

$$\int_{-\infty}^{\infty} f(x)\delta(x)dx = f(0)$$

für alle f(x) stetig in x=0 folgt

$$\delta(x) = 0 \quad \text{für } x \neq 0$$

Für f(x) = 1 ergibt sich andererseits

$$\int_{-\infty}^{\infty} \delta(x)\, dx = 1$$

und damit muß gelten $\delta(x) = \infty$ für x=0.
Ein Amplitudenverlauf ist also nicht angebbar, die Beschreibung erfolgt über die Ausblendeigenschaft.

b) Dimensionsbetrachtung

z.B.: $u_0 = 300V$, $t_1 = 10ms$

$$u(t) = u_0 t_1 \delta(t) = 3\,\delta(t)Vs$$

Trotz der Dimension Vs ist u(t) eine Spannung, denn $\delta(x)$ hat definitionsgemäß die Dimension 1/Dimension(x), hier z.B. 1/Zeit wegen

$$\int_{-\infty}^{\infty} \underbrace{\delta(t)dt}_{\text{Dim: Zeit}} = \underbrace{1}_{\text{dimensionslos}}$$

c) Multiplikation und Ähnlichkeit

c1) $f(x)\delta(x-x_0) = f(x_0)\delta(x-x_0)$

Anschaulicher Beweis:
Nach (a) gilt $\delta(y) = 0$ für alle $y \neq 0$

mit $y = x-x_0$ folgt $\delta(x-x_0) = 0$ für alle $x \neq x_0$. Damit wird im Produkt nur der Wert $f(x_0)$ aus $f(x)$ entnommen. (Exakter Beweis über (c2))

c2) $$\int_{-\infty}^{\infty} f(x)\delta(x-x_0)dx \overset{x-x_0=y}{=} \int_{-\infty}^{\infty} f(y+x_0)\delta(y)dy \overset{\text{Ausblendeigenschaft}}{=}$$

$$= f(y+x_0)\Big|_{y=0} = f(x_0)$$

c3) $$\delta(ax) = \frac{1}{|a|}\delta(x)$$

Beweis über Ausblendeigenschaft

$$\int_{-\infty}^{\infty} \delta(ax)dx \overset{y=ax}{=} \begin{cases} \int_{-\infty}^{\infty} \delta(y)\frac{dy}{a}, & a > 0 \\ \int_{\infty}^{-\infty} \delta(y)\frac{dy}{a}, & a < 0 \end{cases} = \frac{1}{|a|}\int_{-\infty}^{\infty}\delta(y)dy = \frac{1}{|a|}$$

d) $\delta(\omega)$ und $\delta(f)$

$$\int_{-\infty}^{\infty} \delta(\omega)d\omega = 1 \quad \text{s. (a)}$$

aber $\delta(\omega)$ in f betrachtet, bedeutet eine Koordinatentransformation

$$\delta(\omega) = \delta(2\pi f) \overset{\text{s. (c3)}}{=} \delta(f)/2\pi$$

Veranschaulicht durch Darstellung von $\delta(x)$ durch ein flächengleiches Rechteck in f und ω: Die Multiplikation des Arguments mit 2π bewirkt eine Stauchung der Abszisse, daher hat die Approximation von $\delta(\omega)$ auf der f-Koordinatenachse nur die Breite $\frac{\Delta f}{2\pi}$ bei gleicher Amplitude, d.h. $\frac{1}{2\pi}$ Fläche.

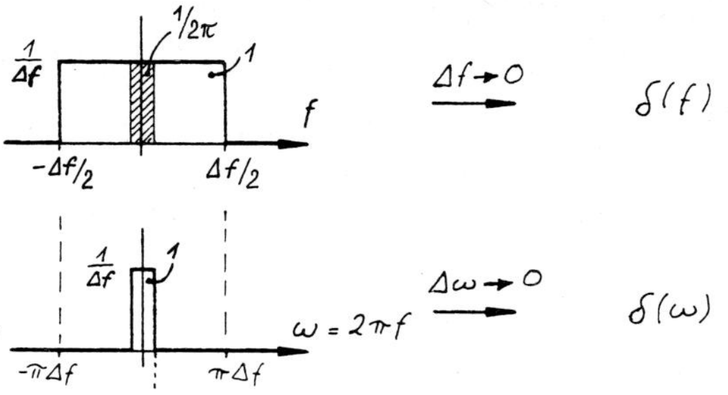

e) Ausgangssignalamplitude

$$u_2(t) \circ\!\!-\!\!\bullet\ U_2(f) \overset{\text{S linear und zeitinvariant, s. MS S.56ff}}{=} U_1(f)S(f)$$

da S(f) rein reell, erfolgt keine Verschiebung, d.h.

$$u_2(t) = u_2(0)\cos 2\pi f_0 t$$

mit

$$u_2(0) = \int_{-\infty}^{\infty} U_2(f)\, e^{j2\pi ft}\, df \Big|_{t=0} = \int_{-\infty}^{\infty} U_2(f)\,df$$

und

$$\cos 2\pi f_0 t = \frac{1}{2}(e^{j\omega_0 t} - e^{-j\omega_0 t}) \overset{\text{Verschiebungssatz}}{\circ\!\!-\!\!\bullet} \frac{1}{2}(\delta(f+f_0) + \delta(f-f_0))$$

folgt

$$u_2(0) = \frac{u_0}{2}\int_{-\infty}^{\infty} S(f)[\,\delta(f+f_0) + \delta(f-f_0)]\,df \overset{\text{s. (c2)}}{=}$$

$$= \frac{u_0}{2}(S(-f_0) + S(f_0)) \overset{S(f) = \exp(-\pi(f/(2f_0))^2)}{=}$$

$$= u_0\, e^{-\pi/4} \approx 0{,}46u_0$$

anschaulich über Skizze

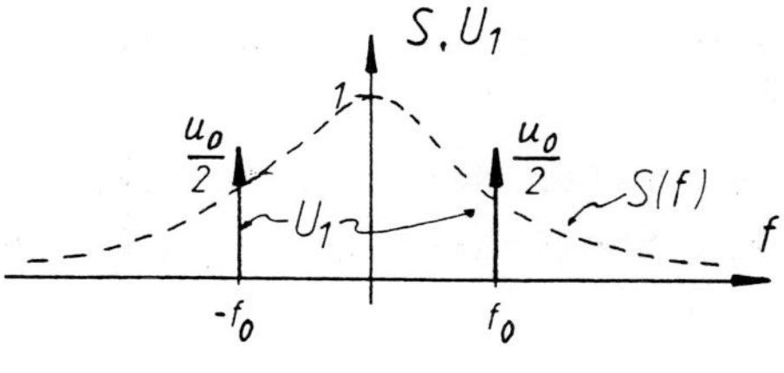

f) differenzierter Dirac-Impuls

(t-2=y; Differentiationssatz für Dirac-Impuls s. MS S.181)

$$\int_{-\infty}^{\infty} t^2 \delta^{(2)}(t-2)\,dt = \int_{-\infty}^{\infty} (y+2)^2 \delta^{(2)}(y)\,dy =$$

$$= \left[\frac{d^2}{dy^2}(y+2)^2\right]_{y=0} = 2 = \left[\frac{d^2}{dt^2}t^2\right]_{t=2}$$

L 2.2 Approximationen für den Dirac-Impuls

a) Fourierkorrespondenzen

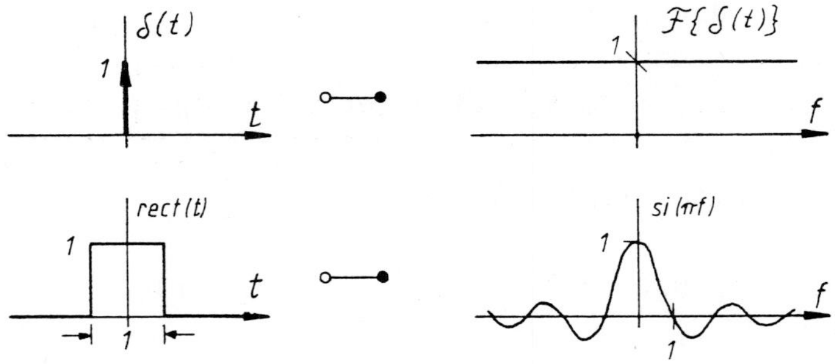

b) Dirac-Impuls als Grenzübergang einer gestauchten rect-Funktion

$$\lim_{\Delta t \to 0} \frac{1}{\Delta t}\,\mathrm{rect}(t/\Delta t) \circ\!\!-\!\!\bullet \lim_{\Delta t \to 0} \mathrm{si}(\pi f \Delta t) = \mathrm{si}(0) = 1$$

(Gleichspektrum)

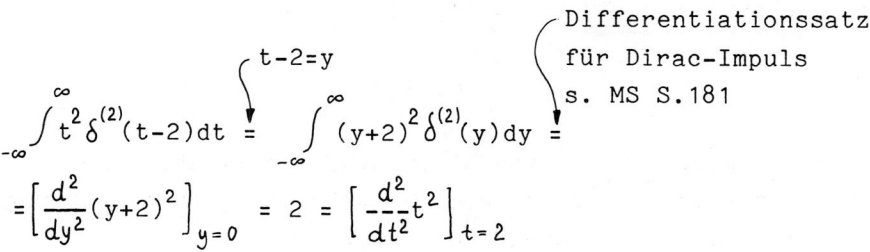

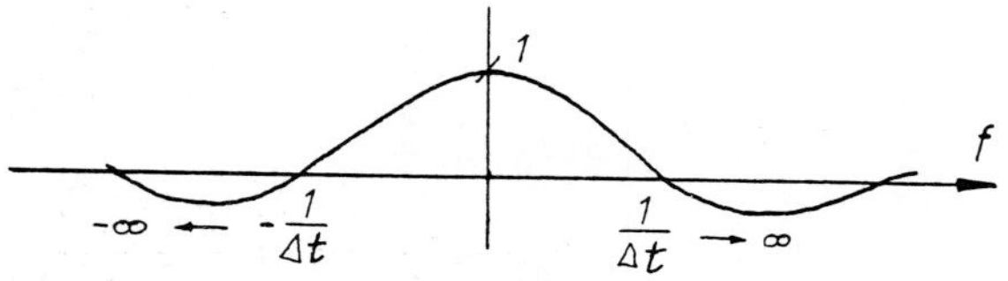

c) Anforderungen an Dirac-Impulsapproximationen $d_a(t) \circ\!\!-\!\!\bullet D_a(f)$

Parameter der linearen Koordinatentransformation: a

Mit Ähnlichkeitssatz gilt (MS S.77)

$$d_a = \frac{1}{|a|} d(t/a) \circ\!\!-\!\!\bullet\ D_a = D(fa)$$

wegen $\lim\limits_{a\to 0} D_a = 1$ folgt $D(0) = 1$

$$\updownarrow$$

$$\int_{-\infty}^{\infty} d(t)dt = 1$$

[außerdem: $d_a(t)$ darf keine Distributionen, insbesondere $\delta^{(n)}(t)$ enthalten, da sich deren Beitrag in D_a durch Dehnung nicht zum konstanten Spektrum streckt].

d) Beispiele für Approximationen?

d1) si-Funktion und Forderung aus (c): $D(0) = 1$

$$\lim_{\Delta t\to 0} \text{rect } f\Delta t = \text{rect } 0 = 1$$

damit gilt

$$\lim_{\Delta t\to 0} \frac{1}{\Delta t} \text{si}\pi t/\Delta t = \delta(t) \quad \text{w.z.b.w.}$$

d2) ungerader Impuls

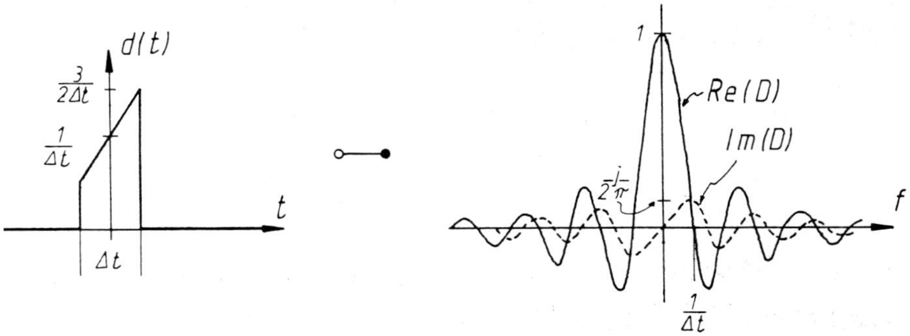

d läßt sich in einen Rechteck-Impuls und einen gleichsignalfreien Dreieckimpuls zerlegen, dessen Spektrum in L1.3e bereits verwendet wurde (Berechnung in L6.1) und hier den Imaginärteil bildet. Seine Steigung bei f=0 ist proportional Δt und grob geschätzt

$$\frac{d}{df}\,\mathrm{Im}\{D\}_{f=0} \approx \frac{j/2\pi}{2/\Delta t} = j\,\Delta t/(4\pi)$$

Sie wir damit zu Null für $\Delta t \to 0$, d.h. der Imaginärteil verschwindet. Der Realteil dagegen wird zum Gleichspektrum für $\Delta t \to 0$ s.(b). Damit gilt auch hier

$$\lim_{\Delta t \to 0} d(t) = \delta(t)$$

e) fehlerbehaftete Messung einer Systemfunktion S

Für das Meßergebnis $U_2(f)$ gilt:

$$U_2(f) = U_1(f)\,S(f) = S(f) - \Delta S(f) = \tilde{S}(f)$$

$U_2(f)$ kann nicht identisch mit S(f) sein, da $U_1(f) \neq 1$

Aber für f=0 gilt

$$U_1(0) = \int_{-\infty}^{\infty} u_1(t)dt = 1$$

daher

$$\tilde{S}(0) = S(0)$$

Genauigkeitsforderung $\frac{\Delta S}{S} \leq 0,1$

damit

$$|S-\tilde{S}|/|S| = |S-U_1 S|/|S| = |1-U_1| \leq 0,1$$

Wegen

$$U_1(f) = \mathrm{si}\pi f \Delta t$$

folgt, der größte Fehler tritt an der Grenze f_g des zu vermessenden Frequenzbereichs auf und ist positiv:

$$1 - U_1(f_g) = 0,1$$

daher $U_1(f_g) = \mathrm{si}\pi f_g \Delta t = 0,9$

Aus si-Funktionsverlauf: si(x) = 0,9 für $x \approx 0{,}785$

Damit folgt für die Impulsbreite

$$\Delta t \leq 0{,}785/(\pi f_g) \approx 0{,}25/f_g$$

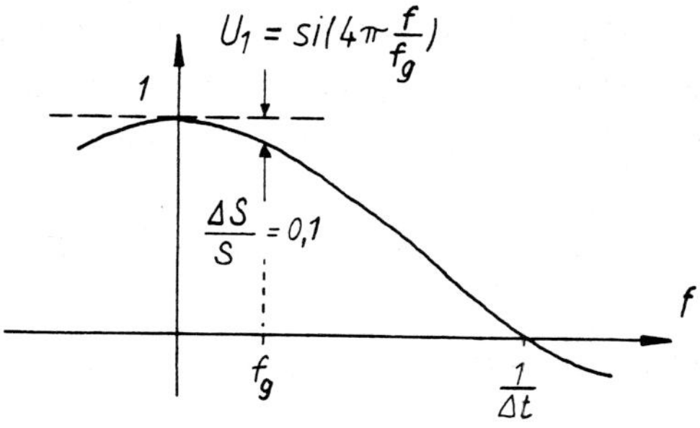

L 2.3 Faltung mit Dirac-Impuls

a) Ausgangsspektrum

$u_2(t) = u_1(t) \cdot m(t)$

$\circ\!\!-\!\!\bullet$ Faltungssatz, s. MS S.97

$U_2(f) = U_1(f) * M(f)$

mit

$u_1(t) = \Delta f \operatorname{si} \pi t \Delta f \circ\!\!-\!\!\bullet \operatorname{rect} f/\Delta f$

und

$m(t) = \cos \omega_0 t + \sin \omega_0 t =$

$\quad = \frac{1}{2}(1-j)e^{j\omega_0 t} + \frac{1}{2}(1+j)e^{-j\omega_0 t}$

$M(f) = \frac{1}{2}(1-j)\delta(f-f_0) + \frac{1}{2}(1+j)\delta(f+f_0) = M_+(f) + M_-(f)$

folgt für $f > 0$ und $f_0 \gg \Delta f$

Faltungsintegral, s. MS S.97

$$U_2(f) = U_1 * M_+ = \int_{-\infty}^{\infty} U_1(\xi - f) M_+(\xi) d\xi =$$

$$= \frac{1}{2}(1-j)\int_{-\infty}^{\infty} \mathrm{rect}\left(\frac{\xi-f}{\Delta f}\right)\delta(\xi-f_0)\,d\xi =$$

$$\overset{\text{s. L2.1c2}}{=} \frac{1}{2}(1-j)\ \mathrm{rect}((f_0-f)/\Delta f) \overset{\text{wegen rect}(-x)=\text{rect}(x)}{=} \frac{1}{2}(1-j)\ \mathrm{rect}((f-f_0)/\Delta f),\quad f>0$$

Da $u_2(t)$ als Produkt reller Funktionen auch reell ist, folgt nach Zuordnungssatz (s. MS S.81):

$$U_2(-f) = U_2^*(f)$$

und damit

$$U_2(f) = \frac{1}{2}(1-j)\ \mathrm{rect}((f-f_0)/\Delta f) + \frac{1}{2}(1+j)\ \mathrm{rect}((f+f_0)/\Delta f)$$

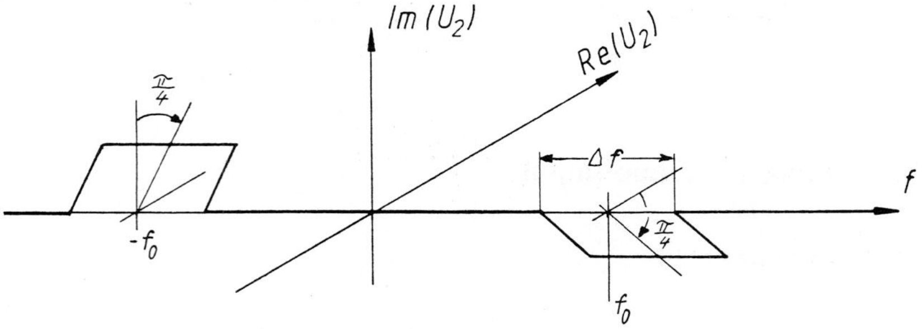

Allgemein: Die Faltung mit einem Dirac-Impuls bedeutet eine Verschiebung an seinen Ort und eine Gewichtung mit dem Impulsintegral.

b) Antworten eines Systems mit Impulsantwort $\delta'(t)$

$$u_2(t) \overset{\text{lineares zeitinvariantes System. s. MS S.56ff}}{=} u_1(t)*s(t) = u_1(t)*\delta'(t)$$

b1) $$u_2(t) = \int_{-\infty}^{\infty} \cos\omega_0(x-t)\,\delta'(x)\,dx \overset{\text{Differentiationssatz für Dirac-Impuls s. MS S.181}}{=}$$

$$= (-1)\left[\frac{d}{dx}\cos\omega_0(x-t)\right]_{x=0} =$$

$$= (-1)\,\omega_0 \sin\omega_0(x-t)\Big|_{x=0} = -\omega_0\sin\omega_0 t = \frac{d}{dt}\cos\omega_0 t$$

Das System ist ein (idealer) Differenzierer

$$\text{b2)}\quad u_2(t) = \mathrm{rect}(t) * \delta'(t) \overset{\text{s. (b1)}}{=} \frac{d}{dt}\,\mathrm{rect}(t) = \delta(t+0{,}5) - \delta(t-0{,}5)$$

$$\text{b3)}\quad u_2(t) = \delta(t) * \delta'(t) \overset{\text{s. (b1)}}{=} \delta'(t)$$

c) Mittelwert und Verhältnis Ober-/Grundwelle im Modulationsprodukt

$$u(t) = \sin(\omega_0 t)(1+\cos\omega_0 t)$$

$$U(f) = \frac{j}{2}(\delta(f+f_0) - \delta(f-f_0)) * (\delta(f) + \frac{1}{2}\delta(f-f_0) + \frac{1}{2}\delta(f+f_0))$$

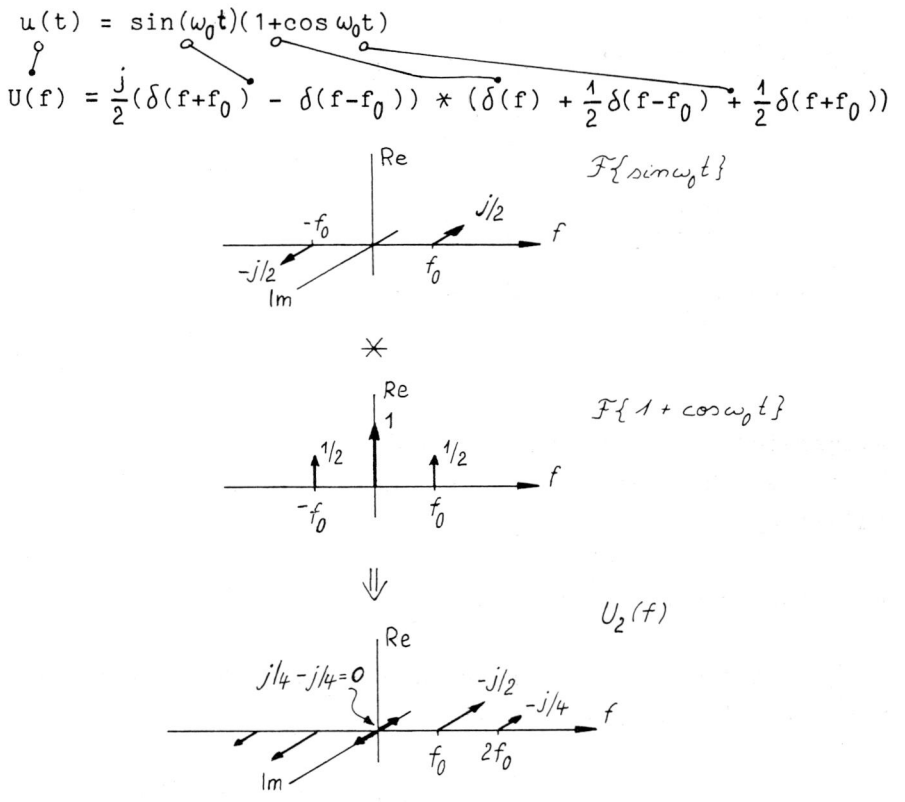

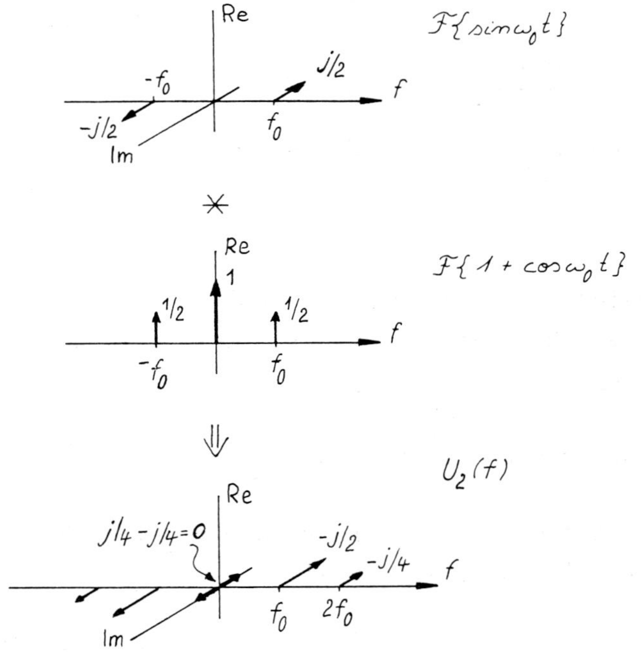

$$\text{Mittelwert } \bar{u} = \frac{1}{T}\int_{-T/2}^{T/2} u(t)\,dt = A_0 = 0 \quad \text{mit } U(f) = A_0\delta(f) + \underline{A}_{\pm 1}\delta(f \mp f_0) + \ldots$$

$$\frac{\text{Oberwellenamplitude}}{\text{Grundwellenamplitude}} = \frac{j/4}{j/2} = 0{,}5$$

d) Frequenzanalyse einer abgetasteten periodischen Funktion

$$u_1(t) = \cos^2\omega_0 t$$

$$U_1(f) = \frac{1}{4}(\delta(f+f_0) + \delta(f-f_0)) * (\delta(f+f_0) + \delta(f-f_0))$$

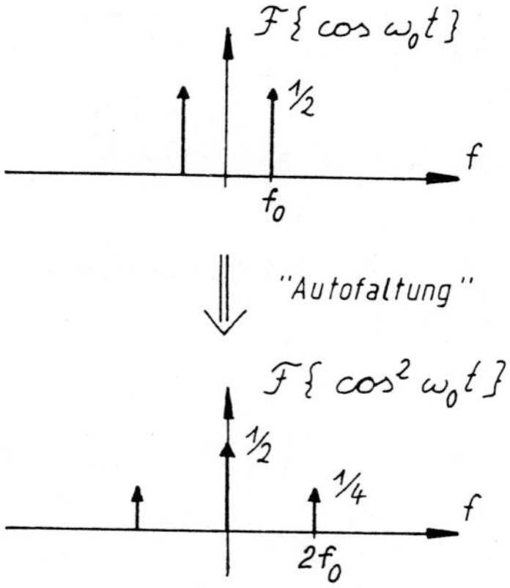

d1)

$$p(t,\tau) = \sum_k \delta(t-\tau-k/(2f_0))$$

Verschiebungssatz und Korrespondenz für Dirac-Puls s. L1.2

$$P(f,\tau) = 2f_0 \; e^{-j2\pi f\tau} \sum_k \delta(f-k2f_0)$$

d2)

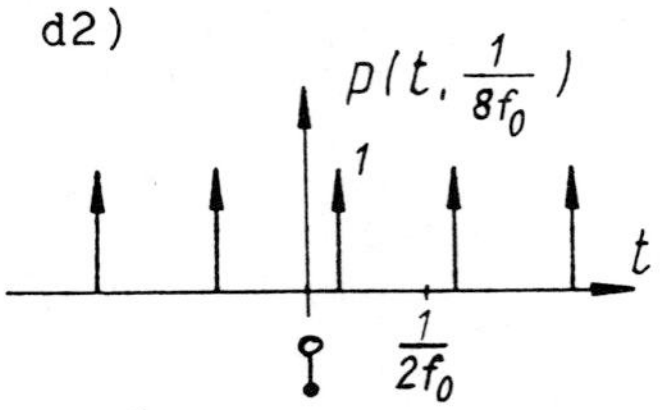

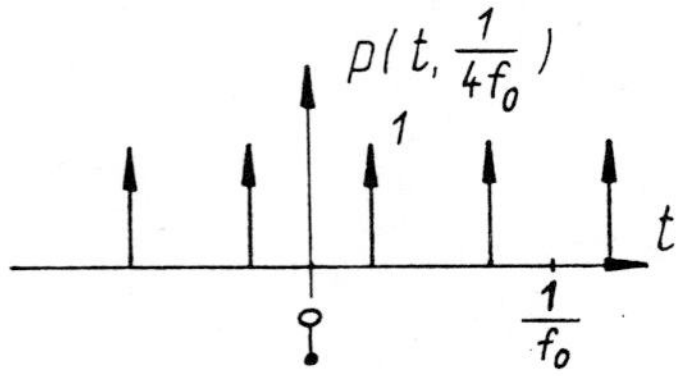

$$P(f,\frac{1}{8f_0}) = 2f_0 \sum_k e^{-jk\pi/2}\delta(f-2kf_0) \qquad P(f,\frac{1}{4f_0}) = 2f_0 \sum_k e^{-jk\pi}\delta(f-2kf_0)$$

d3)

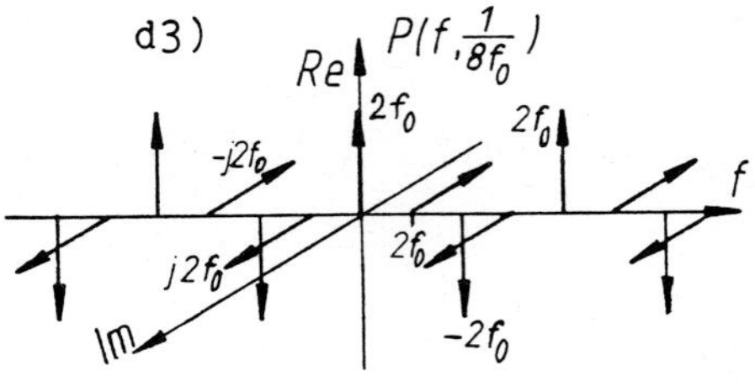

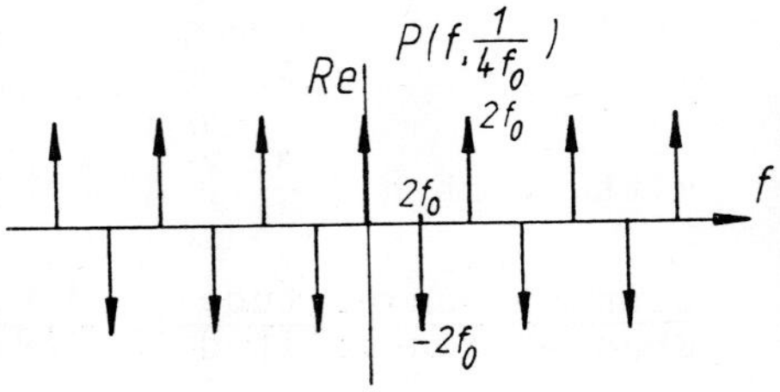

Faltung mit $\mathcal{F}\{\cos^2 \omega_0 t\}$

Skizze der Beiträge der 5 Dirac-Impulse von P in $|f| \leq 4f_0$

d4)

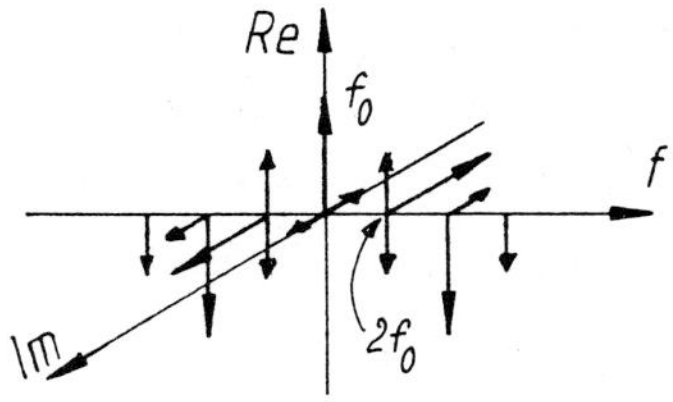

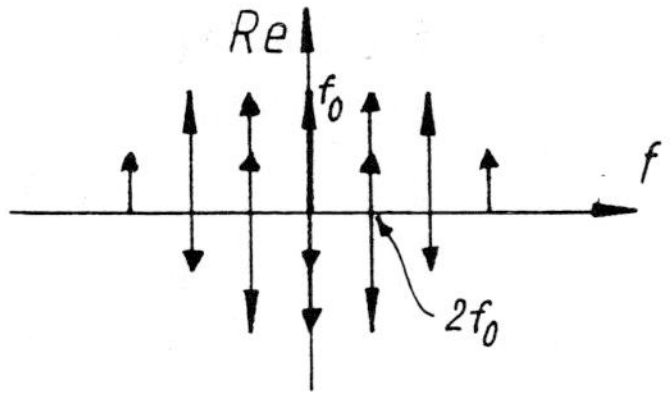

d5) Aus (d4) ergibt sich für $|f| \leq 4f_0$ und $\tau = 1/(8f_0)$

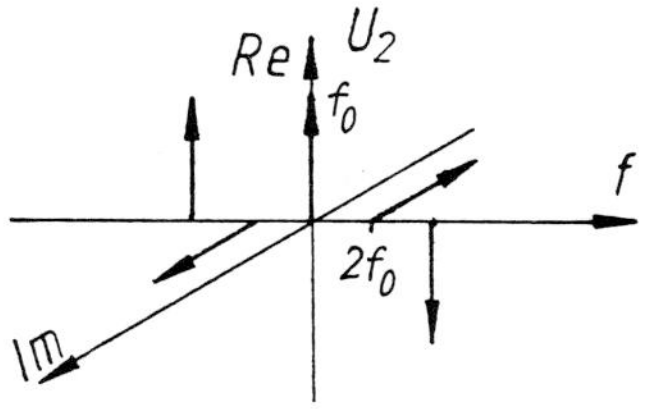

$U_2 = 0$ für $\tau = 1/(4f_0)$

Für $\tau = 1/(8f_0)$ ist P periodisch mit $8f_0$, damit ist auch $P * \mathcal{F}\{\cos^2 \omega_0 t\}$ periodisch mit $8f_0$ und das betrachtete Intervall $|f| \leq 4f_0$ genügt zur Aussage

$$U_2(f, \tau = 1/(8f_0)) = \frac{1}{2} P(f, \tau = 1/(8f_0))$$

Für $\tau = 1/(4f_0)$ ist P periodisch mit $4f_0$; für U_2 ergibt sich $U_2 = 0$

d6) Erklärung im Zeitbereich:
Abtastung der $\cos^2$-Funktion

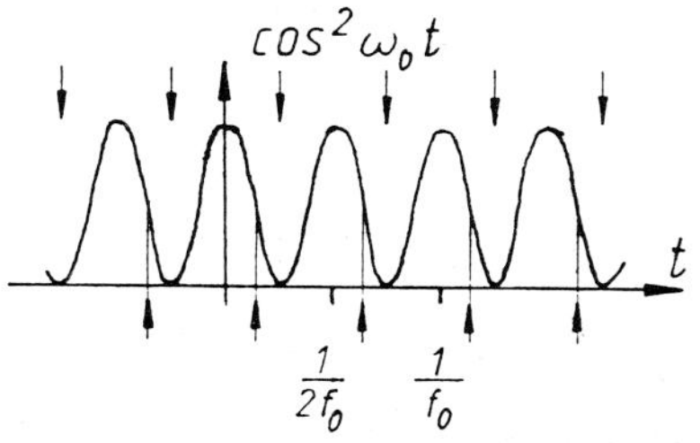

Abtastung bei $k/(2f_0) + 1/(4f_0)$ ergibt Null

Abtastung bei $k/2f_0 + 1/(8f_0)$

ergibt $\frac{1}{2} \sum_k \delta(t - 1/(8f_0) - k/(2f_0))$ = Dirac-Puls

s. L1.2 s. (d2)

$$f_0 \sum_k e^{-jk\pi/2} \delta(f - 2kf_0) = \frac{1}{2} P(f, 1/(8f_0))$$

Anmerkung: Für den Sonderfall, daß die Abtastfrequenz ein ganzes Vielfaches der Periode der abgetastete Funktion ist, zeigt die Betrachtung im Zeitbereich sofort, daß ein Dirac-Puls mit von τ abhängiger Amplitude entsteht, und der lange Weg durch den Frequenzbereich ist überflüssig. Im allgemeinen Fall führt er jedoch meist schneller zur Darstellung des Gesamtspektrums als andere Methoden, s. z.B. A9.1 Unterabtastung einer cos-Schwingung.

e) kausaler Dirac-Puls

$$p_k(t) = \sum_{k=0}^{\infty} \delta(t-k\Delta t)$$

mit

$$\gamma(t) = \begin{cases} 0\,, & t < 0 \\ 1/2, & t = 0 \\ 1\,, & t > 0 \end{cases} \quad \circ\!\!-\!\!\bullet \quad \Gamma(f) = \frac{1}{2}\delta(f) + 1/(j2\pi f)$$

(MS S. 19)

folgt

$$p_k(t) = p(t)\,\gamma(t) + \frac{1}{2}\delta(t)$$

$$P_k(f) = P(f) * \Gamma(f) + 1/2 =$$

$$= \left(\frac{1}{\Delta t}\sum_k \delta(f-k/\Delta t)\right) * \left(\frac{1}{2}\delta(f) + 1/(j2\pi f)\right) + 1/2 =$$

$$= \frac{1}{2\Delta t}\sum_k \delta(f-k/\Delta t) - \frac{j}{2\pi\Delta t}\sum_k \frac{1}{f-k\Delta t} + 1/2$$

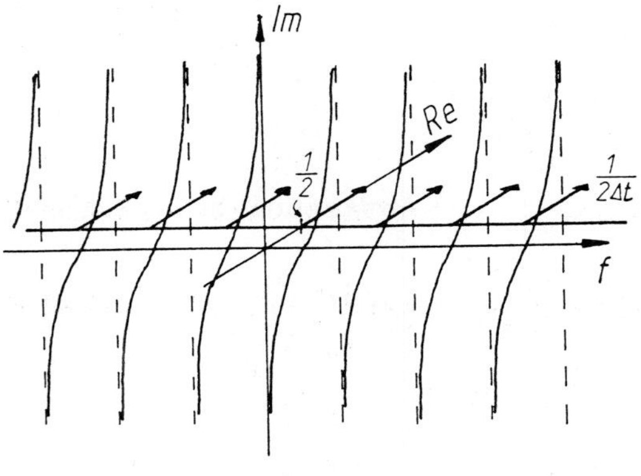

L 3.1 Fourierintegral angewandt auf die rect-Funktion

a) Skizze von A rect $t/\Delta t$

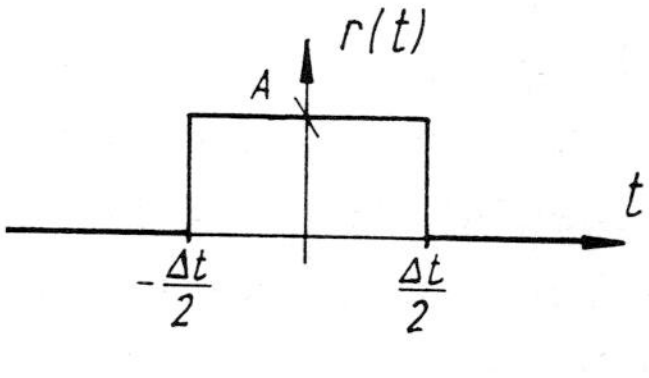

b) Spektrum über Fourierintegral

rect ist eine gerade Funktion

$$R(f) = \int_{-\infty}^{\infty} r(t)\, e^{-j2\pi ft}\, dt \overset{!}{=} 2A \int_{0}^{\Delta t/2} \cos(2\pi ft)\,dt =$$

$$= \ldots = A\Delta t \sin(\pi f\Delta t)/(\pi f\Delta t) = A\Delta t \;\mathrm{si}\; \pi f\Delta t$$

[= $A\Delta t$ sinc $f\Delta t$; sinc wird in der angelsächs. Literatur häufig verwendet]

c) Skizze

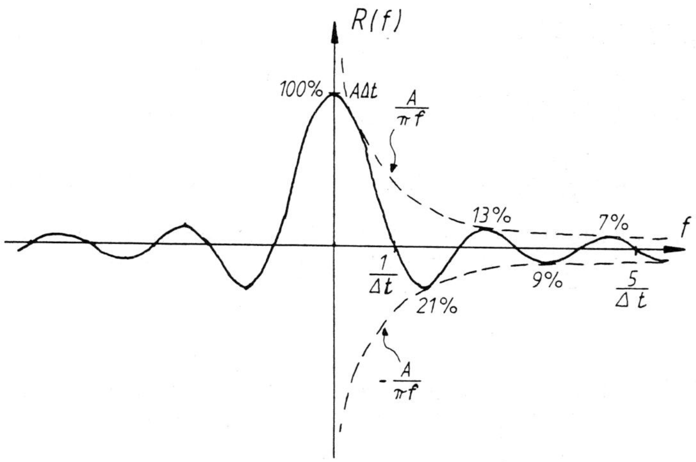

Überschwingermaxima = Berührungspunkte mit der Hüllkurve

Amplitudenverhältnis $\frac{A}{\pi f} : A\Delta t \Big|_{f=\frac{k+0,5}{\Delta t}} = 1/(\pi(k+0,5))$

L 3.2 Fourier- und Laplacetransformation einer halbstationären bzw. anklingenden Sinus-Schwingung

a) Bedingungen

Fourierintegral: $\int_{-\infty}^{\infty} |u(t)|^2 dt < \infty$, u(t) muß energiebegrenzt sein (MS S.14)

Fouriertransformation: $\int_{-\infty}^{\infty} |u(t)|\, e^{-\varepsilon|t|} dt < \infty$, $\varepsilon > 0$, u(t) muß exponentiell begrenzt sein (MS S.22)

für dieses Beispiel:
u(t) ist nicht energiebegrenzt, aber exponentiell begrenzt für a=0, d.h. den Fall der halbstationären Sinusschwingung. Dafür existiert eine Fouriertransformierte.

b) Vorüberlegung zur Verteilung der spektralen Energie

Die spektrale Energie wird sich bei der Frequenz $\pm f_0$ konzentrieren, jedoch ist für das Einschalten (Knick im Verlauf von u bei t=0) ein zusätzliches, breitverteiltes Spektrum zu erwarten.

c) Fourierspektrum über Transformationsintegral (MS S.15ff.)

für a=0

$$U(\omega) = \lim_{\varepsilon \to 0} \int_{-\infty}^{\infty} u(t)\, e^{-\varepsilon|t|} e^{-j\omega t} dt \overset{a=0}{=} \lim_{\varepsilon \to 0} \int_{0}^{\infty} \sin(\omega_0 t)\, e^{(-\varepsilon - j\omega t)} dt =$$

$$\overset{\sin\alpha = \frac{j}{2}(e^{-j\alpha} - e^{j\alpha})}{=} \quad \dots \quad =$$

$$= \frac{j}{2} \lim_{\varepsilon \to 0} \left(\frac{1}{\varepsilon + j(\omega + \omega_0)} - \frac{1}{\varepsilon + j(\omega - \omega_0)} \right) = \begin{cases} 1/(2(\omega+\omega_0)) - 1/(2(\omega-\omega_0)), & |\omega| \neq \omega_0 \\ U_S(\omega)?, & |\omega| = \omega_0 \end{cases}$$

U_S kann bestimmt werden, durch Aufspaltung der Brüche im vorangegangenen Ergebnis in Real- und Imaginärteil und nachfolgender Grenzwertbildung oder mittels Koordinatentransformation aus der Berechnung des Einheitssprungspektrums (s. MS S.19):

$\delta(f) = 2\pi\delta(\omega)$ s. L2.1d

$$\Gamma(f) = \lim_{\varepsilon\to 0} \frac{1}{\varepsilon + j\omega} = \ldots = \frac{1}{2}\delta(f) + 1/(j2\pi f) = \pi\delta(\omega) + 1/(j\omega)$$

mit $\omega \to \omega \pm \omega_0$ folgt

$$U(f) = (1/(\omega+\omega_0) - 1/(\omega-\omega_0))/2 + \underbrace{j\pi(\delta(\omega+\omega_0) - \delta(\omega-\omega_0))/2}_{U_S(\omega)}$$

d) Skizze von $U(\omega)$

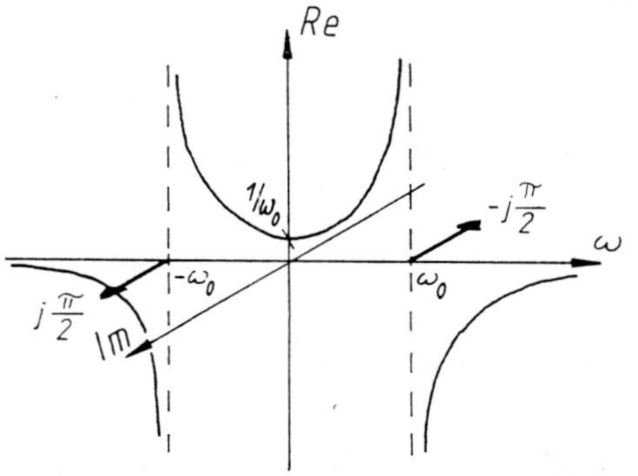

e) Zweiter Lösungsweg über Zuordnungs- und Faltungssatz

Zerlegung in geraden und ungeraden Anteil, s. MS S.114

$$u(t) = u_g(t) + u_u(t) = \frac{1}{2}\,\mathrm{sign}(t)\sin\omega_0 t + \frac{1}{2}\sin\omega_0 t =$$

$$= \frac{1}{2}\sin\omega_0 t\,(\mathrm{sign}(t) + 1)$$

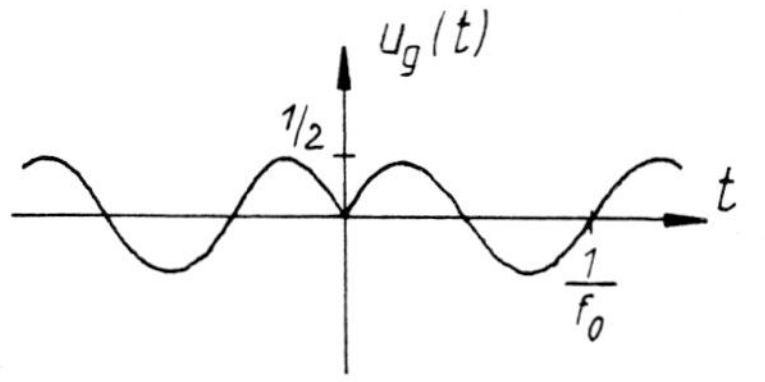

$$U(f) = U_{Rg}(f) + jU_{Ju}(f) = \frac{j}{4}(\delta(f+f_0) - \delta(f-f_0)) * \left(\frac{1}{j\pi f} + \delta(f)\right) =$$

s. Faltung mit Dirac-Impuls in L2.3

$$= (1/(f+f_0) - 1/(f-f_0))/(4\pi) + j(\delta(f+f_0) - \delta(f-f_0))/4 =$$

$\overset{\text{mit } \delta(f) = 2\pi\delta(\omega) \text{ s. L2.1d}}{=}$ $U(\omega)$, s. (c)

f) Kontrolle von Gleichanteil und Amplitude bei 0:

$$U(0) = U_{Rg}(0) + jU_{Ju}(0) = 1/\omega_0$$

aus FT-Integral für f=0

$$U(0) = \lim_{\varepsilon \to 0} \int_{-\infty}^{\infty} u(t)e^{-\varepsilon t}\,dt = \ldots$$ diese Rechnung wurde in (c)

bereits ausgeführt. U(0) kann in diesem Beispiel nicht ohne weiteres aus dem Funktionsverlauf entnommen werden. Eine anschauliche Erklärung des Ergebnisses: $u_g(t)$ entsteht aus $u_u(t)$ durch Einschub einer positiven Halbwelle bei $-T/2 \leq t \leq 0$, daher

$$\int_0^{\infty} u(t)dt = \int_{-\infty}^{\infty} u_g(t)dt = \int_0^{T/2} \sin \omega_0 t\,dt = 1/\omega_0$$

$$u(0) = \sin \omega_0 t \Big|_{t=0} = 0$$

aus FT-Integral für t=0

$$u(0) = \int_{-\infty}^{\infty} U(f)df = \int_{-\infty}^{\infty} U_{Rg}(f)df \overset{!}{=} 0$$

(U_{Rg} ist die Summe zweier verschobener ungerader Fktn.)

g) Bedingungen

Laplacetransformation: $u(t) = 0$, $t \leq 0$, d.h. u(t) muß kausal sein, und u(t) darf nicht stärker als einfach exponentiell ansteigen. d.h.

$$\int_{-\infty}^{\infty} u(t)e^{-\alpha t}\,dt < \infty, \quad \alpha \text{ endlich, reell}$$

Beispiel einer nichttransformierbaren Funktion: $\tilde{u}(t) = e^{bt^2}$

h) Laplacespektrum über Tranformationsintegral (MS S.23ff.)

$$U_L(p) = \int_0^{\infty} u(t)e^{-pt}\,dt = \int_0^{\infty} \sin(\omega_0 t)e^{(a-p)t}\,dt \overset{!}{=} \ldots$$

(mit $\sin \alpha = \frac{1}{2}(e^{-j\alpha} - e^{j\alpha})$)

$$= \frac{j}{2} \left(e^{(a-p-j\omega_0)t} / (a-p-j\omega_0) - e^{(a-p+j\omega_0)t} / (a-p+j\omega_0) \right) =$$

für das Konvergenzgebiet Re(p) > a

$$= j(1/(p-a+j\omega_0) - 1/(p-a-j\omega_0))/2 = \ldots =$$

$$= \omega_0 / \left((p-(a-j\omega_0)) \cdot (p-(a+j\omega_0))\right) = \omega_0/((p-a)^2 + \omega_0^2)$$

Hinweis: Für reelle u(t) muß U_L eine reelle Funktion von p sein, s. Transformationsintegral.

i) Pol-Nullstellenverteilung

Pole: $U_L(p_{\infty i}) = \infty$ für $p_{\infty 1,2} = a \pm j\omega_0$

Nullstellen: $U_L(p_{0i}) = 0$ für $p_0 = \infty$ (doppelte Nullstelle)

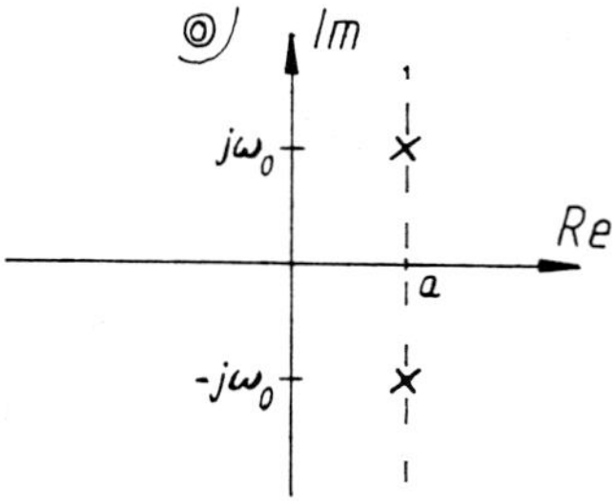

j) Übergang $U_L(p) \to U(f)$ allgemein (s. auch MS S.51ff.).

$$U(f) = \begin{cases} U_L(j2\pi f), & \text{falls alle Pole in der linken Halbebene} \\ \lim_{\varepsilon \to 0} U_L(\varepsilon + j2\pi f), & \text{falls Pole in der linken Halbebene und auf der imaginären Achse} \\ \text{existiert nicht,} & \text{falls Pole in der rechten Halbebene (u(t) ist dann nicht exponentiell begrenzt).} \end{cases}$$

k) Übergang $U_L(p) \to U(f)$ im Beispiel

$U_L(p)$ hat keine Pole in der rechten Halbebene für a=0, aber auf der imaginären Achse, daher

$$U(\omega) = \lim_{\varepsilon\to 0} U_L(\varepsilon+j\omega) = \lim_{\varepsilon\to 0} \omega_0/((\varepsilon+j\omega)^2 + \omega_0^2) = \ldots$$

führt auf die Berechnung in (c)

$$\tilde{U}(\omega) = U_L(j\omega) = \omega_0/(\omega_0^2-\omega^2) = (1/(\omega+\omega_0) - 1/(\omega-\omega_0))/2 = U_{Rg}(\omega)$$

$\tilde{U}$ stellt nur den Beitrag der umgeschalteten Sinusfunktion $u_g(t)$ dar; der Beitrag des stationären Teils $u_u(t)$ drückt sich im Fourierspektrum durch die δ-Funktionen bei $\pm\omega_0$ aus und kommt über Konvergenzparameter ε und Grenzwertbildung dazu.

L 3.3 Fourier-, Laplace- und Allgemeine Spektraltransformation

a) Zusammenhang Allgemeine Spektraltransformation $\leftrightarrow$ Laplacetransformation

nach Definition (MS S.33ff.) ist

$$\begin{array}{ccccc} U(p,q) & = & U_+(p) & + & U_-(q) \\ \updownarrow & & \updownarrow & & \updownarrow \\ u(t) & = & u_+(t) & + & u_-(t) = u(t)\gamma(t) + u(t)\gamma(-t) \end{array}$$

mit

$$U_+(p) = \int_0^\infty u(t)e^{-pt}\,dt = \mathcal{L}\{u(t)\gamma(t)\}$$

$$U_-(q) = \int_{-\infty}^0 u(t)e^{-qt}\,dt \quad \text{und} \quad U_-(-q) = \mathcal{L}\{u(-t)\gamma(t)\}$$

b) Zusammenhang Allgemeine Spektraltransformation $\leftrightarrow$ Fouriertransformation

Ist u(t) exponentiell begrenzt, bzw. hat U(p,q) keine p-Pole in der rechten und keine q-Pole in der linken Halbebene, dann existiert die Fouriertransformierte U(f):

$$U(f) = \lim_{\varepsilon\to 0} U(\varepsilon+j\omega,\ -\varepsilon+j\omega)$$

c) Beispiel, das nur ein Allgmeines Spektrum besitzt

$u(t) = e^{-\alpha t}$, $\alpha > 0$, reell

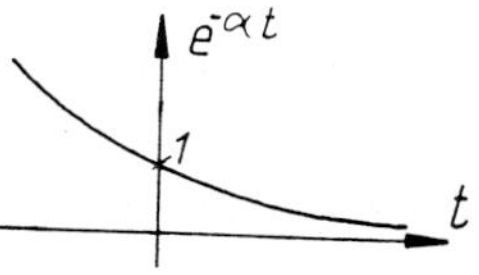

$U_+(p) = \mathcal{L}\{u(t)\gamma(t)\} = 1/(p+\alpha)$

$U_-(q) = \mathcal{L}\{u(-t)\gamma(t)\}\Big|_{p=-q} = 1/(p-\alpha)\Big|_{p=-q} = -1/(q+\alpha)$

p- und q-Pol aufeinander, q-Pol in der linen HE $\rightarrow$ anklingende Exponentialschwingung (in Richtung $t \rightarrow -\infty$)

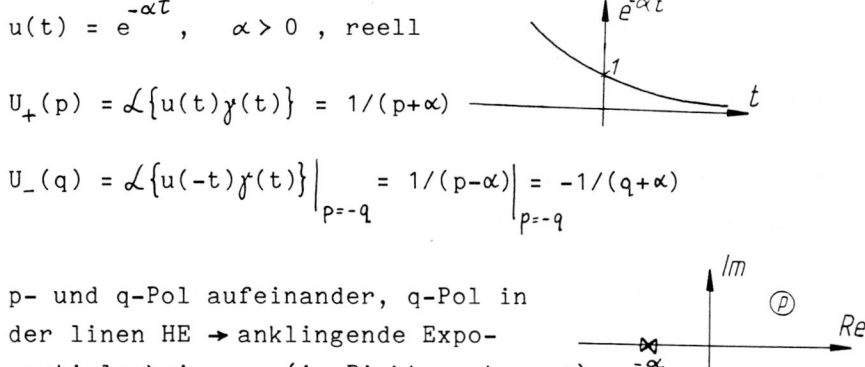

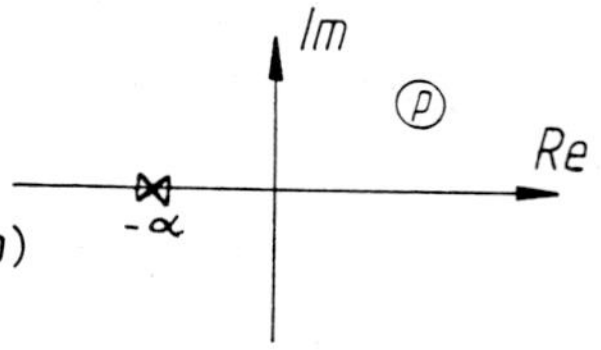

d) Integrationsweg

d1) Das Ringintegral $\oint$ (Integrationsweg + großer Bogen rechts herum) darf keine Pole enthalten, denn die zu einem Laplacespektrum gehörige Zeitfunktion ist kausal, dementsprechend muß der Integrationsweg rechts an allen Polen vorbeigeführt werden. Sonst ist der Integrationsweg beliebig von $-j\infty$ nach $+j\infty$ zu wählen, da alle ab- (linke Halbebene) und alle anklingenden (rechte HE) Exponentialschwingungen Basisfunktionen der Laplacetransformation sind, s. MS S.24ff.
Die gegebene Pol-Nullstellenverteilung stellt ein Laplace-Spektrum dar, da keine q-Pole vorhanden sind und u(t) somit kausal ist.

d2) Die Basisfunktionen der Fouriertransformation sind die stationären Exponentialschwingungen, der Integrationsweg verläuft daher immer auf der imaginären Achse, s. MS S.21. Zur gegebenen Pol-Nullstellenverteilung existiert ein Fourierspektrum, da keine p-Pole in der rechten Halbebene liegen (und keine q-Pole in der linken Halbebene).

d3) Der Integrationsweg der Allgemeinen Spektraltransformation ist rechts an den p-Polen und falls vorhanden links and den q-Polen vorbei (im jeweiligen Konvergenzgebiet) zu führen, s. MS S. 41ff.

L 3.4 Exponentielle Dämpfung

a) Fourierspektrum zu $a(t) = \gamma(t)e^{-bt}$, $b > 0$ reell

1. Weg: $\mathcal{L}\{a(t)\} = 1/(p+b)$

da Pol in der linken HE, folgt (s. L3.2j)

$A(\omega) = \mathcal{L}\{a(t)\}\big|_{p=j\omega} = 1/(b+j\omega) = b/(b^2+\omega^2) - j\omega/(b^2+\omega^2)$

2. Weg über Diff. satz s. L6.1j

3. Weg über Fourierintegral

$$A(\omega) = \int_0^{\infty} e^{(-b-j\omega)t}\, dt = \ldots$$

b) Skizze

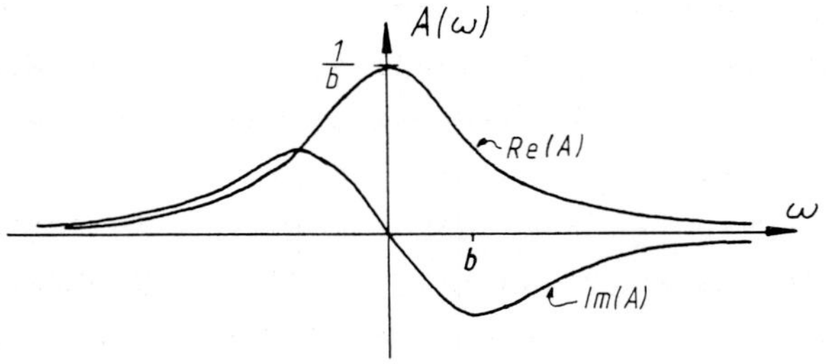

c1) Skizze

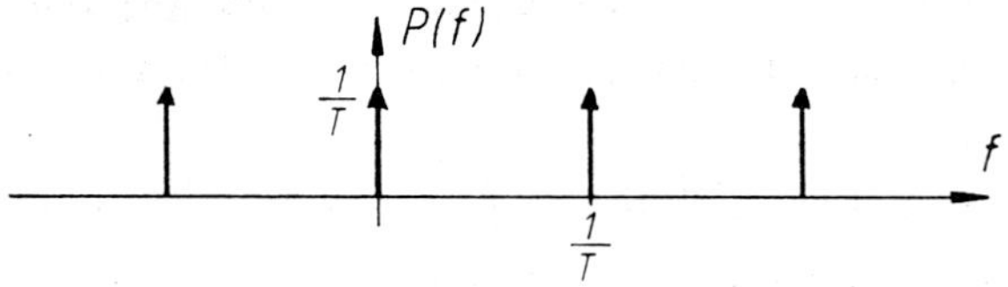

c2) Skizze

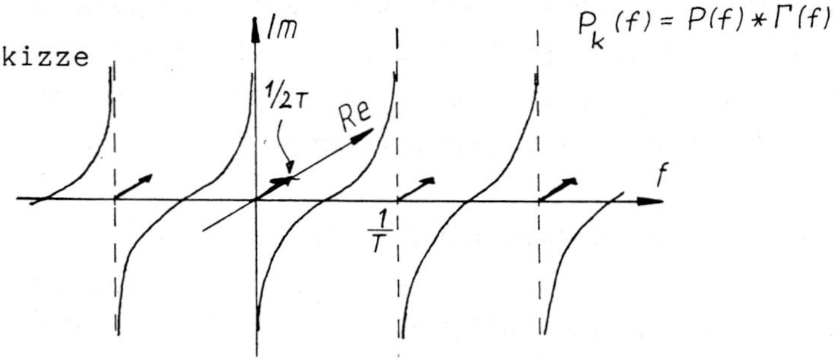

c3) Skizze

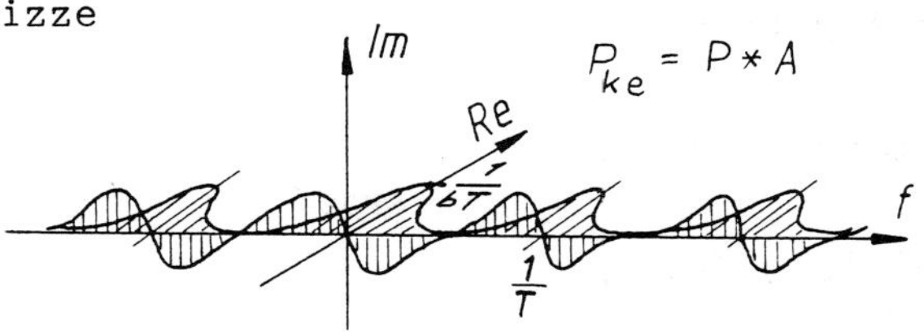

zu P_{ke}: (s. L2.3)

$$P_{ke}(f) = P(f) * A(f) = \frac{1}{T} \sum_k A(f-k/T)$$

oder wegen $\gamma(t)e^{-bt} = \gamma(t)e^{-b|t|} \circ\!\!-\!\!\bullet\, \Gamma(f) * 2\mathrm{Re}\{A(f)\}$

gilt auch $P_{ke}(f) = P_k(f) * 2\mathrm{Re}\{A(f)\}$ $\hat{=}$ Glättung von P_k mit spektralem Impuls von äquivalenter Breite $\Delta\omega = 2b$

d) Wirkung der exponentiellen kausalen Dämpfung im Spektrum

d1) Im Fourierspektrum erfolgt eine Faltung mit A(f) , s. (c3).
[Es entstehen zwei Beiträge:
- die Faltung mit Re{A} liefert ein mit der äquivalenten Breite 2b verwischtes Spektrum der ursprünglichen Zeitfunktion, s. (c);
- die Faltung mit Im{A} liefert eine verwischte Version der 1.Ableitung des Spektrums der ursprünglichen Zeitfunktion (s. z.B. L5.2 "Funktion mit näherungsweise differenzierender Wirkung").]

d2) Im Laplace-Spektrum wird eine Verschiebung parallel der reellen Achse nach links um b bewirkt, denn es gilt:

$$U_{L1}(p) = \int_0^\infty u(t)e^{-bt}\, e^{-pt}\, dt = \int_0^\infty u(t)e^{-(p+b)t}\, dt = U_L(p+b)$$

d3) Das Allgmeine Spektrum wird zu einem Laplacespektrum, da die Zeitfunktion kausal wird. Die p-Pole werden also parallel zur reellen Achse um b nach links verschoben (s. d2), die q-Pole verschwinden.

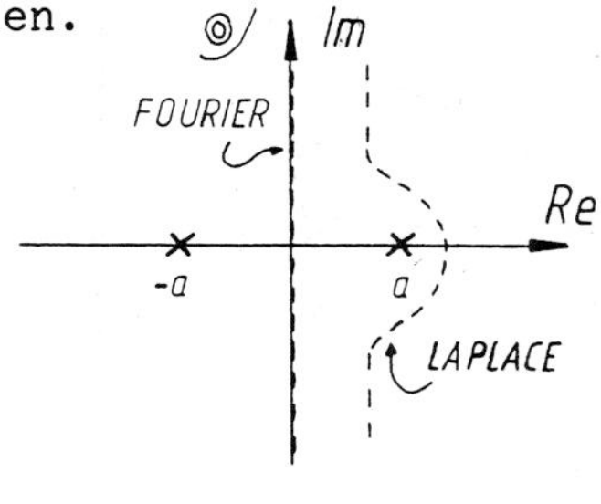

e) Fourier- und Laplacespektrum

e1) Pol-Nullstellenverteilung

e2) Integrationswege

e3) Zeitfunktionen

$$u_1(t) = \gamma(t) \sum_{\nu} \mathrm{Res}_{\nu}(U_1(p)e^{pt}) = \ldots =$$

$$= \gamma(t)\ (e^{at} - e^{-at})$$

mit

$$U_2(f) = 2a/((j2\pi f-a)(j2\pi f+a)) = -1/(a+j2\pi f)-1/(a-j2\pi f) =$$

$$- U_{21}(f)-U_{22}(f)$$

und

$$U_{21}(f) = \frac{1}{a+j2\pi f} \overset{\text{s. (a)}}{\bullet\!\!-\!\!\circ} \gamma(t)e^{-at}$$

und

$$U_{22}(f) = U_{21}(-f) \bullet\!\!-\!\!\circ\ u_{22}(t) = u_{21}(-t) = \gamma(-t)e^{at}$$

folgt

$$u_2(t) = -\gamma(t)e^{-at} - \gamma(-t)e^{at} = -e^{-a|t|}$$

Anmerkung: Der Ansatz des Fourier-Rückintegrals für $u_2(t)$ mit $U_2(f)$ ergibt komplizierte Integrale, die bei der Berechnung des Gleichsignalspektrums mit Konvergenzfaktor (s. MS S.16) schon angesetzt wurden, und damit zur Zeitfunktion $e^{-\varepsilon|t|}\Big|_{\varepsilon=a}$ zurückführen.

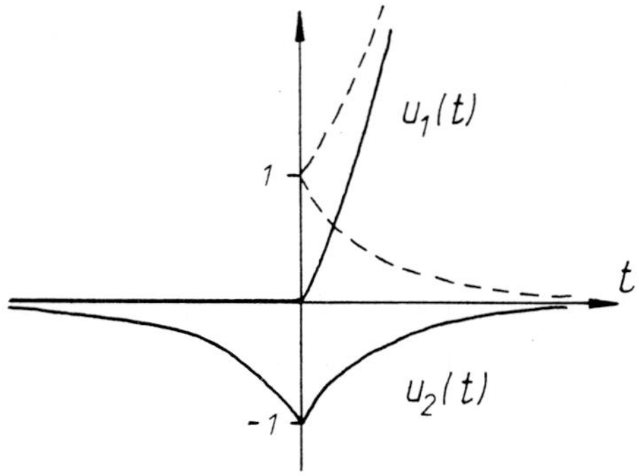

e4) Die Laplacetransformation ist auf kausale Zeitfunktionen beschränkt, d.h. die Beiträge der Pole liegen alle im positiven Zeitbereich und der Integrationsweg ist belie-

big rechts an den Polen vorbeizuführen, damit das Ringintegral $\oint$ für den negativen Zeitbereich Null ergibt. Pole in der rechten Halbebene korrespondieren mit exponentiell anklingenden Anteilen in der Zeitfunktion. Der Integrationsweg gibt an, aus welchen an-, abklingenden oder stationären Exponentialschwingungen die Zeitfunktion zusammengesetzt werden kann.
Die Fouriertransformation kann auch akausale Funktionen abbilden, dafür müssen alle exponentiell begrenzt sein. Die Beiträge der Pole teilen sich auf positiven und negativen Zeitbereich auf. Die rechts liegenden Pole korrespondieren mit exponentiell abklingenden Anteilen im negativen Zeitbereich. Der Integrationsweg muß auf der Frequenzachse (der $j\omega$-Achse in der p-Ebene) verlaufen, da nur stationäre Exponentialschwingungen in der Zeitfunktion überlagert werden.

L 4.1 Ausführliches Beispiel

a) (Leerlaufspannungs-)Übertragungsfunktion

Spannungsteiler

$S(p) = U_2(p)/U_1(p) \overset{!}{=} (pL + 1/(pC))/(R + pL + 1/(pC)) =$

Parallelschaltung in Serie mit rückgekoppeltem System

$= (1 + (T_D p)^2)/(1+T_1 p + T_D^2 p^2) =$

s. Vierpoltheorie

$= z_{21}/z_{11} = \ldots = (p^2+\omega_0^2)/(p^2+vp+\omega_0^2)$ mit $\omega_0 = 1/\sqrt{LC} = 1/$
$v = R/L = T_1$

b) Kontrollen

$\mathrm{Dim}\{S\}$: dimensionslos
zu recht, da Spannungsübertragungsfunktion
$(\mathrm{Dim}\{U_2\} = \mathrm{Dim}\{U_1\})$

S ist eine reelle Funktion von p
zu recht, da realisierbares System, s. Darstellungen,
d.h. s(t) ist reell, und s. Transformationsintegral

$\mathrm{Dim}\{\omega_0\} = (H \cdot F)^{-1/2} = (\frac{\Omega}{Hz}\frac{1}{\Omega Hz})^{-1/2} = Hz$
$\mathrm{Dim}\{v\} = \Omega/H = Hz$
} beide sind Frequenzen

c) Übertragungscharakter

s. (a)

$S(0) \overset{!}{=} 1$
$S(\infty) = 1$
} weder Tief- ($\to S(\infty) \overset{!}{=} 0$) noch Hoch- ($\to S(0) \overset{!}{=} 0$) noch Bandpaß ($S(0)$ & $S(\infty) \overset{!}{\approx} 0$)

Da Serienreaktanz $pL + 1/pC$ für die Resonanzfrequenz Null wird und S ein Spannungsteiler ist, folgt:

S ist eine Bandsperre

d) Pol-Nullstellenverteilung

$S_1(p) = S(p)\Big|_{V=2\omega_0} = (p^2+\omega_0^2)/(p+\omega_0)^2$

Pole: mit $(p+\omega_0)^2 = 0$ folgt $p_\infty = -\omega_0$, doppelte Polstelle
Nullstellen: mit $p^2+\omega_0^2 = 0$ folgt $p_{01} = j\omega_0$; $p_{02} = -j\omega_0$.

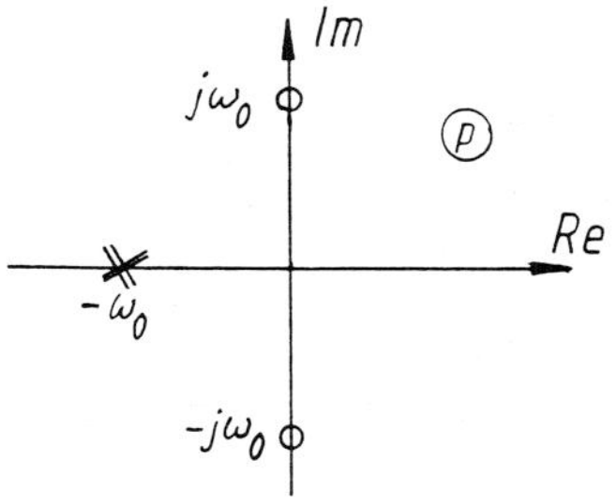

e) Stabilität

Kriterium. z.B. keine exponentiell anklingenden Anteile in s(t),
damit : keine Pole in der rechten Halbebene
deshalb: S ist stabil, s.(d)

f) Minimumpasensystem MPS

allgemeines System = MPS in Serie mit Allpaß
Dämpfung: $a = a_{MPS} + a_{Allpaß}$, $a_{Allpaß} = const$
Phase : $b = b_{MPS} + b_{Allpaß}$, $a_{MPS} = \mathcal{H}\{b_{MPS}\}$

Die Hilberttransformation $\mathcal{H}$ gibt einen eindeutigen Zusammenhang zwischen a_{MPS} und b_{MPS}, s. MS S.120ff.
Kennzeichen für einen Allpaß im Pol-Nullstellenplan: wegen der konstanten Dämpfung muß jeder Pol der Allpaß-Übertragungsfunktion symmetrisch zur imaginären Achse eine Nullstelle haben, s. (g), d.h. für stabile Systeme (rechts kein Pol): es gibt Nullstellen in der rechten Halbebene.
Umgekehrt ist ein MPS "allpaßfrei".
Deshalb: S ist ein MPS, denn es hat keine Nullstellen in der rechten Halbebene.

g) Dämpfung und Phase

Wegen $S(j\omega) = e^{-a(\omega)-jb(\omega)}$ s. MS S.70

$$a(\omega) = \ln(1/|S(j\omega)|) = \ln\left|\frac{(p-p_{\infty 1})(p-p_{\infty 2})\ldots}{k(p-p_{01})(p-p_{02})\ldots}\right|_{p=j\omega} =$$

$$= -\ln k + \sum_i \ln r_{\infty i}(\omega) - \sum_j \ln r_{0j}(\omega)$$

mit $r_{\infty i}(\omega) = |j\omega - p_{\infty i}|$

$r_{0i}(\omega) = |j\omega - p_{0i}|$ s. MS S.71ff

$$b(\omega) = \arg\left\{1/S(j\omega)\right\} = \arg\left.\frac{(p-p_{\infty 1})(p-p_{\infty 2})\ldots}{k(p-p_{01})(p-p_{02})\ldots}\right|_{p=j\omega} =$$

$$= \sum_i \varphi_{\infty i}(\omega) - \sum_j \varphi_{0j}(\omega) - \arg(k);\ \arg(k) = \begin{cases} 0, & k > 0 \\ \pi, & k < 0 \end{cases}$$

mit $\varphi_{\infty i}(\omega) = \arg(j\omega - p_{\infty i})$

$\varphi_{0i}(\omega) = \arg(j\omega - p_{0i})$ s. MS S.72

h) Skizze der Dämpfung

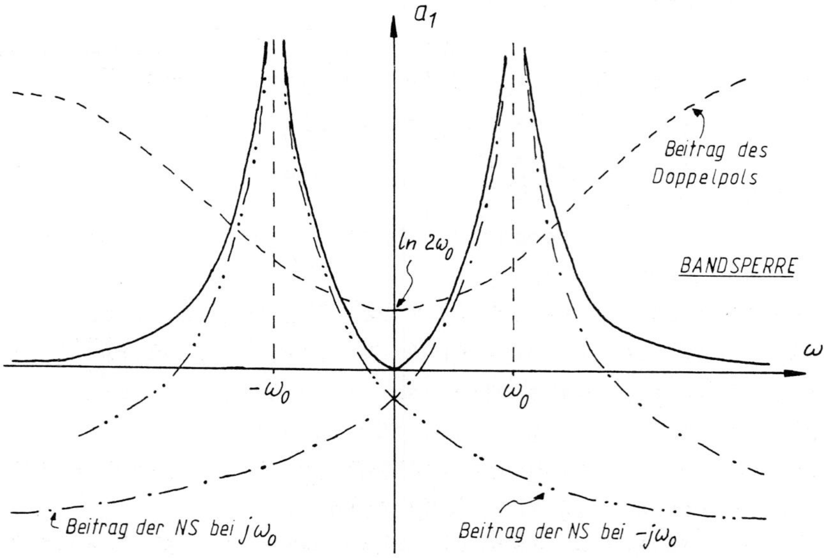

i) Skizze der Phase

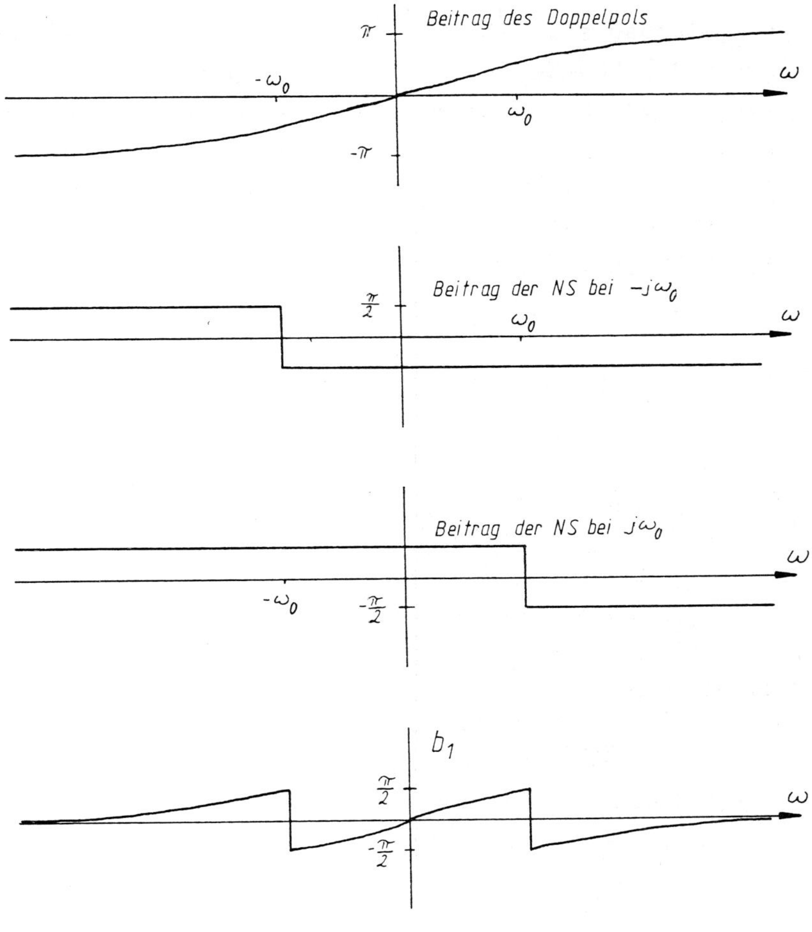

j) Symmetrieeigenschaften

Dämpfung:

wegen s(t) reell: $S(f) = S_{Rg}(f) + jS_{Ju}(f)$

damit ist $|S(f)|$ gerade, ebenso $-\ln|S(f)| = a(f)$

a ist eine gerade Funktion

Phase:

wegen $\frac{S_{Ju}}{S_{Rg}}$ ungerade, ist $-\arctan\frac{S_{Ju}}{S_{Rg}} = b$ eine ungerade Funktion

s. MS S.114ff.

[oder wegen $b = \mathcal{H}^{-1}\{a\} = a(f) * \frac{-1}{\pi f}$ ●—○ $A(t)\cdot j\cdot \operatorname{sign} t$ (ungerade)

wegen A gerade und sign ungerade]

k) Realisierbarkeit

Relisierbar sind weder Dämpfungspole noch Phasensprünge mit passiven RCL-Netzwerken; sie treten hier unter der Annahme idealisierter Raktanzen auf. Mit Berücksichtigung der Verluste wird $pL \rightarrow R + pL = (\frac{R}{L} + p)L = p'L$
und $pC \rightarrow G + pC = (\frac{G}{C} + p)C = p''C$ und
werden Pole und Nullstellen nach links verschoben und dadurch Dämpfungs- und Phasenverlauf verschliffen

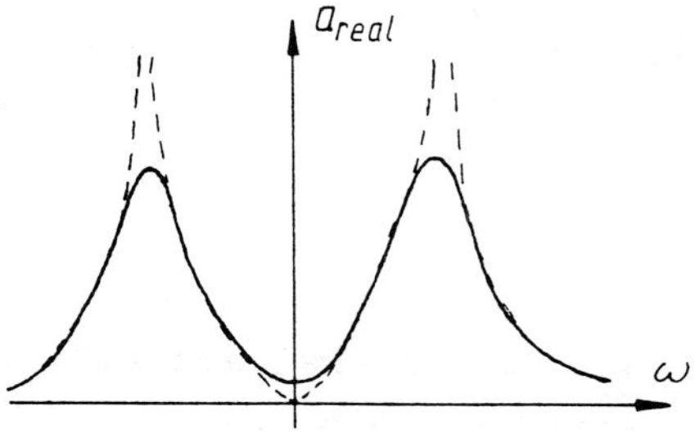

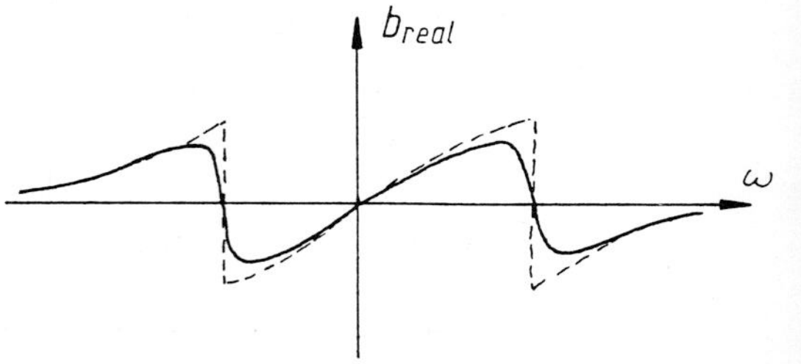

l) Aussage zur Kausalität aus Typ des Spektrums

nach Ansatz als Funktion von p ist S(p) ein Laplacespektrum, daher muß s(t) kausal sein.
(Wäre S ein Allgemeines Spektrum mit q-Polen oder ein Spektrum der zweiseitigen Laplacetransformation, könnte s(t) auch akausal sein).

m) Laplace-Rücktransformation über Residuenberechnung, s. MS S.24ff.

I: Integrationsweg rechts an den Polen vorbei (Konvergenzgebiet, s. L3.1h)

Jordan-Lemma: $\oint \ldots = 0$ für $t > 0$, wenn $\lim_{p \to \infty} U(p) = 0$

$$s(t) = \frac{1}{2\pi j} \int_I S(p)e^{pt}\,dp \overset{\text{Jordan-Lemma}}{=}$$

$$= \frac{\gamma(t)}{j2\pi} \oint S(p)e^{pt}\,dp \overset{\text{Residuensatz}}{=}$$

$$= \gamma(t) \sum_{\nu} \mathrm{Res}_{\nu}\left(S(p)e^{pt}\right)$$

mit $\mathrm{Res}_\nu\left(S(p)e^{pt}\right) = \frac{1}{(m-1)!} \lim_{p\to p_\nu}\left[\frac{d^{m-1}}{dp^{m-1}}\left((p-p_\nu)^m S(p)e^{pt}\right)\right]$

n) Impulsantwort

$s_1(t) \circ\!\!-\!\!\bullet\, S_1(p)$

1) über Residuenmethode, falls $\lim_{p\to\infty} S_1(p) = 0$;
dies ist jedoch nicht erfüllt, deshalb Abspalten von ganzen Funktionen von p durch Polynom-Division bei $S_1(p)$:

$$S_1(p) = 1 - 2\omega_0 p/(p+\omega_0)^2 = 1 - S_2(p)$$

$$s_1(t) = \delta(t) - s_2(t)$$

$\lim_{p\to\infty} S_2(p) = 0$, daher

ein Pol: Formel aus (m) mit m=2 und $p_\nu = -\omega_0$

$$s_2(t) = \gamma(t) \sum_\nu \mathrm{Res}_\nu\left(S_2(p)e^{pt}\right) =$$

$$= \gamma(t) \lim_{p\to-\omega_0} \frac{d}{dp}\left((p+\omega_0)^2 S_2(p)e^{pt}\right) =$$

$$= \gamma(t) \lim_{p\to-\omega_0} \frac{d}{dp}\left(2\omega_0 p e^{pt}\right) = \ldots =$$

$$= \gamma(t)\, 2\omega_0 (1-\omega_0 t)e^{-\omega_0 t}$$

damit folgt

$$s_1(t) = \delta(t) + \gamma(t) 2\omega_0(\omega_0 t - 1)e^{-\omega_0 t}$$

2) oder über Tabelle, z.B. MS S.202:

$(mp+n)/(p+a)^2 \bullet\!\!-\!\!\circ\, te^{-at}(n-ma) + me^{-at}, \quad t > 0$

mit $a=\omega_0$, $m=2\omega_0$ und $n=0$ ergibt sich ebenfalls $s_2(t)$

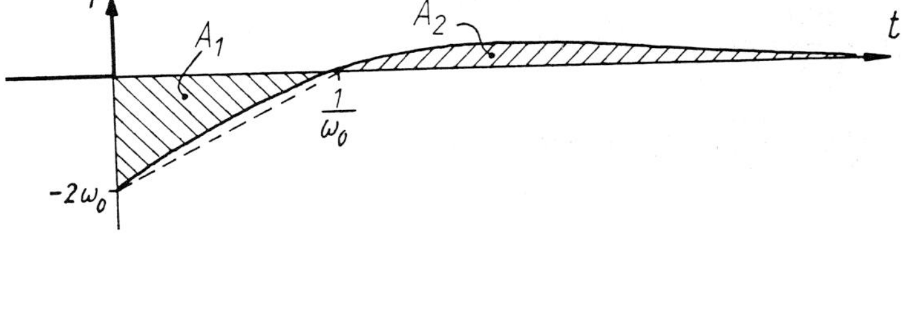

[(Eigenschaft von s_1:

wegen $S_1(0) \overset{\text{s.(c)}}{=} 1 = \int_{-\infty}^{\infty} s_1(t)dt = \int_{-\infty}^{\infty} \delta(t)dt$

folgt $A_1 = A_2$)]

o) Impulsantwort ↔ Sprungantwort

$$\sigma(t) = \int_{-\infty}^{t} s(t)dt \overset{\text{s.L5.3}}{=} \gamma(t) * s(t)$$

$\circ\!\!-\!\!\bullet$ (L): $S(p)/p$ s. MS S.63

$\circ\!\!-\!\!\bullet$: $S(f)(\delta(f)/2+1/(j2\pi f))$ s. MS S.94

p) Skizze der Sprungantwort

durch Integration von $s_1(t)$ (Skizze in (n))

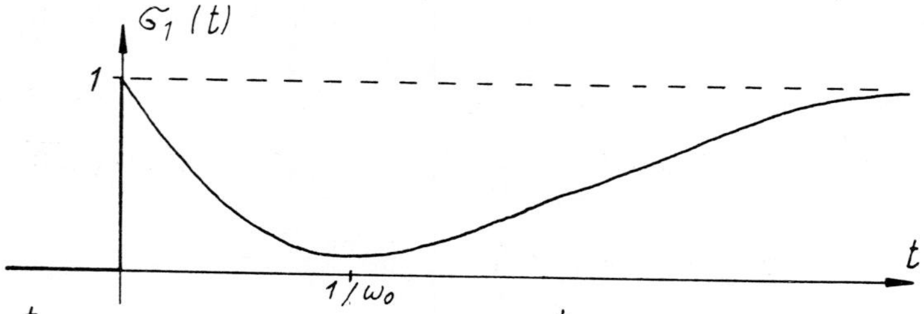

$$\sigma_1(t) = \int_{-\infty}^{t} \delta(t) - s_2(t)dt = \gamma(t) - \int_{-\infty}^{t} s_2(t)dt$$

Eigenschaften von σ_1:

- unendlich steile Sprungkante bei t=0; (möglich, da $S_1(\infty)=1$, s. (c)).
- $\min\{\sigma_1\} > 0$ und bei $1/\omega_0$: A_1 von s_1 ist kleiner als die Dreiecksfläche mit der gestrichelten Kante, die gerade 1 ist, daher ist $\sigma_1(1/\omega_0) = \int_{-\infty}^{1/\omega_0} \delta(t)dt - A_1 = 1-A_1 > 0$; s_1 wechselt das Vorzeichen bei $\frac{1}{\omega_0}$
- $\lim_{t\to\infty} \sigma_1(t) = 1$, da $S_1(0) \overset{\text{s.(c)}}{=} 1$, d.h. vollständige Gleichsignalübertragung

q) Pole und Nullstellen für $v \neq 2\omega_0$

$$S(p) = (p^2+\omega_0^2)/(p^2+vp+\omega_0^2)$$

$$\text{Pole: } p_{\infty 1,2} = \frac{1}{2}\left(-v \pm \sqrt{v^2-4\omega_0^2}\right) = \begin{cases} -v/2 \pm \overbrace{\frac{1}{2}\sqrt{v^2-4\omega_0^2}}^{d'}, & v > 2\omega_0 \\ -v/2 \pm \underbrace{\frac{j}{2}\sqrt{4\omega_0^2-v^2}}_{d''}, & v < 2\omega_0 \end{cases}$$

Nullstellen unverändert wie in (d)

r)

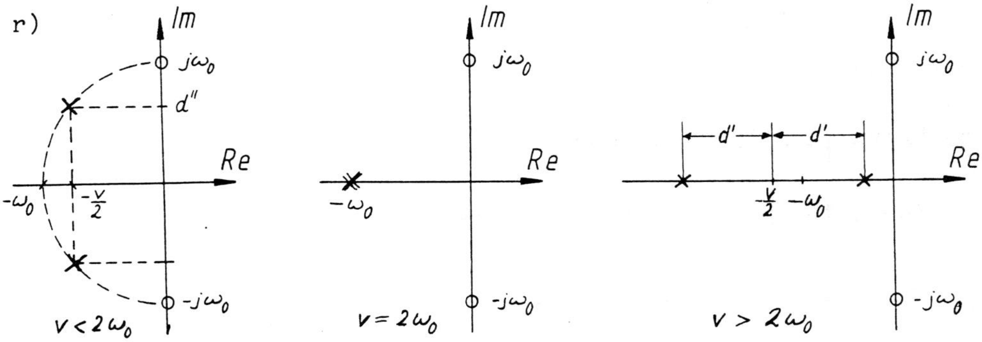

aus (s): $R < 2\sqrt{L/C}$ $\qquad$ $R > 2\sqrt{L/C}$

s) Zusammenhang R mit L & C

mit $\omega_0 = 1/\sqrt{LC}$ und $v = R/L$

folgt für $v = 2\omega_0$: $\qquad R = 2\sqrt{L/C}$

mit R steigt die Dämpfung im Schwingkreis, s. Veränderung bei s in (u).

t) Berechnung von s(t)

t1) $v < 2\omega_0$ (Schwingungsfall)

damit $0 < d'' < j\infty$, imaginär s. (q)

zwei konjugiert komplexe Pole s. (q)

über Residuenmethode:

$$s''(t) = \delta(t) + \gamma(t)\, v e^{-vt/2}\left(\frac{v}{|d''|}\sin(|d''|t/2) - \cos(|d''|t/2)\right)$$

t2) $v = 2\omega_0$ (aperiodischer Grenzfall)
Berechnung s. (n), mit $\omega_0 = v/2$ folgt
$s(t) = s_1(t) = \delta(t) + \gamma(t)ve^{-vt/2}(vt/2-1)$

t3) $v > 2\omega_0$ (aperiodischer Fall)
damit $0 < d' < v$, reell, s. (q)
zwei einfache reelle Pole, s. (q)
über Residuenmethode:

$$s'(t) = \delta(t) + \gamma(t)ve^{-vt/2}\left(\frac{v}{d'}\sinh(d't/2) - \cosh(d't/2)\right)$$

u) Skizzen von s(t)

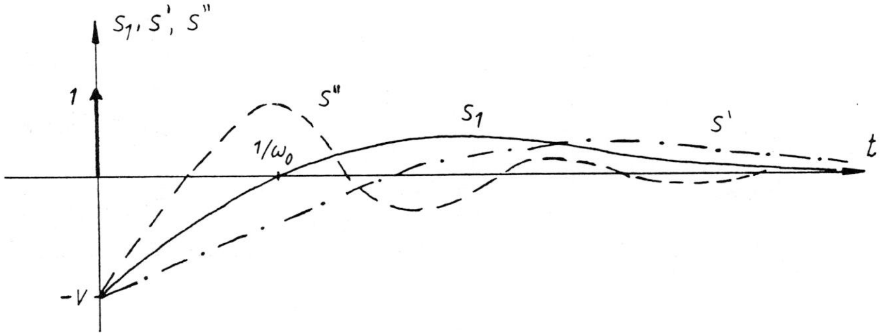

L 4.2 RC-Hochpaß als Differenzierer-Approximation

a) Übertragungsfunktion

$$S(p) = U_2(p)/U_1(p) = R/(R+1/(pC)) = p/(p+1/(RC)) \overset{1/RC = a}{=} p/(p+a)$$

RC-Tiefpaß

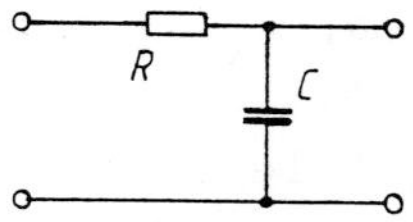

$$S_{TP}(p) = \frac{1/(pC)}{R+1/(pC)} = \frac{a}{p+a}$$

Somit ist

$$S(p) = \frac{p}{a}S_{TP}(p) \overset{\text{Polynom-Division}}{=} 1 - S_{TP}(p)$$

b) Übertragungsfunktion $S(\omega)$

(Pol bei -a, d.h. in der linken HE)

$$S(\omega) = S(p)\Big|_{p=j\omega} = j\omega/(j\omega+a) = \ldots =$$

$$= \omega^2/(a^2+\omega^2) + j\,\omega a/(a^2+\omega^2) = 1-\mathrm{Re}\{S_{TP}\} - j\,\mathrm{Im}\{S_{TP}\}$$

($S_{TP}(f)$ s. L.3.4.a,b)

$$\frac{d}{d\omega}\,\mathrm{Im}\{S\} = \frac{1-(\omega/a)^2}{a(1+(\omega/a)^2)^2} = \begin{cases} 1/a & \text{für } \omega=0 \\ 0 & \text{für } \omega=\pm a \end{cases}$$

$$\mathrm{Im}\{S(a)\} = 1/2$$

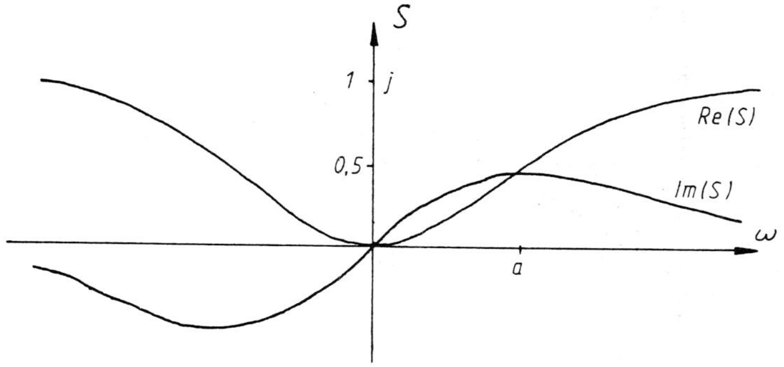

c) S als Differenzierer-Näherung

für kleine ω gilt $\mathrm{Re}\{S(f)\} \approx 0$, $\mathrm{Im}\{S(f)\} \approx \omega/a$

genauer:

$$S(\omega) \overset{(b)}{=} \frac{(\omega/a)^2}{1+(\omega/a)^2} + j\,\frac{\omega/a}{1+(\omega/a)^2} \approx (\omega/a)(\omega/a+j) \approx j\omega/a$$

($|\omega| \ll a$ somit $\omega/a \ll 1$)

idealer Differenzierer: $S_{Diff}(\omega) = j\omega$ Diffferentiationssatz MS S.90

damit

$S(\omega) \approx S_{Diff}(\omega)/a$ für $|\omega| \ll a$

(Dimensionen: $\mathrm{Dim}\{1/a\}$ = Zeit, $\mathrm{Dim}\{S_{Diff}\}$ = Frequenz, damit ist S dimensionslos (Spannungsübertragtungsfunktion))

d) Impulsantwort

$s(t) \overset{\text{s. (a)}}{=} \delta(t) - s_{TP}(t) \overset{s_{TP} \text{ bekannt oder aus Tabelle}}{=} \delta(t) - ae^{-at}$

Sonst über Residuenmethoden o.ä.

$S(p) = 1 - a/(p+a) \bullet\!\!-\!\!\circ\ s(t) = \delta(t) - \left[ae^{pt}\right]_{p=-a} = \ldots$

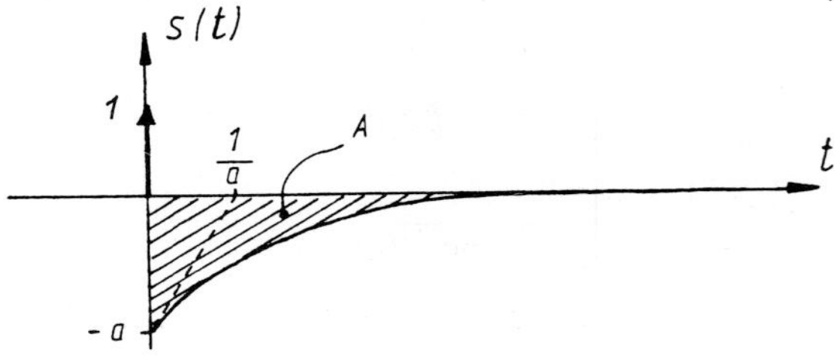

Eigenschaft:

$A = \int_{-\infty}^{\infty} s(t)dt - 1 = S(0) - 1 = -1$

e) Differenzierer-Näherung im Zeitbereich

Aus (c):

$S(\omega) \approx S_{Diff}(\omega)/a$, für $|\omega| \ll a$

damit muß gelten für die Antwort u_2 auf u_1

$u_2(t) = u_1(t) * s(t) \approx u_1(t) * \delta'(t)/a = \frac{1}{a}\frac{d}{dt} u_1(t)$, wenn

für U_1 gilt:

$U_1(\omega) \approx U_1(\omega) \operatorname{rect} \frac{\omega}{\Delta\omega}$, $\Delta\omega \ll 2a$

d.h. $U_1(\omega)$ verschwindet fast völlig für $|\omega| > \Delta\omega/2$

<u>Für $u_1(t)$</u> folgt damit

$u_1(t) \approx u_1(t) * \Delta f \operatorname{si} \pi t \Delta f$, $\quad \Delta f = \frac{\Delta\omega}{2\pi}$

d.h. $u_1(t)$ ist geglättet mit der mittleren ("äquivalenten", s. MS S.110) Impulsbreite $\Delta t = 1/\Delta f$, da die Faltung mit $\operatorname{si} \pi t \Delta f$ (s. Skizze nächste Seite) nichts ändert

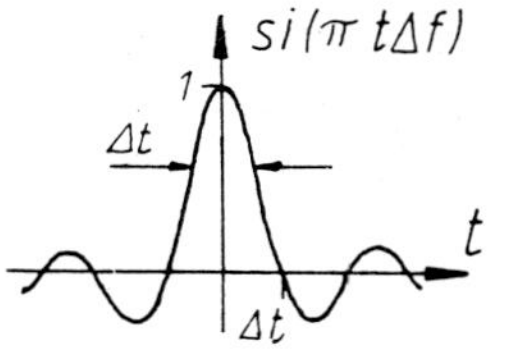

Für s(t) folgt

$s(t) \approx \delta'(t)/a$, für $\Delta\omega \ll 2a$

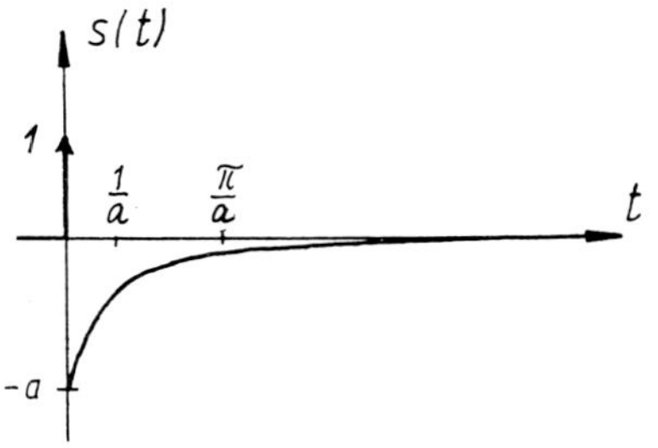

Zum Vergleich:
Approximation
für $\delta'(t)$ mit

$$\delta'(t) = \lim_{\varepsilon \to 0} D_{\delta'}(t)$$

s. L6.3c

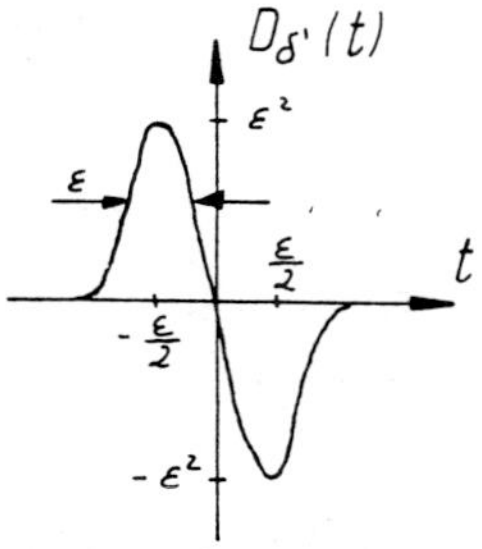

Für Signale mit einer Unschärfe-Breite $>\Delta t$ ist der genaue Verlauf der δ'-Approximation unbedeutend, wenn die äquivalenten Teilimpulsbreiten $\ll \Delta t$ bleiben. Dies ist auch für s der Fall, s. Skizze

f) Antwortbeispiel

$u_1(t) = \gamma(t)e^{-bt} \circ\!\!-\!\!\bullet\ 1/(p+b)$

$U_2(p) = U_1(p)\ S(p) = p/((p+b)(p+a)) =$

Partialbruchzerlegung

$= A/(p+b) + B/(p+a) = \ldots = \frac{1}{(a-b)}\left(\frac{a}{p+a} - \frac{b}{p+b}\right)$

$u_2(t) = \frac{1}{a-b}\,(ae^{-at} - be^{-bt}) \overset{b=a/10}{=} 10e^{-at}/9 - e^{-at/10}/9$

g) Skizzen

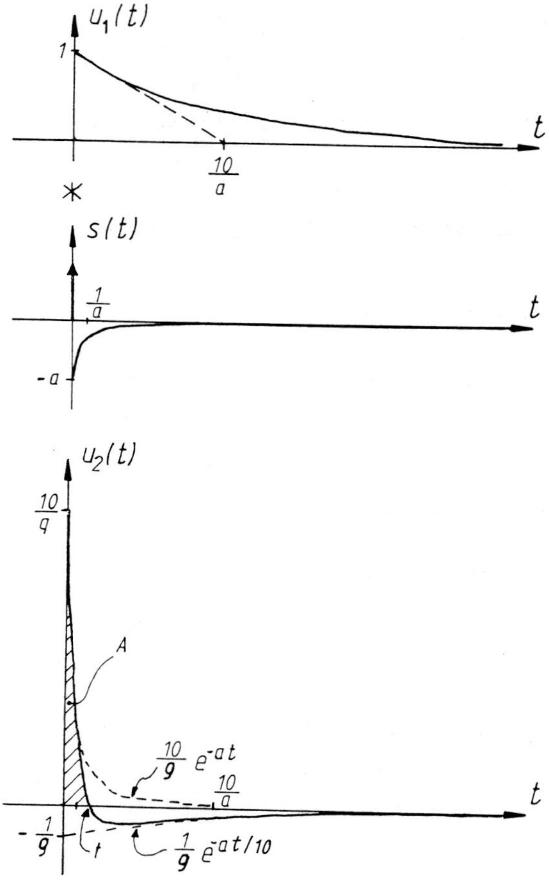

h) Skizze der exakten Ableitung

$$\frac{1}{a}\frac{d}{dt}u_1 = \delta(t)/a - 0{,}1e^{-at/10}$$

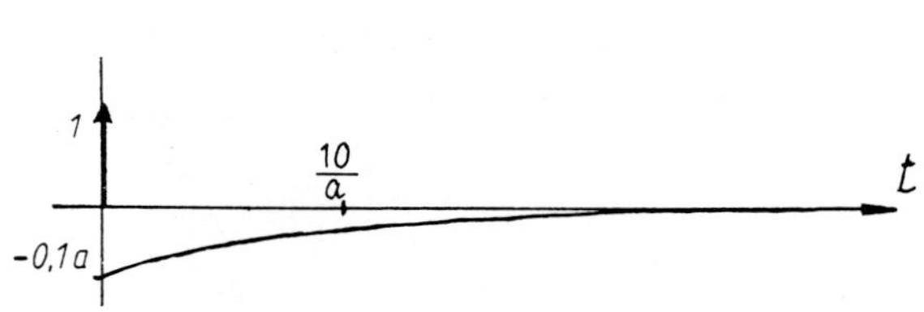

Abschätzung der Fläche A unter dem positiven Teil von u_2
Bestimmung von t_0 (s. Skizze von u_2 in (g)).

$$10e^{-at_0} = e^{-at_0/10} \quad \text{damit}$$

$$t_0 = \ldots = \ln 10/(0{,}9a) \approx 2{,}56a$$

Näherung für Fläche A:
Dreiecksfläche mit Höhe 10/9 und Basis t_0:

$$A \lessapprox 5t_0/(9a) \approx 1{,}42/a$$

damit ist A größenordnungsmäßig 1/a und der positive Teil von u_2 eine Approximation für $\delta(t)/a$ in der exakten Lösung $\frac{1}{a}\frac{d}{dt}u_1$, s.(h).

L 4.3 Aktive RC-Schaltung

a) Übertragungsfunktion

mit $U_2 = 2U_3 - U_1$

und $U_3 = U_1/(1+pCR) = U_1\, a/(p+a)$

folgt $U_2 = U_1\, (a-p)/(p+a)$

und $S(p) = U_2/U_1 = -(p-a)/(p+a)$

b) Pol-Nullstellendiagramm

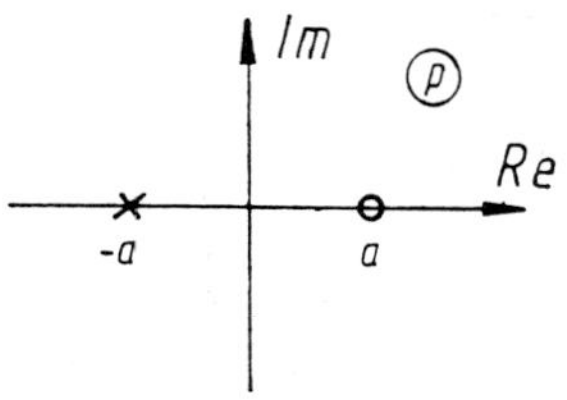

c) Aussagen des P/N-Diagramms

c1) stabil, da Pol in der linken Halbebene. Damit enthält die Impulsantwort keine stationären oder anklingenden Anteile .

c2) kein Minimumphasensystem, da Nullstelle in der rechten Halbebene (S enthält daher einen Allpaß, s. L4.1f)

d) Dämpfung und Phase (Skizzen)

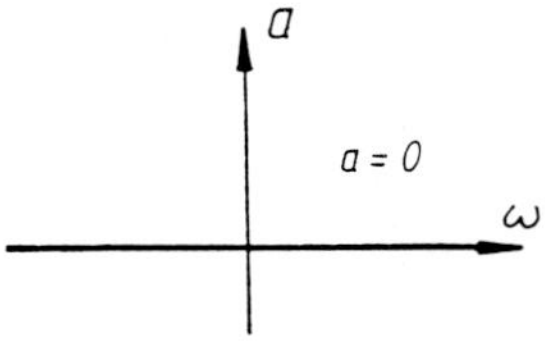

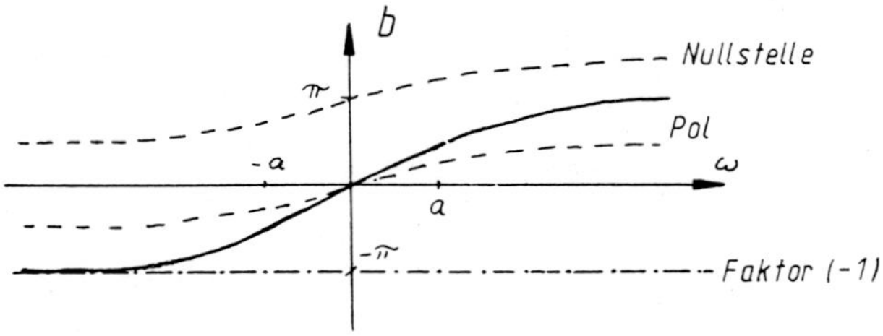

(Methode s. L4.1g)

e) Dämpfung und Phase (Formeln)

s. L4.1g

$$a(\omega) = r_\infty - r_0 = 0$$

$$b(\omega) = \varphi_\infty - \varphi_0 - \arg(k)$$

$$= \operatorname{artan}\frac{\omega}{a} - \left(\pi - \operatorname{artan}\frac{\omega}{a}\right) - \pi =$$

$b \pm 2\pi = b$ (b = mod(2π) = Winkel)

$$= 2\operatorname{artan}\,\omega/a$$

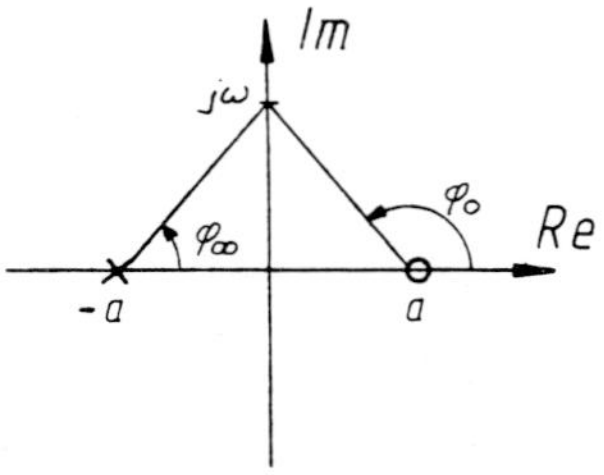

S ist ein Allpaß, da a=const, aber kein Laufzeitglied, da $b \neq$ const.

f) Gruppenlaufzeit

$$\tau_g = \frac{db}{d\omega} = \frac{2}{a}\,\frac{1}{1+(\omega/a)^2} = 2a/(a^2+\omega^2)$$

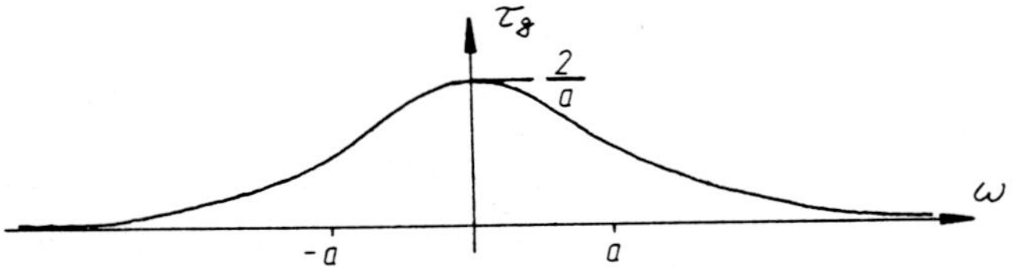

g) Impulsantwort

Abspalten des konstanten Anteils

$S(p) = (a-p)/(p+a) = -1 + 2a/(p+a)$

$\circ\!-\!\bullet$ wegen $\gamma(t)e^{-at} \circ\!-\!\bullet\, 1/(p+a)$

$s(t) = -\delta(t) + \gamma(t)2ae^{-at}$

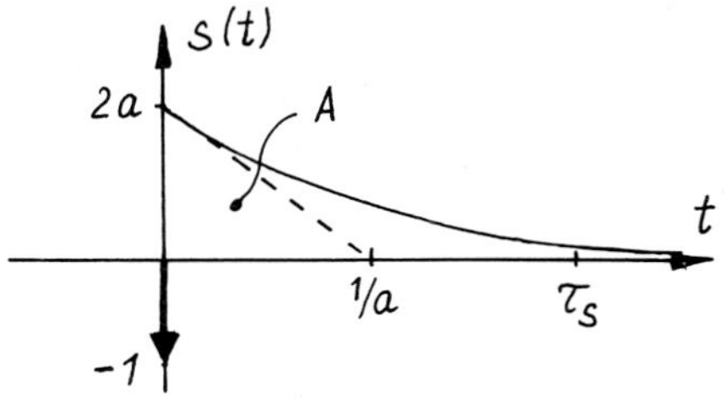

Eigenschaft von s:

A = 2, da

$\int_{-\infty}^{\infty} s(t)dt = S(0) = 1$

h) Schwerpunktslaufzeit

$\tau_s \neq \tau_g(0) = 2/a$, Eintrag in Skizze von s(t), s. (g)

τ_s ist über das Gleichgewicht des 1. Moments von $s(t+\tau_s)$ definiert

$$\int_{-\infty}^{\infty} s(t)(t-\tau_s)dt = 0$$

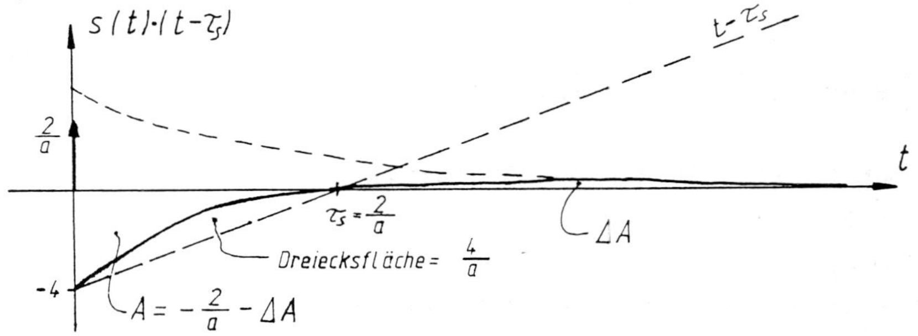

i) Sprungantwort

$$\sigma(t) = \int_{-\infty}^{t} s(x)dx = -\gamma(t) + \gamma(t)2a\int_0^t e^{-at}dt =$$

$$= \gamma(t)\,(1 - 2e^{-at})$$

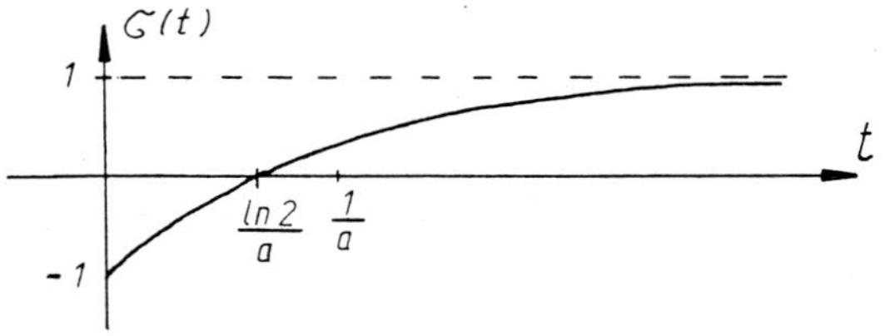

j) Antwort auf Rechteckimpuls

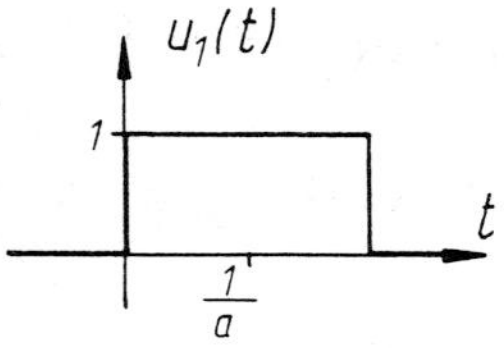

$u_1(t) = a\ \mathrm{rect}(t-1/a)/2$

u_1 kann aus Einheitssprüngen zusammengesetzt werden. u_2 ist dann die Überlagerung der entsprechenden Sprungantworten, da S linear.

$u_1(t) = \gamma(t) - \gamma(t-2/a)$

$u_2(t) = \sigma(t) - \sigma(t-2/a)$
mit σ aus (i)

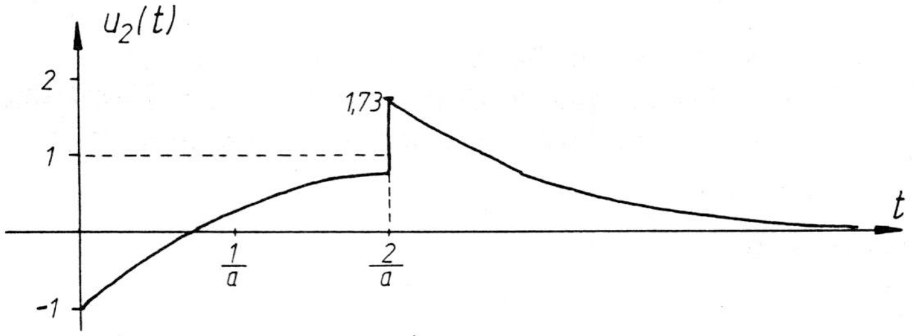

$\max\{u_2\} = 2 - 2e^{-2} \approx 1,73$

k) Interpretation von u_2 über Gruppenlaufzeit

Die Gruppenlaufzeit nimmt für hohe Frequenzen ab, deshalb kommen die Sprungkanten früher als der niederfrequente Verlauf des Eingangsimpulses. Wegen des Faktors (-1) bei S erfolgt eine Vorzeichenumkehr; da S ein Allpaß ist, sind in u_2 alle Frequenzanteile von u_1 wieder ungedämpft enthalten.

L 4.4 Beispiel mit Laplace-Tabelle

a) Pol-Nullstellen-Verteilung

Pole: $p_{\infty 1,2} = \omega_0(-1 \pm j\sqrt{3})/2$

Nullstellen: $p_{01,2} = \pm j\omega_0$

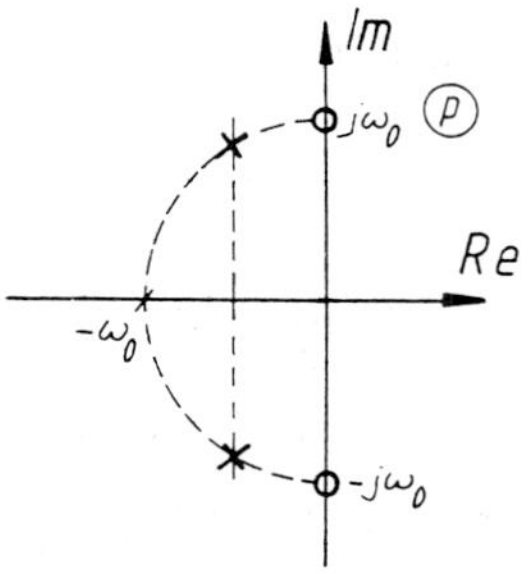

b) Stabilität

Kriterium: Die Impulsantwort ist exponentiell begrenzt, damit dürfen keine Pole rechts von der $j\omega$-Achse sein. Daraus folgt: S ist ein stabiles System

c) Übertragungscharakter

Nullstellen auf der $j\omega$-Achse bedeuten unendliche Dämpfung bei $\pm j\omega_0$. Andererseits ist $S(0) = S(\infty) = 1$. Es handelt sich um eine Bandsperre.

d) Impulsantwort

S(p) muß so umgeformt werden, daß die gegebenen Korrespondenzen verwendet werden können, z.B.

$$S(p) = \frac{p^2+\omega_0^2}{p^2+\omega_0 p+\omega_0^2} = 1 - \frac{p\omega_0}{p^2+\omega_0 p+\omega_0^2} =$$

$$= 1 - \frac{\omega_0 p}{(p+\omega_0/2)^2 + (\sqrt{3}\omega_0/2)^2} =$$

$$= 1 - \omega_0 \frac{p+\omega_0/2}{(p+\omega_0/2)^2+(\sqrt{3}\omega_0/2)^2} - \frac{\omega_0}{\sqrt{3}} \frac{\sqrt{3}\,\omega_0/2}{(p+\omega_0/2)^2+(\sqrt{3}\omega_0/2)^2}$$

Mit $a = \omega_0/2$ und $b = \sqrt{3}\omega_0/2$ können in der Tabelle die 2. und 3. Korrespondenz von unten verwendet werden. Es ergib sich

$$s(t) = \delta(t) - \gamma(t)\omega_0\left(e^{-\omega_0 t/2}\cos(\sqrt{3}\omega_0 t/2) - \frac{1}{\sqrt{3}}e^{-\omega_0 t/2}\sin(\sqrt{3}\omega_0 t/2)\right)$$

e) Skizze

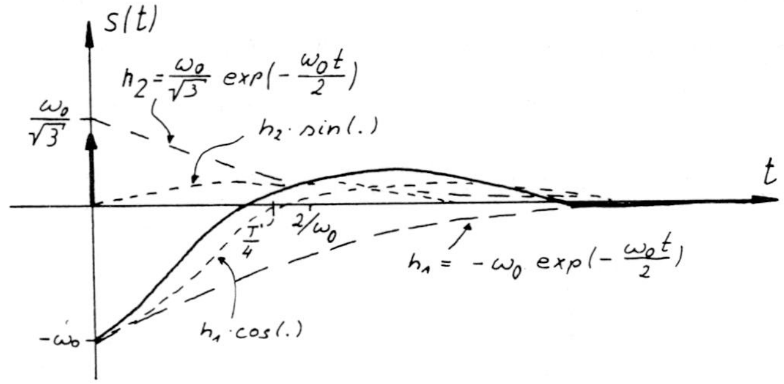

f) Ausgangssignal $u_2(t) = \gamma(t) e^{-\omega_0 t/2} \sin \sqrt{3}\omega_0 t/2$

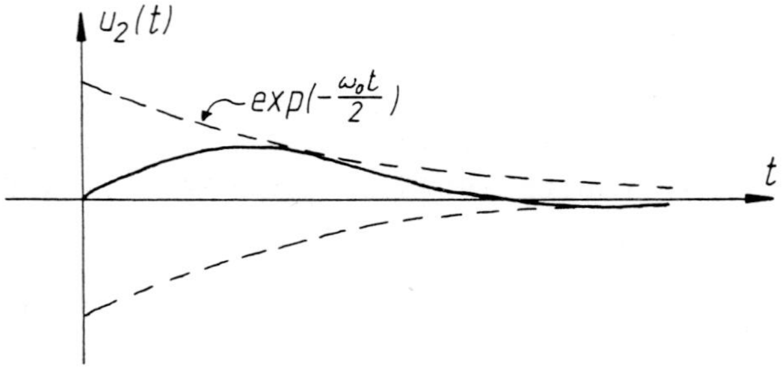

g) Eingangssignal

wegen $u_2(t) \circ\!\!-\!\!\bullet\, U_2(p) = U_1 S$
gilt

$$u_1 \circ\!\!-\!\!\bullet\, U_2/S \overset{\text{Tabelle}}{=} \frac{\sqrt{3}\,\omega_0/2}{(p+\omega_0/2)^2 + (\sqrt{3}\,\omega_0/2)^2} \;/\; S(p) =$$

$$\overset{S(p)\text{ aus (a)}}{=} \sqrt{3}\omega_0/(2(p^2+\omega_0^2))$$

Tabelle

$$u_1(t) = \gamma(t)\sqrt{3}\,\sin(\omega_0 t)/2$$

h) Interpretation mittels Übertragungscharakter aus (g)

Auf S wird das halbstationäre Wechselsignal u_1 gegeben, damit ist u_2 die Wechselsignalsprungantwort σ_W (s. Kap. 8.2).

Nach (c) hat S gerade bei der Wechselfrequenz ω_0 von u_1 einen Dämpfungspol, u_2 ist daher nur die Antwort auf das breitbandige Spektrum des Einschaltens und verschwindet deshalb für große t.

i) RCL-Bandsperre, zwei mögliche Schaltungen

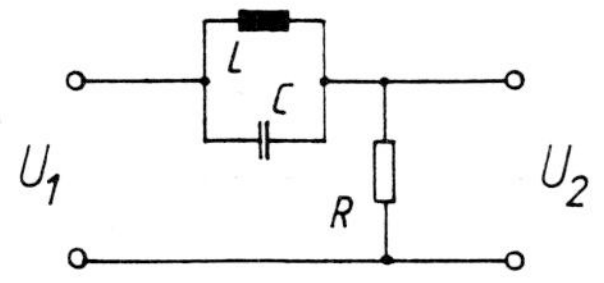

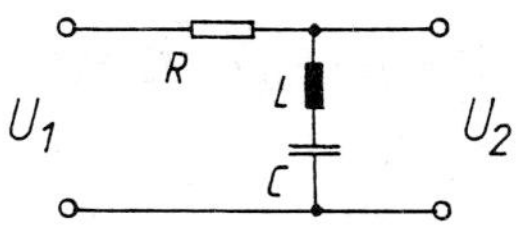

Längsblindwiderstand wird ∞ bei ω_0

Querblindwiderstand wird 0 bei ω_0

Beweis:

$S_{RLC}(p) = \ldots = (p^2+1/(LC))/(p\ +pR/L+1/(LC)) = S(p)$ für

$R = \sqrt{L/C}$, denn dann ist $1/\sqrt{LC} = R/L\ (=\omega_0)$

L 4.5 Linearität und Zeitinvarianz

a) allgemeine Zusammenhänge

$u_2(t) = u_1(t)\cdot p(t) \circ\!\!-\!\!\bullet\ U_2(f) = U_1(f) * P(f)$
idealer Modulator, s. MS S.103

b) Antwort auf $u_1(t)$

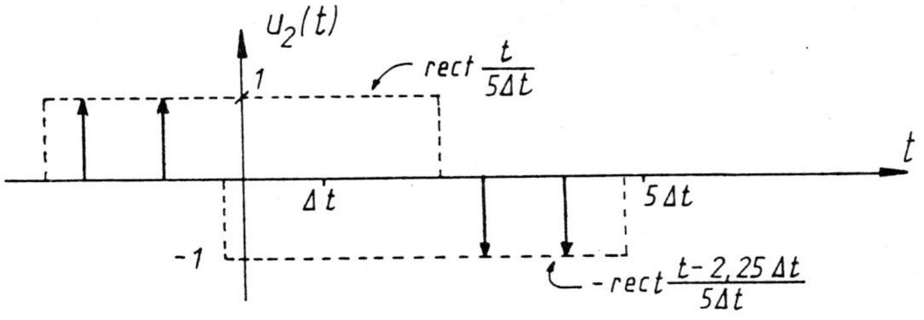

c) Linearität

S ist linear, denn es gilt für $u_1 = a+b$

$u_2 = (a+b)p = ap + bp$
$= $ Summe der Einzelausgangssignale

d) Zeitinvarianz

s ist ein zeit<u>variantes</u> System, denn es gilt im allgemeinen $u_2(t-\tau) \neq u_1(t-\tau)p(t)$, τ beliebig, wenn

$$u_2(t) = u_1(t)\cdot p(t)$$

e) [u_2 kann durch eine zweidimensionale Funktion $\tilde{u}_2(t;\tau)$ beschrieben werden:

$$\tilde{u}_2(t;\tau) = u_1(t-\tau)p(t)$$

mit

$$\tilde{u}_2(t;0) = u_2(t) = u_1(t)p(t)$$

(S ist insofern ein Sonderfall, da p periodisch ist und daher für $\tau=k\Delta t$, k beliebig, identische Ausgangssignale auftreten, d.h. $\tilde{u}_2(t;k\Delta t) = u_2(t-k\Delta t)$)]

Antwort auf $u_1(t - 2{,}4\Delta t)$

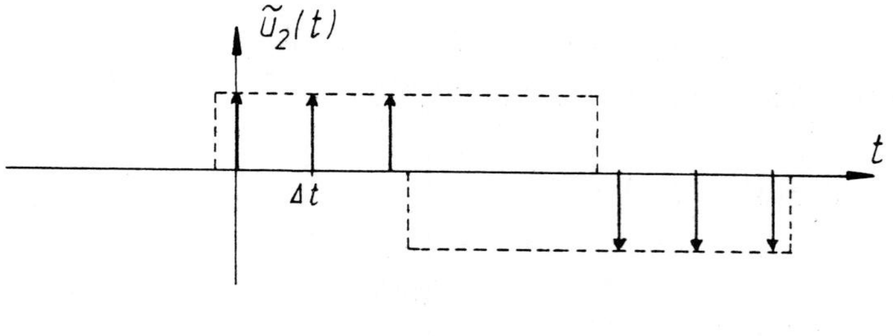

f) Neue Schaltung mit $p(t) = 2u_1(t)$

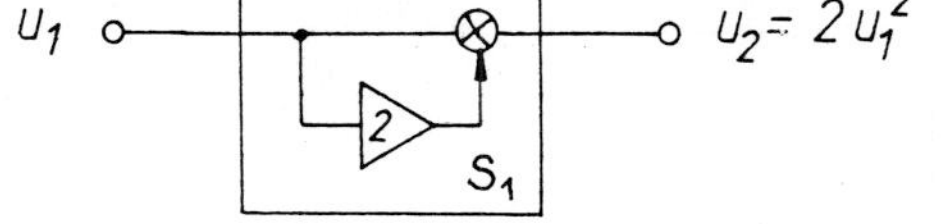

(Quadrierer mit Verstärkung)

Linearität:

$u_1 = a+b$ damit $u_2 = 2a^2 + 2b^2 + 4ab$

↑ neuer Anteil

das Superpositionsgesetz gilt nicht mehr, daher ist S_1 ein nichtlineares System

Zeitinvarianz

es gilt $u_2(t) = 2u_1^2(t)$

und $\tilde{u}_2(t,\tau) = 2u_1^2(t-\tau) = u_2(t-\tau)$, τ bliebig

daher ist S_1 ein zeit<u>in</u>variantes System.

L 5.1 Ausführliches Berechnungsbeispiel

a) Skizzen

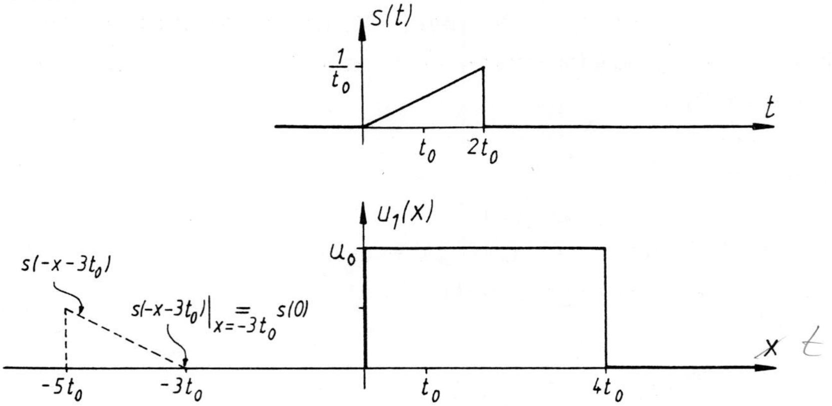

b) Faltungsintegral s. MS S.97ff.

Verschiebung von s(-x) um t

$$u_2(t) = \int_{-\infty}^{\infty} u_1(x)\, s(t-x)dx$$

c) Skizze von s(t-x) (sollte auf transparente Unterlage gemacht werden)

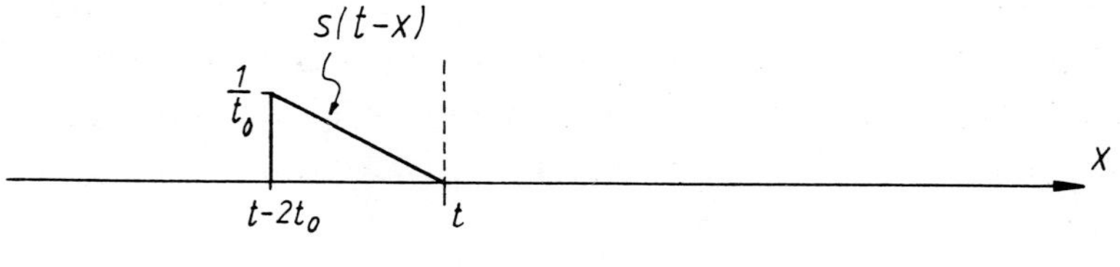

d) Analytische Faltung

In der Lösung sind hier einzelne Positionen skizziert, die durch Verschiebung von s(t-x) (transparent) über $u_1(x) \hat{=} u_1(t)$ entstehen.

1. Bereich

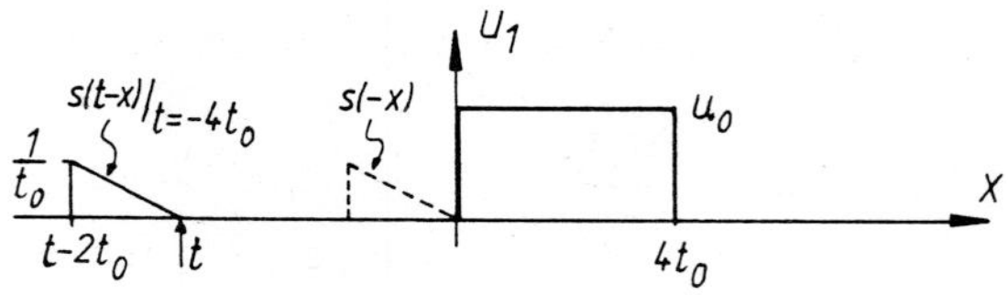

s(t-x) kann in $-\infty \leq t \leq 0$ (t-Pfeil zeigt die jeweilige Lage auf der x-Achse an) verschoben werden, ohne daß sich das bestimmte Integral für u_2 ändert (der Integrand ist hier immer Null, da immer eine der Funktionen im Produkt gerade Null ist). Grenzposition rechts:

$$s(-x) = s(t-x)\Big|_{t=0}$$

damit folgt
für $-\infty \leq t \leq 0$: $u_2(t) = 0$

2.Bereich

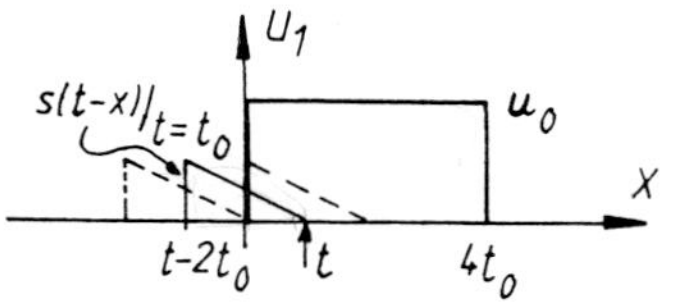

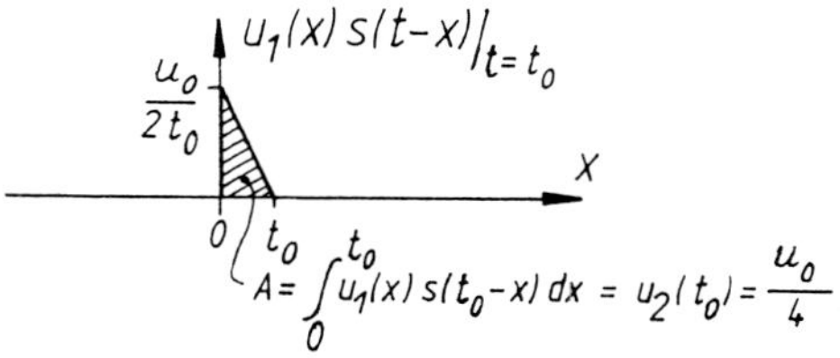

s(t-x) kann im Bereich $0 \leq t \leq 2t_0$ verschoben werden, dabei entsteht immer als Integrand eine Dreiecksfunktion mit der Basis $0 \leq x \leq t$ und einer von t abhängigen Höhe. Die Grenzpositionen für t=0 und t=2t sind gestrichelt eingezeichnet.
Damit folgt

$$\text{für } 0 \leq t \leq 2t_0 : u_2(t) = \int_{-\infty}^{\infty} u_1(x)s(t-x)dx = \int_0^t u_0(t-x)/2t_0^2 dx =$$

$$= \ldots = u_0 t^2/(4t_0^2)$$

Die rect-Funktionen in u_1 und s sind bereits in den Interalgrenzen berücksichtigt und verschwinden deshalb im Integranden.

Beweis: u_1: $\text{rect}\,\dfrac{x-2t_0}{4t_0} = 1$ und s : $\text{rect}\,\dfrac{t-x-t_0}{2t_0} = 1$ für $\underbrace{0 \leq x \leq t}_{\text{Integralgrenzen}}$ und $\underbrace{0 \leq t \leq 2t_0}_{\text{Bereichsgrenzen}}$

s. Skizze (2. Bereich)

3. Bereich

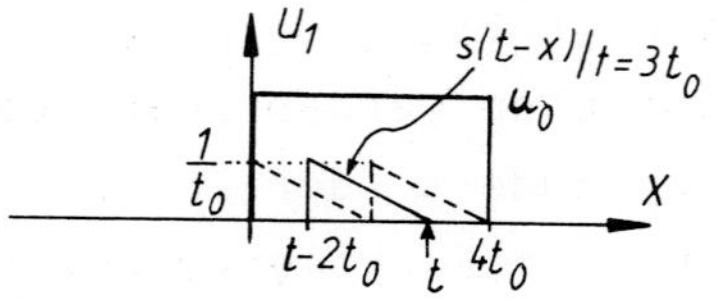

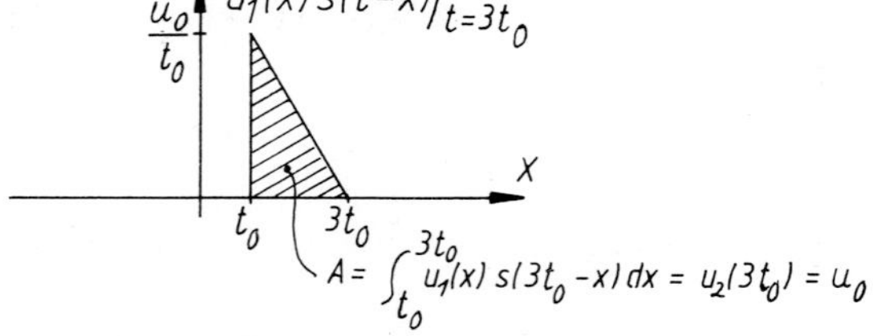

s(t-x) kann im Bereich $2t_0 \leq t \leq 4t_0$ verschoben werden, dabei entsteht immer als Integrand eine formgleiche Dreiecksfunktion mit Basis $t-2t_0 \leq x \leq t$ und Höhe u_0/t_0. Die Grenzpositionen sind wieder gestrichelt für $t=2t_0$ und $t=4t_0$ eingezeichnet. Damit folgt

für $2t_0 \leq t \leq 4t_0$: $u_2(t) = \int_{-\infty}^{\infty} u_1(x)s(t-x)dx = \int_{t-2t_0}^{t} u_0 \frac{t-x}{2t_0^2}dx =$

$$= \dots = u_0$$

4. Bereich

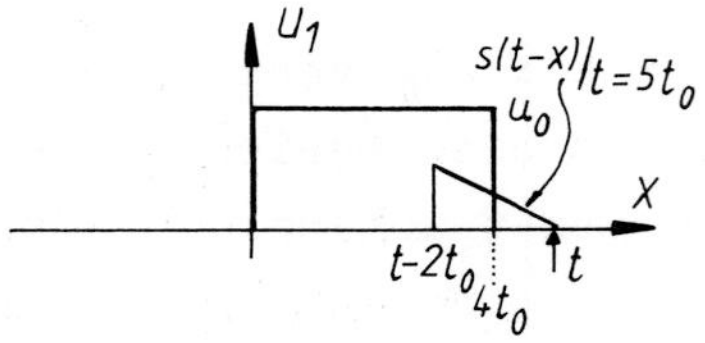

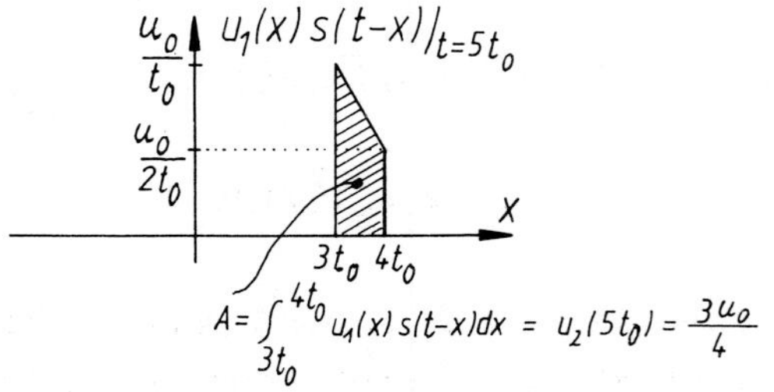

s(t-x) kann im Bereich $4t_0 \leq t \leq 6t_0$ verschoben werden, dabei entsteht immer als Integrand eine Summe aus Rechteck und Dreieck über der Basis $t-2t_0 \leq x = 4t_0$ mit Gesamthöhe u_0/t_0 und von t abhängiger Höhe des Rechtecks.

Damit folgt

für $4t_0 \leq t \leq 6t_0$: $u_2(t) = \int_{-\infty}^{\infty} u_1(x)s(t-x)dx = \int_{t-2t_0}^{4t_0} u_0 \frac{t-x}{2t_0^2}dx =$

$= \ldots = u_0(-t^2/(4t_0^2) + 2t/t_0 - 3) =$

$= u_0(1-(t-4t_0)^2/(4t_0))$

5. Bereich

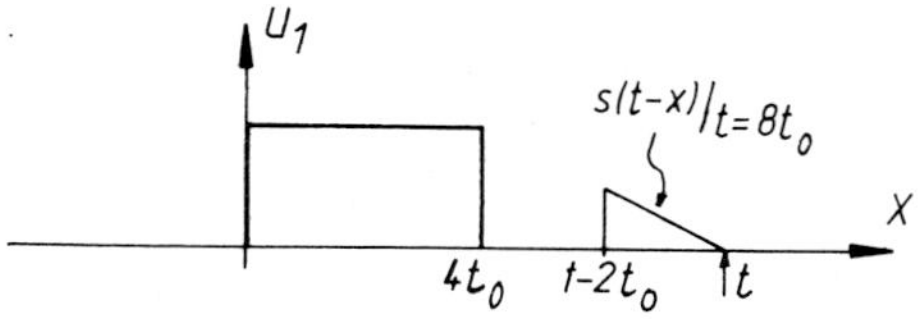

Im Bereich $6t_0 \leq t$ verschwindet wieder der Integrand, weil jeweils einer der Multiplikanden Null ist, damit folgt

für $6t_0 \leq t \leq \infty$: $u_2(t) = 0$

e) Kontrolle an den Bereichsgrenzen auf Übereinstimmung

Bereiche	gemeinsame Grenze	$u_2(t) =$
1.	$t = 0$	$= 0$
2.		$= u_0 t^2/(4t_0^2)\big|_{t=0} = 0$
2.	$t = 2t_0$	$= u_0 t^2/(4t_0^2)\big|_{t=2t_0} = u_0$
3.		$= u_0$
3.	$t = 4t_0$	$= u_0$
4.		$= u_0(-t^2/(4t_0^2) + 2t/t_0 - 3)\big|_{t=4t_0} = u_0$
4.	$t = 6t_0$	$= u_0(-t^2/(4t_0^2) + 2t/t_0 - 3)\big|_{t=6t_0} = 0$
5.		$= 0$

f) Sprünge in u_2

Ein Sprung kann in u_2 auftreten, wenn eine der beiden zu faltenden Funktionen einen Dirac-Impuls enthält und die andere einen Sprung. Beim Drüberschieben taucht damit der Dirac-Impuls plötzlich im Integranden auf bzw. verschwindet plötzlich, der Wert des Integrals springt dabei um das Impulsintegral.

Beispiel

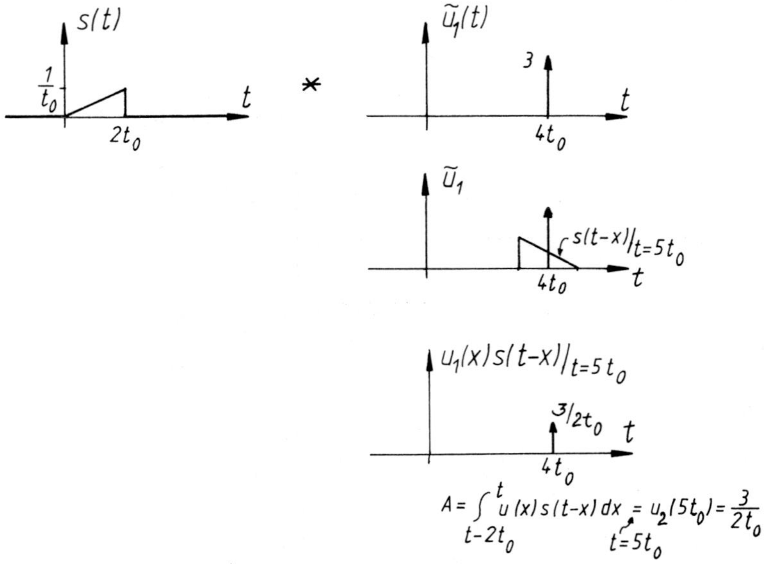

Ergebnis, wenn s(t-x) ganz über $u_1(x)$ hinweggeschoben wurde

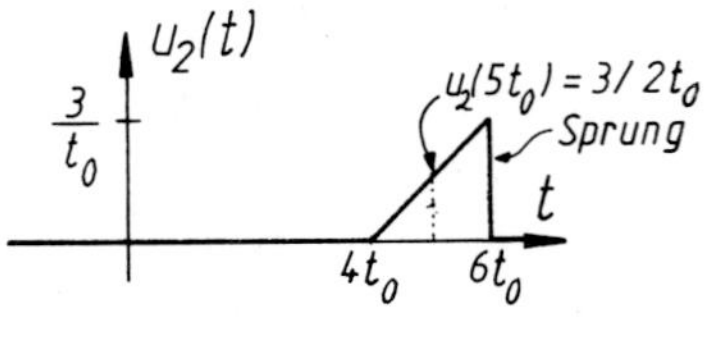

(Faltung mit einem Dirac-Impuls bedeutet Verschiebung und Multiplikation mit dem Impulsintegral. s. L2.3, darum ist $u_2(t) = 3u_1(t - 4t_0)$)

g) Skizze von u_2

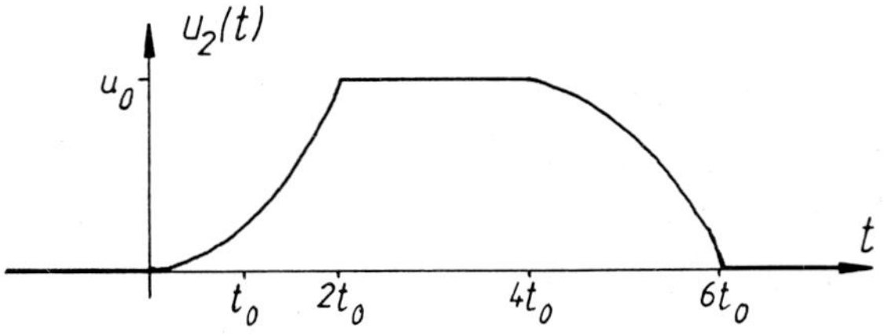

Bereich 1 2 3 4 5

h) Faltungsintegrale, wenn u_1 über s verschoben wird

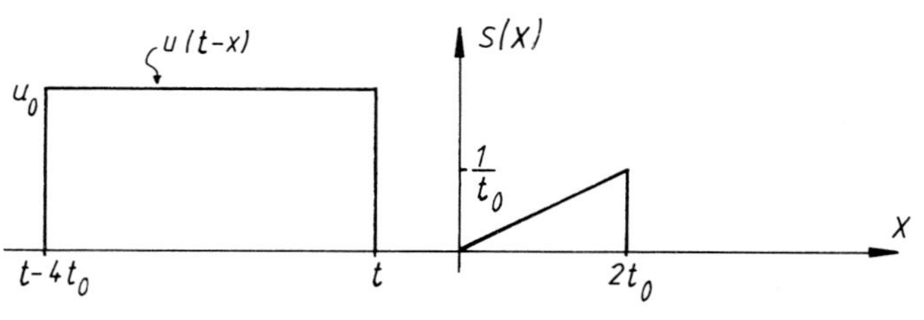

1. $-\infty \leq t \leq 0$: $u_2(t) = 0$

2. $0 \leq t \leq 2t_0$: $u_2(t) = \int_{-\infty}^{\infty} u_1(t-x)s(x)dx = \frac{u_0}{2t_0^2}\int_0^t x\,dx = \ldots$

3. $2t_0 \leq t \leq 4t_0$: $u_2(t) = \ldots = \frac{u_0}{2t_0^2}\int_0^{2t_0} x\,dx = \ldots$ s.(d)

4. $4t_0 \leq t \leq 6t_0$: $u_2(t) = \ldots = \frac{u_0}{2t_0^2}\int_{t-4t_0}^{2t_0} x\,dx = \ldots$

5. $6t_0 \leq t \leq \infty$: $u_2(t) = 0$

i) Unterschiede zwischen (b) und (h)

Der Weg über die Verschiebung von u_1 hat den Vorteil, daß einfachere Integranden auftreten, da u_1 innerhalb der Intetrationsgrenzen konstant ist und der Faktor (t-x) entfällt, der beim Weg (b) die Rechnung länger macht, s. (d).

j) Dimensionsbetrachtung

$$u_1(t) = u_0 \text{ rect } ((t-2t_0)/(4t_0)) = \text{rect } ((t-2t_0)/(4t_0)) \text{ V}$$

(Spannung)

$$s(t) = \frac{t}{2t_0^2} \text{ rect } ((t-t_0)/(2t_0)) = \frac{t}{2} \text{rect } ((t-t_0)/(2t_0)) \text{ s}^{-1}$$

(Impulsantwort)

wenn t in sec. ausgedrückt wird.
Die rect-Funktion ist nach Definition dimensionslos

z.B. im 4. Bereich s. (d)

$$u_2(t) = u_0(-t^2/(4t_0^2) + 2t/t_0 - 3) = (t^2/4 + 2t - 3) \text{ V}$$

(Spannung)

k) Allgemein

wenn am Eingang und Ausgang die gleiche Dimension vorliegt, gilt

$$\text{Dim}\{u_1\} = \text{Dim}\{u_2\} = \text{Dim}\{u\}$$

$$\text{Dim}\{U_1(f)\} = \text{Dim}\{U_2(f)\} = \text{Dim}\{u\}/\text{Dim}\{\text{Frequ.}\}$$

wegen

$$U(f) = \int_{-\infty}^{\infty} \underset{\text{Dim}\{u\}}{u(t)}\ \underset{\text{dim.los}}{e^{-j2\pi ft}}\ \underset{\text{Dim}\{\text{Zeit}\} = 1/\text{Dim}\{\text{Frequ.}\}}{dt}$$

damit ist

$$S(f) = U_2/U_1 \text{ dimensionslos}$$

und

$$\text{Dim}\{s(t)\} = \text{Dim}\Big\{\int_{-\infty}^{\infty} \underbrace{S(f)\, e^{j2\pi ft}}_{\text{dim.los}}\ \underset{\text{Dim}\{\text{Frequ.}\} = \text{Dim}\{1/\text{Zeit}\}}{df}\Big\} = \text{Dim}\{1/\text{Zeit}\}$$

dies folgt auch daraus, daß s(t) die Antwort auf einen Dirac-Impuls ist und wegen Dimensionsgleichheit an Ein- und Ausgang auch dessen Dimension {1/Zeit} haben muß, s. L2.1b.
Die Dimension von s(t) kann auch aus dem Faltungsintegral gewonnen werden:

Wegen

$$u_2(t) = \int_{-\infty}^{\infty} u_1(x)\; s(t-x)\; dx$$

$$\uparrow \text{Dim}\{u\} \qquad \uparrow \text{Dim}\{u\} \quad \uparrow \text{Dim}\{s\} \quad \uparrow \text{Dim}\{\text{Zeit}\}$$

folgt

$$\text{Dim}\{s\} = \text{Dim}\{1/\text{Zeit}\}$$

Die Sprungantwort $\sigma(t)$ ist dagegen dimensionslos, denn

1) $\gamma(t)$ am Eingang ist dimensionslos

2) $\sigma(t) = \int_{-\infty}^{t} s(x)\; dx$

$$\text{Dim}\{1/\text{Zeit}\} \quad \text{Dim}\{\text{Zeit}\}$$

3) $\sigma(t) = \int_{-\infty}^{\infty} \Gamma(f)\; \underbrace{S(f)\; e^{j2\pi ft}}_{\text{dim.los}}\; df$ mit $\Gamma(f) = \delta(f)/2 + 1/(j2\pi f)$

$\Gamma(f)$: Dim{1/Frequ.} df: Dim{Frequ.}

L 5.2 System mit näherungsweise differenzierender Wirkung, Autokorrelations- und Autofaltungsfunktion

a) Autofaltungsfunktion

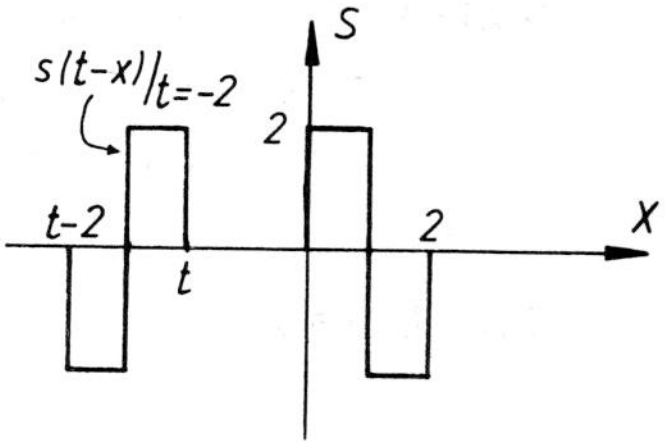

$$u_{21}(t) = s * s = \int_{-\infty}^{\infty} s(x)\; s(t-x)dx;$$

$$u_{21}(t) \begin{cases} = 0, & t \leq 0 \\ = \int_0^t 4dx = 4t, & 0 \leq t \leq 1 \\ = -\int_0^{t-1} 4dx + \int_{t-1}^{1} 4dx - \int_1^t 4dx = \ldots = 4(4-3t), & 1 \leq t \leq 2 \\ = -\int_{t-2}^{1} 4dx + \int_1^{t-1} 4dx - \int_{t-1}^{2} 4dx = \ldots = 4(3t-8), & 2 \leq t \leq 3 \\ = \int_{t-2}^{2} 4dx = 4(4-t), & 3 \leq t \leq 4 \\ = 0, & t \geq 4 \end{cases}$$

b) Skizze $s * s$

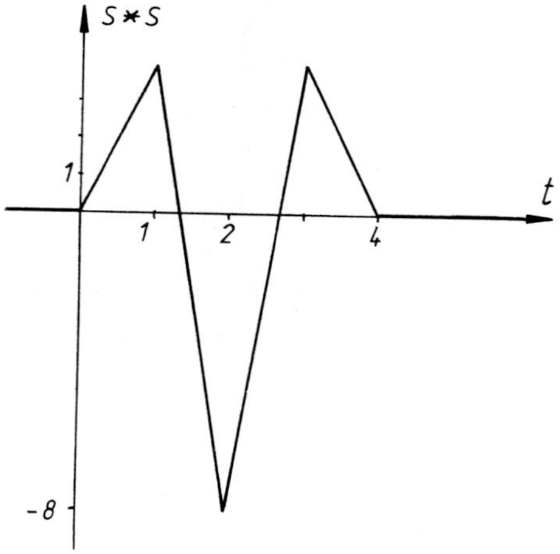

c) Autokorrelationsfunktion

$$u_{22}(t) = s(t) * s^*(-t) \overset{\text{s reell}}{=} s(t) * s(-t)$$

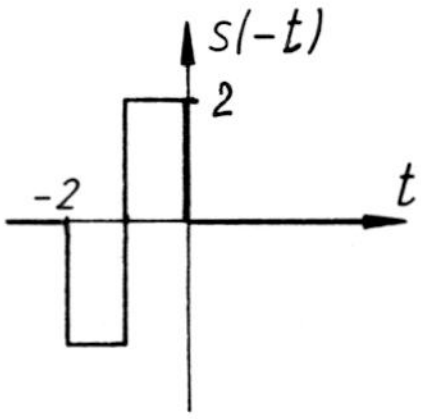

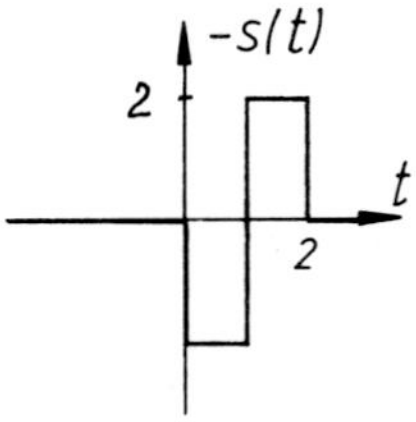

$$s(-t) = -s(t+2) \overset{\text{Verschiebung durch Faltung ausgedrückt, s. L2.3}}{=} -s(t) * \delta(t+2)$$

damit gilt

$$u_{22}(t) = s(t)*s(-t) = -\underbrace{s(t)*s(t)}_{u_{21}}*\delta(t+2) = -u_{21}(t)*\delta(t+2) =$$

$$= -u_{21}(t+2) \quad \text{mit } u_{21} \text{ s. (a)}$$

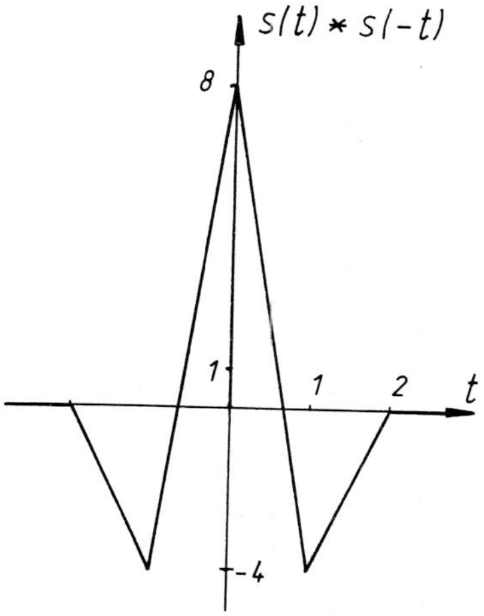

d) Skizzen von s'(t) und s'(-t)

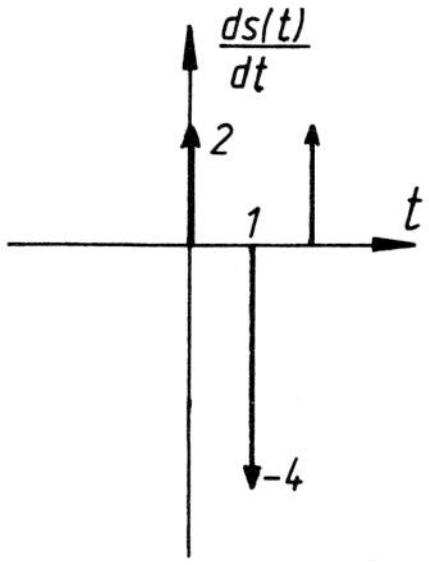

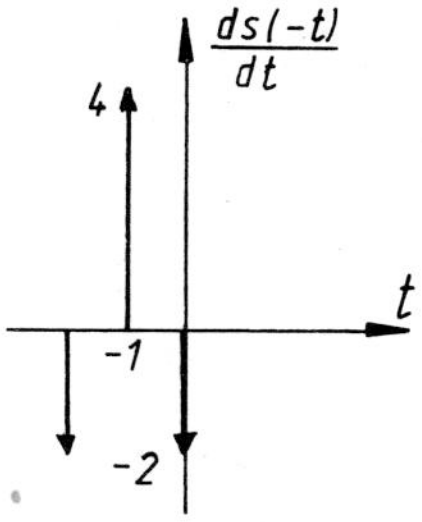

e) Zusammenhang von s mit δ' bei Serienschaltung

$$s(t) = \delta'(t) * s_1(t) = \frac{d}{dt} s_1(t)$$

damit

$$s_1(t) = \int_{-\infty}^{t} s(t)dt = \sigma(t) = 2(1-|t-1|) \text{ rect } ((t-1)/2)$$

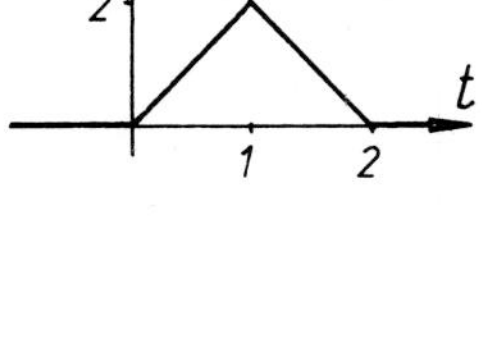

f) Blockschaltbild

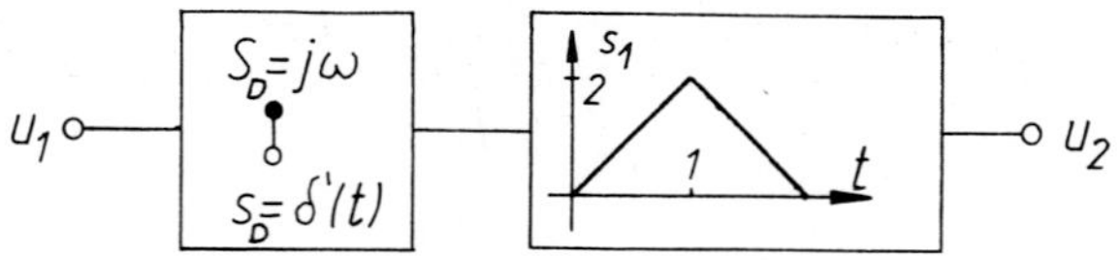

g) Antwort auf periodische Rechteckfunktion

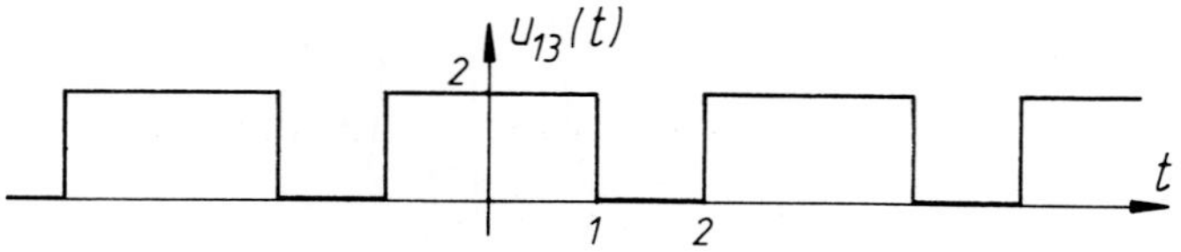

$$u_{23}(t) = u_{13} * s = u_{13} * \delta' * s_1$$

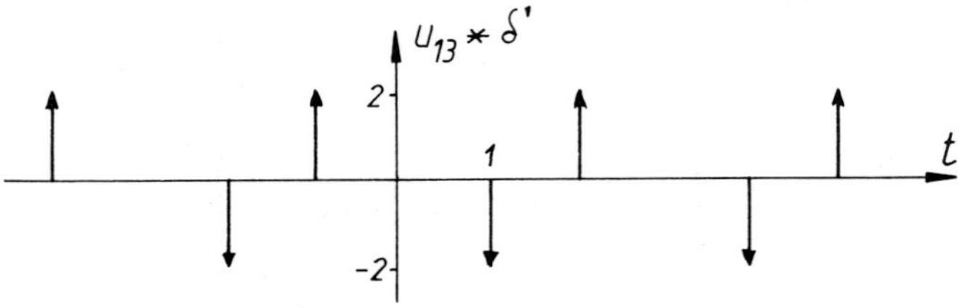

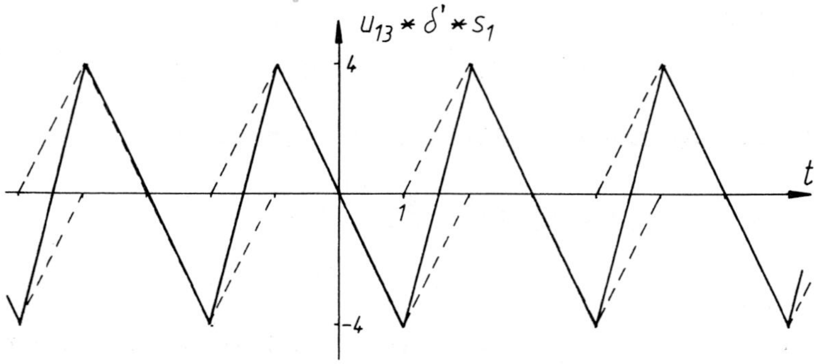

h) $\mathcal{F}\{s(t) * s^*(-t)\}$

$$u_{22}(t) = s(t) * s^*(-t)$$

Satz der konjugiert komplexen Funktion, s. MS S.79

$$U_{22}(f) = S(f) \cdot S^*(f)$$

oder

$$\int_{-\infty}^{\infty} s^*(-t)e^{-j2\pi ft}\,dt \overset{-t=t'}{=} \left[\int_{-\infty}^{\infty} s(t')e^{-j2\pi ft'}\,dt'\right]^* = \overset{*}{S}(f)$$

damit folgt

$U_{22}(f) = |S(f)|^2$ (Leistungsspektrum von s(t))

i) Symmetrie der AKF

1. Beweis

s reell, Zuordnungssatz

$$s \circ\!\!-\!\!\bullet\, S_{Rg} + jS_{Ju}$$

damit ist $|S| = (S_{Rg}^2 + S_{Ju}^2)^{1/2}$ gerade

und ebenso

$$s(t) * s(-t) \circ\!\!-\!\!\bullet\, |S|^2 \quad \text{gerade}$$

oder

2. Beweis

$$u_{22}(t) = s(t) * s(-t)$$
$$u_{22}(-t) = s(-t) * s(t)$$

Da die Faltung vertauschbar ist ($a * b = b * a \circ\!\!-\!\!\bullet\, AB = BA$) folgt

$$u_{22}(t) = u_{22}(-t), \quad \text{gerade Funktion}$$

j) Übertragungsfunktion S(f)

nach (e) gilt

$$s(t) = \delta'(t) * s_1(t)$$

mit

$$s_1(t) = 2(1-|t-1|)\,\mathrm{rect}\frac{t-1}{2} = \left(2(1-|t|)\,\mathrm{rect}\frac{t}{2}\right) * \delta(t-1)$$

folgt

$$\delta'(t) \circ\!\!-\!\!\bullet$$

$$S(f) = j2\pi f \cdot 2\,\mathrm{si}^2(\pi f) \cdot e^{-j2\pi f}$$

(Angabe: $\mathrm{si}^2(\pi f)$; Verschiebungssatz: $e^{-j2\pi f}$)

L 5.3 Bekannte systemtheoretische und mathematische Operationen ausgedrückt durch Faltung

a) Operation, die den Faltungen mit s_i entsprechen

1) $$u_{21} = u_1 * \gamma(t) = \int_{-\infty}^{\infty} u_1(x)\gamma(t-x)dx = \int_{-\infty}^{t} u_1(x)dx$$

Integration; falls u_1 eine Impulsantwort, ist u_{21} die Sprungantwort

2) $$u_{22} = u_1 * \frac{1}{\pi t} = \frac{1}{\pi}\int_{-\infty}^{\infty} \frac{u_1(x)}{t-x}\, dx = \mathcal{H}\{u_1\}$$

Hilberttransformation, s. MS S.114ff.

3) $$u_{23} = u_1 * \delta(t) = \int_{-\infty}^{\infty} u_1(x)\delta(t-x)dx = u_1(t)\int_{-\infty}^{\infty}\delta(x)dx = u_1(t)$$

Identität

4) $$u_{24} = u_1 * \frac{1}{2t_0}\operatorname{rect}\frac{t}{2t_0} = \frac{1}{2t_0}\int_{-\infty}^{\infty} u_1(x)\operatorname{rect}\frac{t-x}{2t_0}\,dx = \frac{1}{2t_0}\int_{t-t_0}^{t+t_0} u_1(x)dx$$

lokale Mittelwertbildung im Fenster der Breite $2t_0$

5) $$u_{25} = u_1 * \delta(t+t_0) = \int_{-\infty}^{\infty} u_1(x)\ (t+t_0-x)dx = u_1(t+t_0)$$

Verschiebung an den Ort des Dirac-Impulses, s. L2.3a

6) $$u_{26} = u_1 * \delta'(t) = \frac{d}{dt}u_1(t)$$

Differentiation, s. L2.3b

7) $$u_{27} = u_1 * (\gamma(t)\cdot t) = u_1 * \gamma(t) * \gamma(t) = \int_{-\infty}^{t}(u_1(x)*\gamma(x))\,dx =$$

$$= \int_{-\infty}^{t}\int_{-\infty}^{x} u_1(\tau)d\tau dx$$

zweifache Integration, s. 1)

8) $$u_{28} = u_1 * e^{j2\pi f_0 t} = \int_{-\infty}^{\infty} u_1(x)e^{j2\pi f_0(t-x)}\,dx =$$

$$= e^{j2\pi f_0 t}\int_{-\infty}^{\infty} u_1(x)e^{-j2\pi f_0 x}\,dx = U_1(f_0)e^{j2\pi f_0 t}$$

Ausfiltern der Fourierbasisfunktion mit Frequenz f_0

Im Spektrum: $U_{28}(f) = U_1(f)\cdot\delta(f-f_0) = U_1(f_0)\delta(f-f_0)$

9) $u_{29} = u_1 * \gamma(t)e^{j(\omega_0 t-\varphi_0)} = \int_{-\infty}^{\infty} u_1(x)\gamma(t-x)e^{j(\omega_0(t-x)-\varphi_0)}\,dx =$

$$= e^{j(\omega_0 t-\varphi_0)}\int_{-\infty}^{t} u_1(x)e^{-j\omega_0 x}\,dx \overset{\text{s. L8.3}}{=} e^{-j(\omega_0 t-\varphi_0)}\underline{\sigma}_H(t)$$

falls u_1 eine Impulsantwort, ist u_{29} die Wechselsignalsprung-antwort.

Im Spektrum: $U_{29}(f) = U_1(f)\,e^{-j\varphi_0}\,\Gamma(f-f_0)$

10) $u_{210} = u_1 * \sum_k \delta(t-kt_0) \overset{\text{s. 5)}}{=} \sum_k u_1(t-kt_0)$

periodische Wiederholung $\hat{=}$ Abtastung des Spektrums s. L1.3

b) Skizzen für alle u_{2i} mit $u_1 = \mathrm{rect}\,\frac{t}{2t_0}$

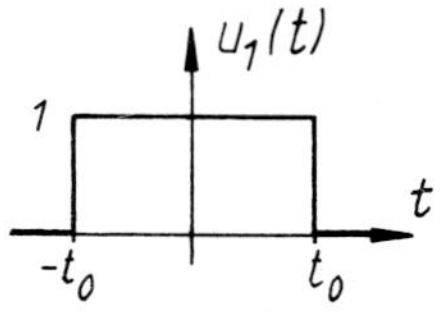

1)

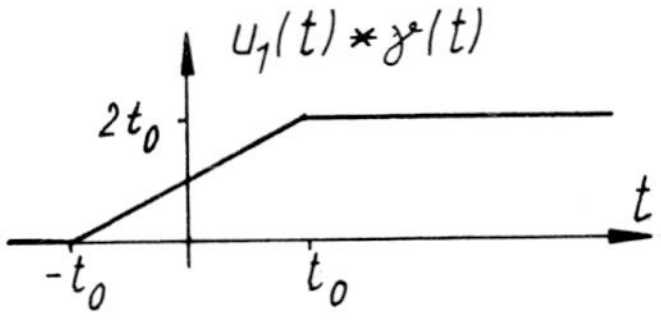

2)

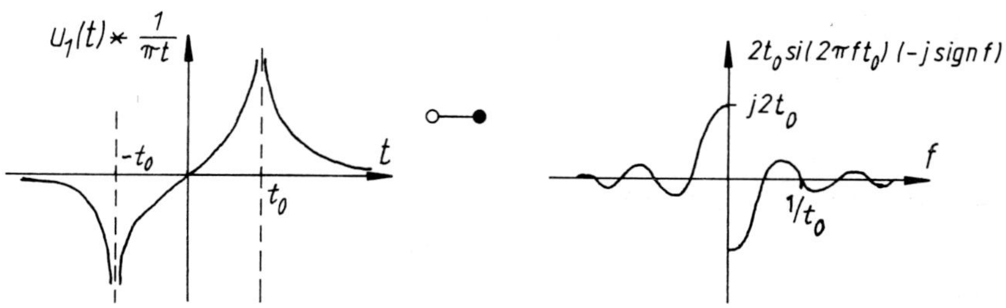

3)

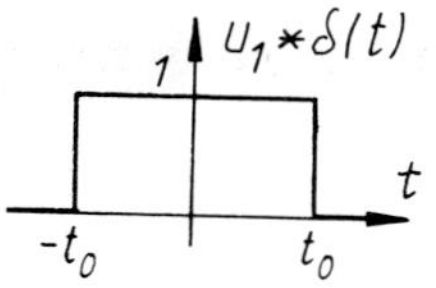

4)

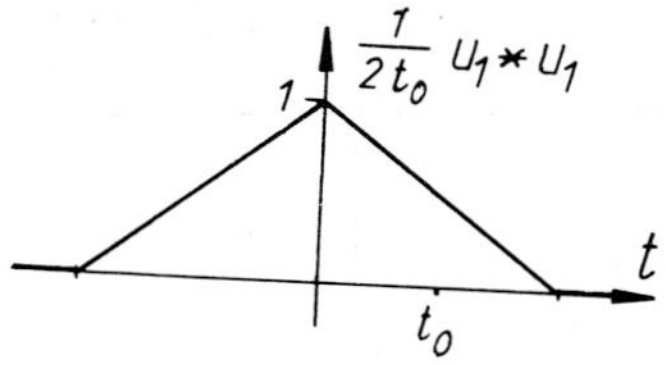

5)

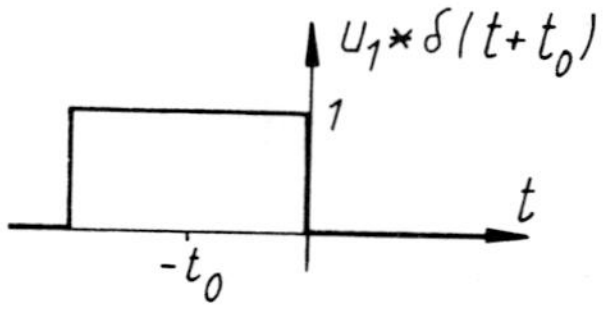

6)

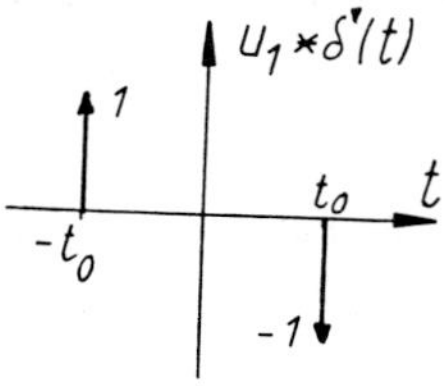

7)

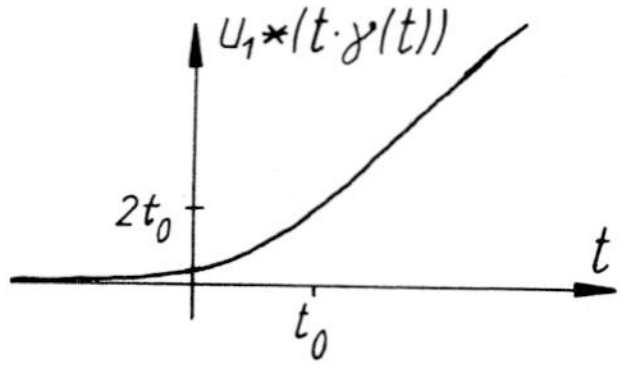

8)

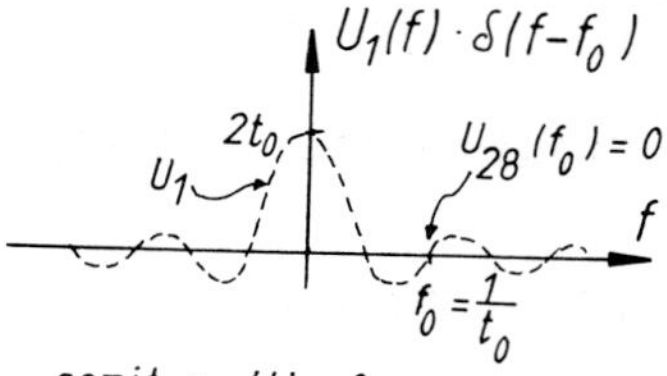

somit $u_{28}(t) = 0$

9)

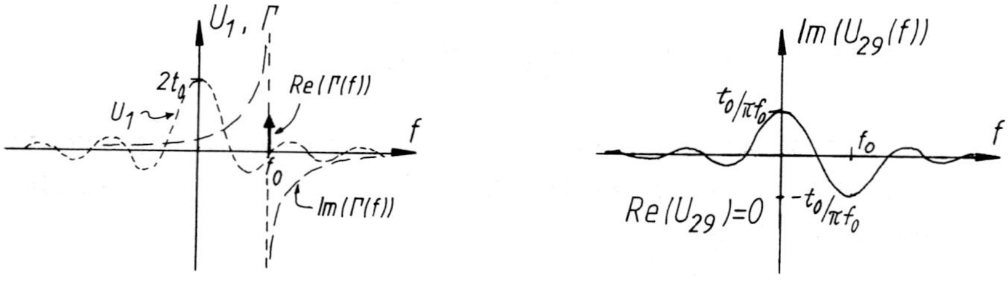

nach Wechselsignalsprungverfahren gilt

$u_{29}(t) = e^{j(\omega_0 t - \varphi_0)}\, \underline{\sigma}_H(t)$ und

$\underline{\sigma}_H(t)$ ist die (Gleichsignal-)Sprungantwort des Hilfssystems S_H

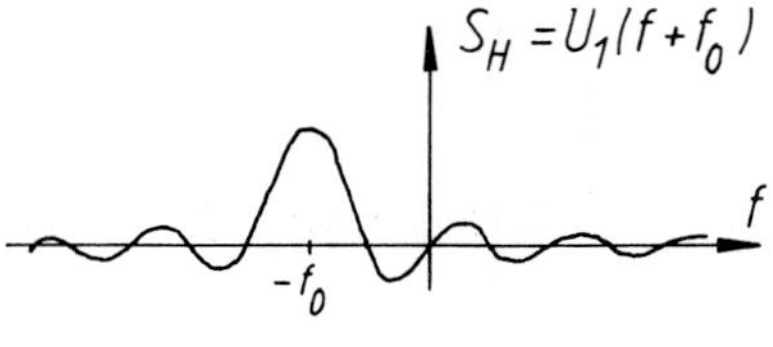

10) 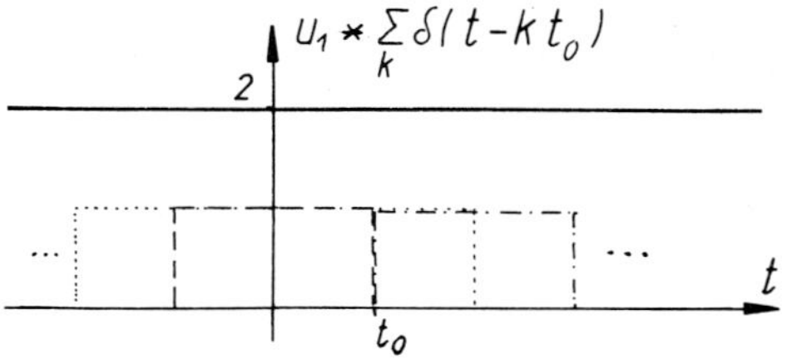

(jeweils zwei rect-Funktionen überlappen sich zur Hälfte)

c) Bestimmung der Hilbert-Transformation u_{22}

Wege:

c1) Faltung auswerten

$$u_{22} = \frac{1}{\pi} \int_{-\infty}^{\infty} \frac{u_1(x)}{t-x}\, dx$$

c2) Fourier-Tabelle benutzen

$$u_{22} = \mathcal{H}\{u_1\}$$

mit
$$\begin{array}{ccccccc} u & = & u_g & + & u_u & = u_g & + \operatorname{sign}(t)\cdot u_u \text{, für } u \text{ kausal} \\ \circ\!\!-\!\!\bullet & & \circ\!\!-\!\!\bullet & & \circ\!\!-\!\!\bullet & & \\ U & = & U_{Rg} & + & jU_{Ju} & = U_{Rg} & + j\mathcal{H}\{U_{Rg}\} \end{array}$$

enthält jede Fouriertabelle auch Hilbert-Korrespondenzen, und dem Vertauschungssatz, MS S.85 läßt sich u_{22} finden, s. Beispiel 7.4

c3) Hilberttransformation über Spektralbereich

$$u_{22} = \mathcal{H}\{u_1\} = \frac{1}{\pi t} * u_1 \quad \circ\!\!-\!\!\bullet \quad -j\operatorname{sign}(f) U_1 = U_{22} \bullet\!\!-\!\!\circ \; u_{22}$$

U_1 ist gegeben

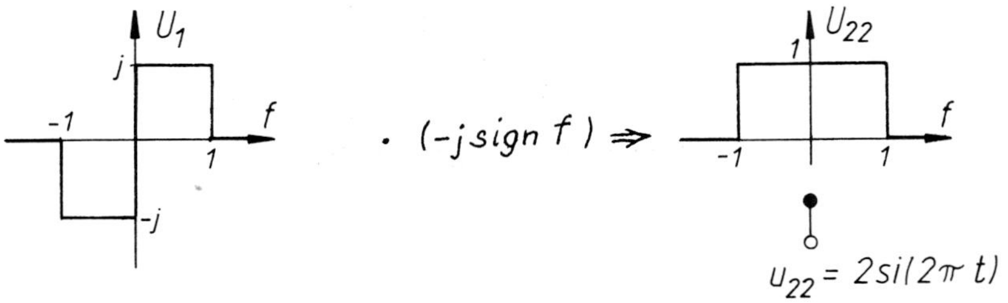

L 5.4 Antwort eines Schmalbandfilters auf einen Rechteckimpuls

a) Übertragungsfunktion

$$s(t) = \gamma(t)e^{-at}\cos\omega_0 t$$

$$S_L(p) = \frac{p+a}{(p+a)^2+\omega_0^2}$$

Pole liegen links wegen der Dämpfung mit e^{-at}, s. L3.4

$$S(f) = S_L(j\omega) = \ldots$$

oder mit

$$\gamma(t)e^{-at} \circ\!\!-\!\!\bullet \left.\frac{1}{p+a}\right|_{p=j\omega} = \frac{a^2}{a^2+\omega^2} - j\,\frac{\omega}{a^2+\omega^2} = A(\omega)$$

und $\cos\omega_0 t \circ\!\!-\!\!\bullet \frac{1}{2}(\delta(f-f_0) + \delta(f+f_0))$

folgt

$$S(f) = \frac{1}{2}(A(f-f_0) + A(f+f_0))$$

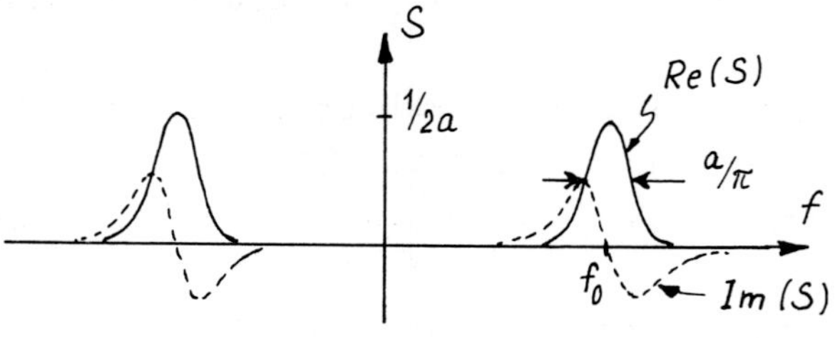

b) Antwort auf u_1

$$u_2(t) = u_1 * s = \int_{-\infty}^{\infty} u_1(t-x)s(x)dx =$$

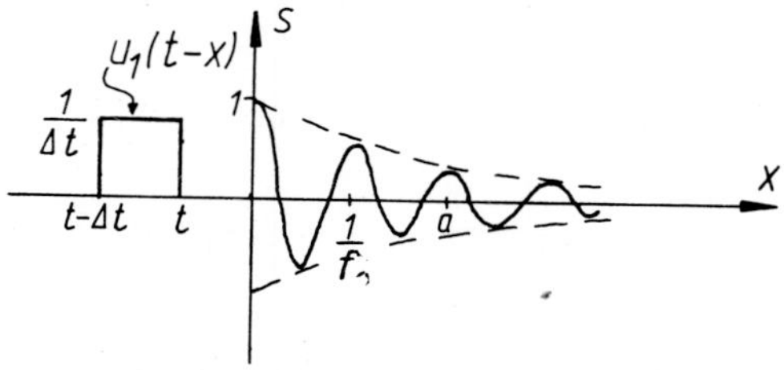

$$= \begin{cases} = 0, & t \leq 0 \\ = \frac{1}{\Delta t} \int_0^t s(x)dx = \frac{1}{\Delta t}\sigma(t), & 0 \leq t \leq \Delta t \\ = \frac{1}{\Delta t} \int_{t-\Delta t}^t s(x)dx, & t \geq \Delta t \end{cases}$$

$0 \leq t \leq \Delta t$:

Formelsammlung: $\int e^{ax} \cos bx dx = \frac{e^{ax}}{a^2+b^2}(b\sin bx + a\cos bx)$

$$u_2(t) = \frac{1}{\Delta t} \int_0^t e^{-ax} \cos \omega_0 x dx = \ldots = \frac{1}{(a^2+\omega_0^2)\Delta t}\left(e^{-at}(\omega_0 \sin \omega_0 t - a \cos \omega_0 t) + a\right)$$

$\Delta t \leq t$:

Formelsammlung s. oben

$$u\ (t) = \frac{1}{\Delta t} \int_0^t e^{-ax} \cos \omega_0 x dx = \ldots =$$

$$= \frac{e^{-at}}{(a^2+\omega_0^2)\Delta t}\Big(\sin \omega_0 t(\omega_0 - e^{a\Delta t}(\omega_0 \cos \omega_0 \Delta t - a\sin \omega_0 \Delta t)) -$$

$$- \cos \omega_0 t(a - e^{a\Delta t}(\omega_0 \sin \omega_0 \Delta t + a\cos \omega_0 \Delta t))\Big)$$

Kontrolle an der gemeinsamen Bereichsgrenze $t = \Delta t$

2. Bereich: $u_2(\Delta t) = \frac{1}{(a^2+\omega_0^2)\Delta t}\left(e^{-a\Delta t}(\omega_0 \sin \omega_0 \Delta t - a\cos \omega_0 \Delta t)+a\right)$

3. Bereich: $u_2(\Delta t) = \ldots =$

$$= \frac{e^{-a\Delta t}}{(a^2+\omega_0^2)\Delta t}\left(\omega_0 \sin \omega_0 \Delta t - a\cos \omega_0 \Delta t - e^{a\Delta t} a\right) =$$

$= u_2(\Delta t)$ 2.Bereich

c) $u_2(t)$ für $a=0$ und $\Delta t = 8\pi/\omega_0 = 4/f_0$

$t \leq 0$: $\quad u_2(t) = 0$

$0 \leq t \leq \Delta t$: $u_2(t) = \frac{1}{8\pi\omega_0}\left(\omega_0 \sin \omega_0 t\right) = \sin(\omega_0 t)/(8\pi)$

$$t \geq \Delta t: \qquad u_2(t) \overset{\omega_0 \Delta t = 8\pi}{=} \frac{1}{8\pi\omega_0}\left(\omega_0 \sin\omega_0 t - \omega_0 \sin\omega_0 t\right) = 0$$

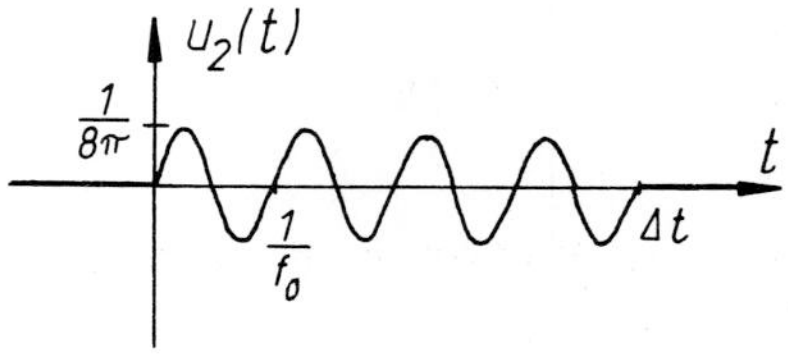

d) Erklärung des Ergebnisses von (c) mittels Sprungantworten

$$u_1(t) = \frac{1}{\Delta t} \operatorname{rect} \frac{t-\Delta t/2}{\Delta t} = (\gamma(t) - \gamma(t-\Delta t)/\Delta t$$

damit ist

$$u_2(t) = (\sigma(t) - \sigma(t-\Delta t))/\Delta t$$

$$\text{mit } \sigma(t) \overset{s \text{ kausal}}{=} \gamma(t) \int_0^t s(t)dt = \gamma(t) \int_0^t \cos\omega_0 t dt = \frac{\gamma(t)}{\omega_0} \sin\omega_0 t$$

folgt

$$u_2(t) = \frac{1}{\omega_0 \Delta t}\left(\gamma(t) \sin\omega_0 t - \gamma(t-\Delta t) \sin\omega_0(t-\Delta t)\right) \overset{\Delta t = 8\pi/\omega_0}{=}$$

$$= \frac{1}{8\pi} \sin\omega_0 t \left(\gamma(t) - \gamma(t-\Delta t)\right)$$

e) Interpretation bei Vertauschung von Eingang und Impulsantwort ($a=0$, $\Delta t = 8\pi/\omega_0$)

Eingang: $\tilde{u}_1(t) = s(t) = \gamma(t)\cos\omega_0 t$

System : $\tilde{s}(t) = u_1(t) = \frac{1}{\Delta t} \operatorname{rect}((t-\Delta t/2)/\Delta t)$

$u_2(t)$ ist die Wechselsignalsprungantwort eines Spalttiefpasses mit kausaler Impulsantwort. Die Wechselfrequenz $f = 4/\Delta t$ fällt auf eine Nullstelle der Übertragungsfunktion, $u_2(t)$ ist daher nur die Antwort auf das Einschalten. (Dieses Beispiel wird in L8.3 genauer analysiert.)

L 6.1 Vereinfachung von Fourierkorrespondenzen mittels Differentiationssatz

a) idealer Differenzierer

$$S(f) = j2\pi f = j2\pi f \cdot 1$$

$\updownarrow$ $\qquad$ $\updownarrow$ $\updownarrow$ nach Differentiationssatz, s. MS S.90

$$s(t) = \frac{d}{dt}\delta(t) = \delta'(t)$$

$$\sigma(t) = \int_{-\infty}^{t} s(t)dt = \gamma(t) * \delta'(t) = \delta(t)$$

b) Korrespondenz $d(t) \circ\!\!-\!\!\bullet\; e^{-\varepsilon|f|}$

$$e^{-\varepsilon|f|} = \gamma(f)e^{-\varepsilon f} + \gamma(-f)e^{\varepsilon f}$$

mit Zerlegung des Teils für positive f in geraden und ungeraden Teil und Zuordnungssatz ergibt sich

$$\gamma(f)\, e^{-\varepsilon f} = e^{-\varepsilon|f|}/2 + e^{-\varepsilon|f|}\,\mathrm{sign}(f)/2$$

$$\updownarrow$$

$$a(t) = a_{Rg}(t) + ja_{Ju}(t)$$

und daraus folgt

$$e^{-\varepsilon|f|} \bullet\!\!-\!\!\circ\; 2a_{Rg}(t)$$

Bekannt oder leicht bestimmbar ist das Spektrum der exponentiellen Dämpfung, s. L3.4

$$a(\omega) = 1/(\varepsilon+p)\Big|_{p=j\omega} = \frac{\varepsilon}{\varepsilon^2+\omega^2} - \frac{j\omega}{\varepsilon^2+\omega^2}$$

mit Vertauschungssatz folgt daher

$$e^{-\varepsilon|f|} \bullet\!\!-\!\!\circ\; \frac{2\varepsilon}{\varepsilon^2+4\pi^2t^2} = d(t)$$

oder über Differentiationssatz s.(j)
(s. auch exponentieller Dämpfungsfaktor der FT, MS S.16)

Für $\varepsilon \to 0$ folgt der Übergang zum Dirac-Impuls, da das Spektrum konstant gleich eins wird, (s. L2.2 und MS S.16)

$$\lim_{\varepsilon \to 0} e^{-\varepsilon|f|} = 1 \bullet\!\!-\!\!\circ \lim_{\varepsilon \to 0} \frac{2\varepsilon}{\varepsilon^2 + 4\pi^2 t^2} = \delta(t)$$

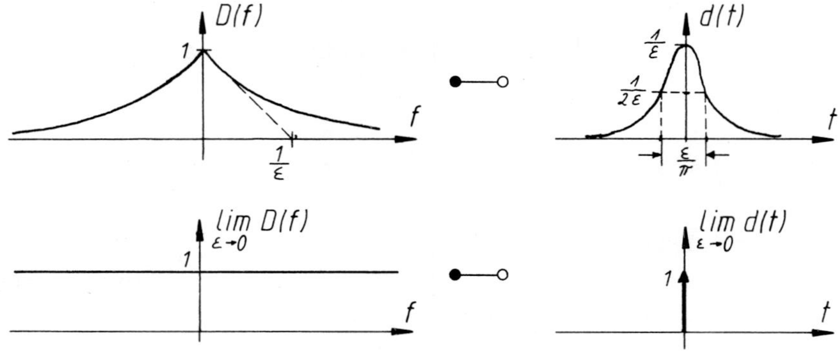

c) Korrespondenz $\frac{d}{dt}\, d(t) = d_1(t) \circ\!\!-\!\!\bullet D_1(f)$

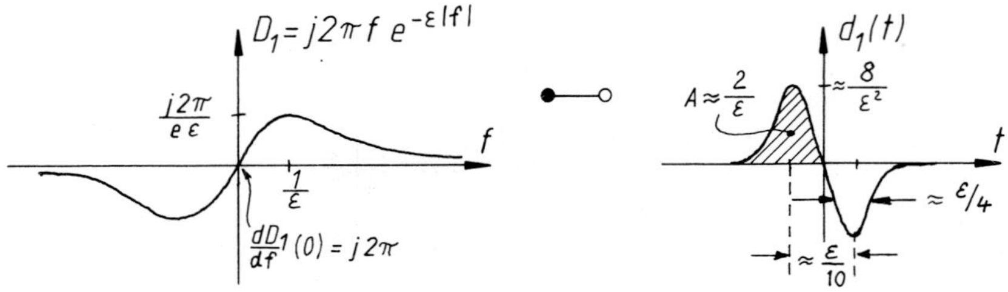

$$d_1 = \frac{d}{dt}\,\frac{2\varepsilon}{\varepsilon^2 + 4\pi^2 t^2} = \frac{-16\,\varepsilon\pi^2 t}{(\varepsilon^2 + 4\pi^2 t^2)^2}$$

$$\lim_{\varepsilon \to 0} D_1 = j2\pi f \bullet\!\!-\!\!\circ \lim_{\varepsilon \to 0} d_1 = \delta'(t)$$

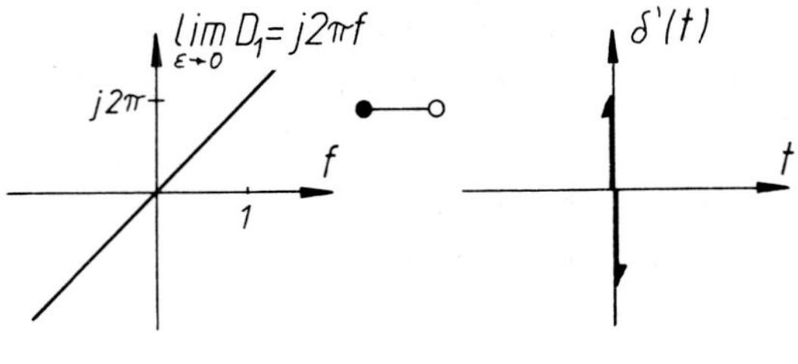

d) Weitere Approximationen für $\delta'(t)$

z.B.

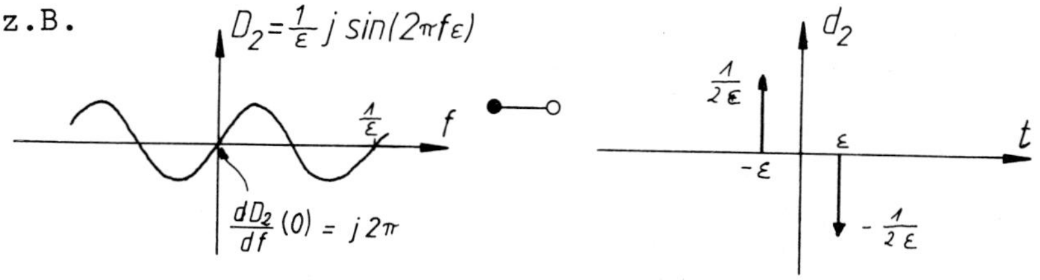

oder

Faltungsansatz für d_2:

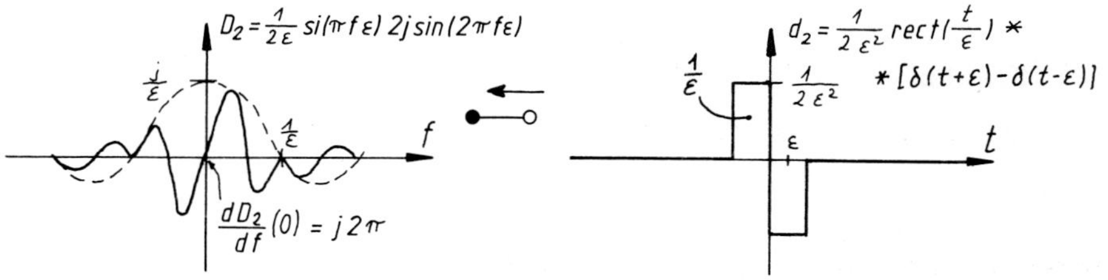

oder

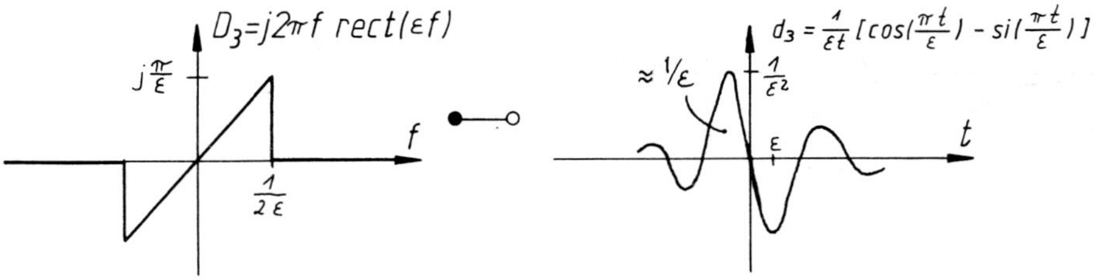

Berechnung unter (e) oder s. L1.3e

$t \; rect\,(t/T)$ ○—● $jT(\cos \pi fT - si\, \pi fT)/(2\pi f)$

mit $T=1/\varepsilon$ und Multiplikationssatz, s. MS S.77
$j2\pi t \; rect\,(\varepsilon t)$ ○—● $-\, 2\pi(\cos \pi f/\varepsilon \, - \, si\, \pi f/\varepsilon)/(2\pi\varepsilon f)$

und Vertauschungssatz, s. MS S.85
$j2\pi f \; rect\,(\varepsilon f)$ ●—○ $(\cos \pi t/\varepsilon \, - \, si\, \pi t/\varepsilon)/(t\varepsilon)$

e) Skizze

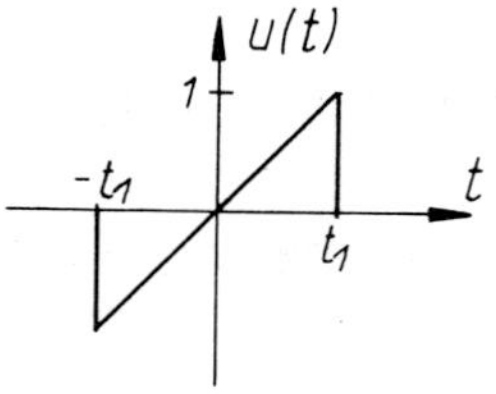

f) Rückführung auf einfacher zu transformierende Funktion mit einmaliger Differentiation

$$\frac{du}{dt} = \mathrm{rect}(t/2t_1)/t_1 - \underbrace{\delta(t+t_1) - \delta(t-t_1)}$$

$\circ\!\!-\!\!\bullet$ Diff.satz

$$j2\pi f U(f) = 2\,\mathrm{si}\,\pi f 2t_1 - 2\cos 2\pi f t_1$$

und damit

$$U(f) = j(\cos 2\pi f t_1 - \mathrm{si}\, 2\pi f t_1)/(\pi f)$$

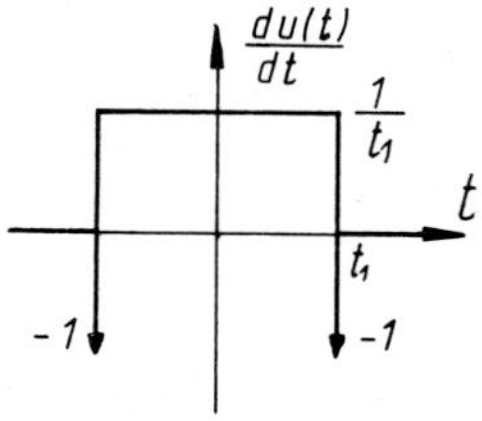

der letzte Schritt ist eine Integration im Zeitbereich, s. MS S.94

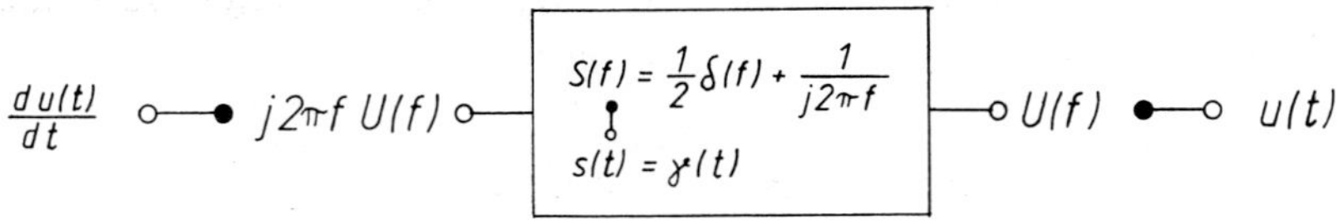

idealer Integrator

g) Rückführung auf Diracimpulse

$u(t)$

↓ 1. Differentiation, s.(f)

$$\frac{du}{dt} = \underbrace{\mathrm{rect}(t/2t_1)/t_1}_{\dot{u}_1} - \underbrace{\delta(t+t_1) - \delta(t-t_1)}_{\dot{u}_2}$$

$\dot{u}_2$ (bereits nur Dirac-Impulse) $\circ\!\!-\!\!\bullet$ $j2\pi f U_2 = -2\cos 2\pi f t_1$

$\dot{u}_1$ — 2. Differentiation

$$\ddot{u}_1 = \delta(t+t_1)/t_1 - \delta(t-t_1)/t_1$$

$\circ\!\!-\!\!\bullet$

$$(j2\pi f)^2\, U_1 = j\frac{2}{t_1} \sin 2\pi f t_1$$

mit $\quad u = u_1 + u_2 \circ\!\!-\!\!\bullet\, U = U_1 + U_2$
folgt

$$U(f) = \frac{1}{-4\pi^2 f^2}\; j\frac{2}{t_1}\,\sin 2\pi f t_1 + j(\cos 2\pi f t_1)/(\pi f)$$

$$= j(\cos 2\pi f t_1 - \mathrm{si}\; 2\pi f t_1)/(\pi f), \text{ s.(f)}$$

h) Spektrum, falls u eine konstante Komponente enthält

$u_k(t) = u(t) + 1$

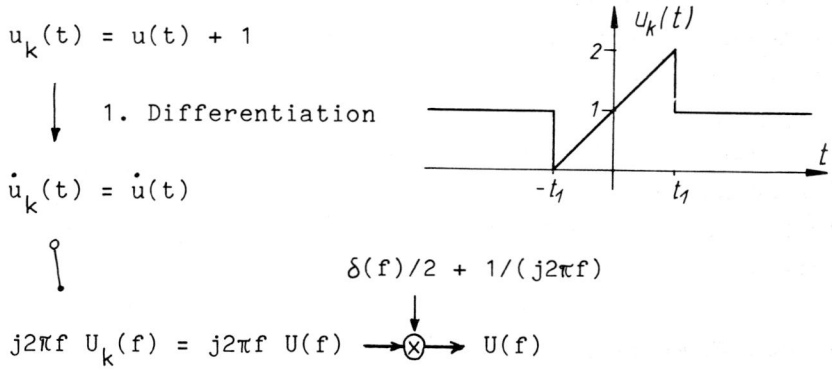

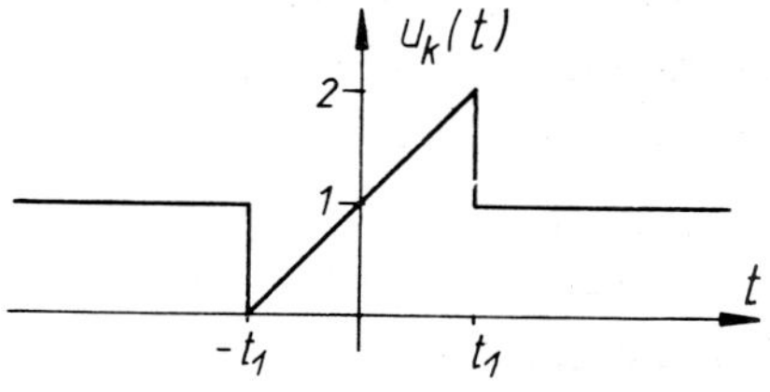

$\downarrow$ 1. Differentiation

$\dot{u}_k(t) = \dot{u}(t)$

$\circ\!\!-\!\!\bullet$ (vertikal)

$\delta(f)/2 + 1/(j2\pi f)$

$j2\pi f\; U_k(f) = j2\pi f\; U(f) \longrightarrow \otimes \longrightarrow U(f)$

Ergebnis

$U_k(f) \overset{?}{=} U(f)$

Dies kann nicht stimmen, da die FT eine eindeutige Zuordnung darstellt!

i) Erweiterung der Methoden aus (f) und (g)

Abspalten von konstantem Anteil (für die 1. Differentiation) oder von den Anteilen der Form const$\cdot f^n$ (für n+1 Differentiationen), die beim Differenzieren verschwinden.
Hier:

$u_k(t) = u(t) + 1$ $\quad 1 \circ\!\!-\!\!\bullet\, \delta(f)$

$\downarrow$ 1. Diff.

$\dot{u} = \ldots$

$\circ\!\!-\!\!\bullet$ (vertikal)

$j2\pi f\; U = \ldots$

Ergebnis:

$U_k(f) = U(f) + \delta(f)$

j) Zeitfunktion zu $\gamma(f)e^{-\varepsilon f}$ über Differentiationssatz

$D_k(f) = \gamma(f)e^{-\varepsilon f}$

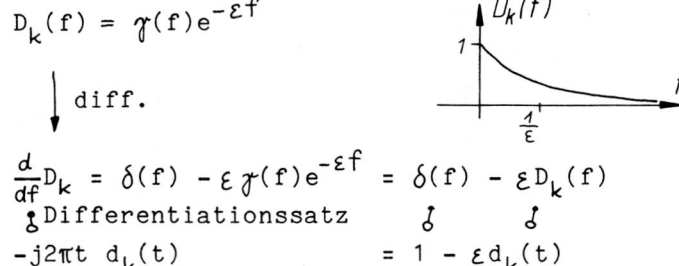

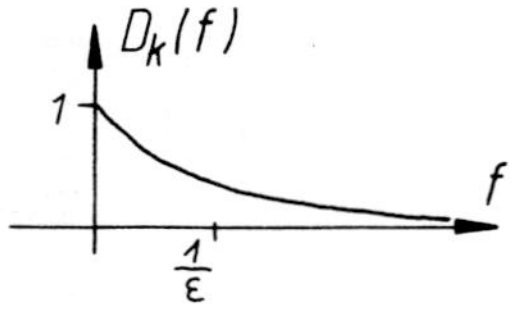

$\downarrow$ diff.

$$\frac{d}{df}D_k = \delta(f) - \varepsilon\gamma(f)e^{-\varepsilon f} = \delta(f) - \varepsilon D_k(f)$$

$\circ\!\!-\!\!\bullet$ Differentiationssatz $\quad \circ\!\!-\!\!\bullet \quad \circ\!\!-\!\!\bullet$

$$-j2\pi t\ d_k(t) = 1 - \varepsilon d_k(t)$$

damit folgt

$$d_k(t) = \frac{1}{\varepsilon - j2\pi t} = \frac{\varepsilon}{\varepsilon^2 + 4\pi^2 t^2} + j\,\frac{2\pi t}{\varepsilon^2 + 4\pi^2 t^2}$$

vgl. mit $a(\omega)$ in (b)!

L 6.2 Abgeschrägter Rechteckimpuls

a) $U(f)$ reell oder komplex ?

$u(t)$ enthält einen geraden und einen ungeraden Anteil, daher gilt

$u(t) = u_g(t) + u_u(t)$

$\circ\!\!-\!\!\bullet \quad \circ\!\!-\!\!\bullet \quad \circ\!\!-\!\!\bullet$ Zuordnungssatz

$U(f) = U_{Rg}(f) + jU_{Ju}(f)$,

$U(f)$ ist komplex

b) Symmetrie

Aus (a) folgt: $\mathrm{Re}\{U\}$ gerade, $\mathrm{Im}\{U\}$ ungerade

wegen $|U| = (U_{Rg}^2 + U_{Ju}^2)^{1/2}$, folgt $|U|$ gerade

wegen $b_u = -\mathrm{artan}\,(U_{Ju}/U_{Rg})$, folgt b ungerade

c) Bestimmung von $U(f)$ mittels Tabellen-Korrespondenz

$$u(t) = 4\ \mathrm{rect}(t/2t_0) + \frac{t}{t_0}\ \mathrm{rect}(t/2t_0)$$

$\circ\!\!-\!\!\bullet \quad \circ\!\!-\!\!\bullet \quad \circ\!\!-\!\!\bullet$

$$U(f) = 8t_0\ \mathrm{si}(2\pi f t_0) + U_1(f)$$

Da $u_1(t)$ geometrisch ähnlich dem ungeraden Teil von $u_T(t)$ ist, wird $u_T(t)$ umgeformt

$$u_T(t) \xrightarrow{t \to t/t_0} \tilde{u}_T(t) = u_T(t/t_0)$$

$$\tilde{U}_T(f) = t_0 U_T(ft_0) \quad \text{Ähnlichkeitssatz}$$

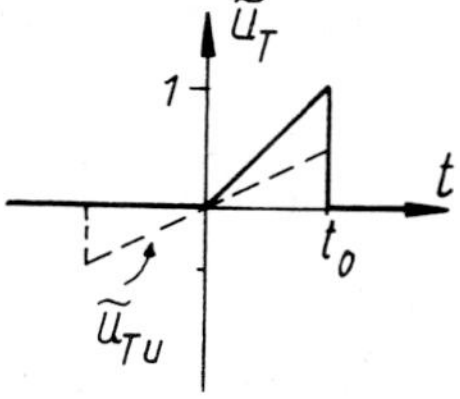

wegen $\tilde{u}_{Tu} = u_1(t)/2$ folgt

$$U_1(f) = j2\,\mathrm{Im}\{\tilde{U}_T\} = j2t_0\,\mathrm{Im}\{U_T(t_0 f)\}$$

da $\int_{-\infty}^{\infty} |u_T(t)|dt = 0{,}5 < \infty$, ist u_T energiebegrenzt und es gilt

$$\mathrm{Im}\{U_T\} = \mathrm{Im}\{U_L(j\omega)\} = \ldots = (\omega\cos\omega - \sin\omega)/\omega^2$$

damit

$$U_1(f) = j2t_0(2\pi ft_0 \cos 2\pi ft_0 - \sin 2\pi ft_0)/(2\pi ft_0)$$

und

$$U(f) = 8t_0\,\mathrm{si}(2\pi ft_0) + j(\cos 2\pi ft_0 - \mathrm{si}(2\pi ft_0))/(\pi f)$$

d) Zusammenhang U(0) mit u(t)

$$U(0) \overset{\text{Fourierintegral für f=0}}{=} \int_{-\infty}^{\infty} u(t)dt \overset{\text{aus Skizze in Angabe}}{=} 8t_0$$

Aus (c) $\quad U(0) \overset{\text{Im}\{U\}\text{ ist ungerade und daher Null für f=0}}{=} \mathrm{Re}\{U(0)\} = 8t_0$

e) Hüllkurve und $f_{1\%}$

$$|U(\omega)| = \frac{1}{\pi|f|}\Big(16\sin^2\omega t_0 + \cos^2\omega t_0 - \frac{2}{\omega t_0}\cos(\omega t_0)\sin(\omega t_0) + \sin(\omega t_0)/(\omega^2 t_0^2)\Big)^{1/2} \approx$$

$$\overset{\omega t_0 \gg 1}{\approx} \frac{4}{\pi|f|}\left(\sin^2\omega t_0 + \cos^2(\omega t_0)/16\right)^{1/2}$$

wegen $\sin^2\alpha + \cos^2\alpha = 1$ folgt $\sin^2\alpha + \frac{1}{16}\cos^2\alpha \leq 1$

und damit für die Hüllkurve

$H\{|U|\} = 4/(\pi|f|)$

Bestimmung von $f_{1\%}$
mit $\max\{|U|\} = U(0) = 8t_0$ muß gelten

$$\frac{4}{\pi\,|f_{1\%}|}/(8t_0) = 0{,}01 \text{ und daraus folgt}$$

$$f_{1\%} = 100/(2\pi t_0)$$

f) Laplacespektrum zu u(t)?

Nein, u(t) ist akausal

g) $u(t-t_0)$ zusammengesetzt aus Sprüngen und Rampen

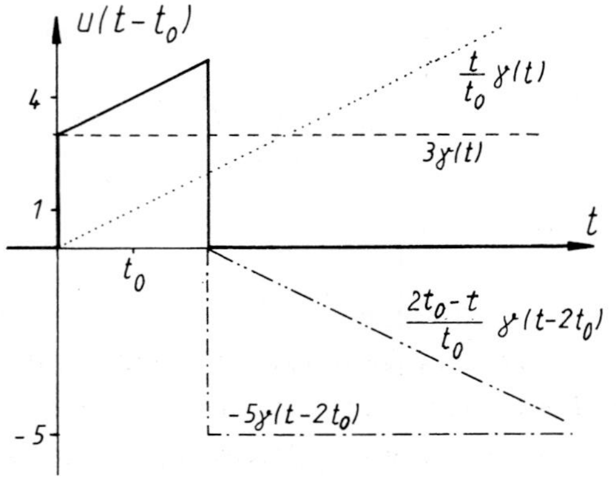

i) $\tilde{U}_L(p)$ über die Sprung- und Rampenfunktionen

mit $\gamma(t) \circ\!\!-\!\!\bullet\ 1/p$
$t\gamma(t) = \gamma(t)*\gamma(t) \circ\!\!-\!\!\bullet\ 1/p^2$
und $\delta(t-2t_0) \circ\!\!-\!\!\bullet\ e^{-2t_0p}$ Verschiebungssatz, s. MS S.88
folgt

$$\tilde{U}_L(p) = (3-5e^{-2t_0p})/p + (1-e^{-2t_0p})/(t_0p^2)$$

j) $U(f)$ aus $\tilde{U}_L(p)$

Verschiebungssatz
mit $u(t-2t_0) \circ\!\!-\!\!\bullet\ U(f)e^{-j\omega t_0}$
$\circ\!\!-\!\!\bullet\ \tilde{U}_L(p)$

folgt

$$U(\omega) = e^{j\omega t_0}\tilde{U}_L(j\omega) =$$

$$= e^{j\omega t_0}(j\omega t_0(3-5e^{-j2t_0\omega}) + (1-e^{-j2t_0\omega}))/(-t_0\omega^2) =$$

$$= \ldots = 8t_0\,\mathrm{si}(\omega t_0) + j(2\cos\omega t_0 - 2\,\mathrm{si}(\omega t_0))/\omega \overset{\omega=2\pi f}{=} U(f) \text{ aus (c)}$$

L 6.3 Trapez-Impuls

a) Skizze

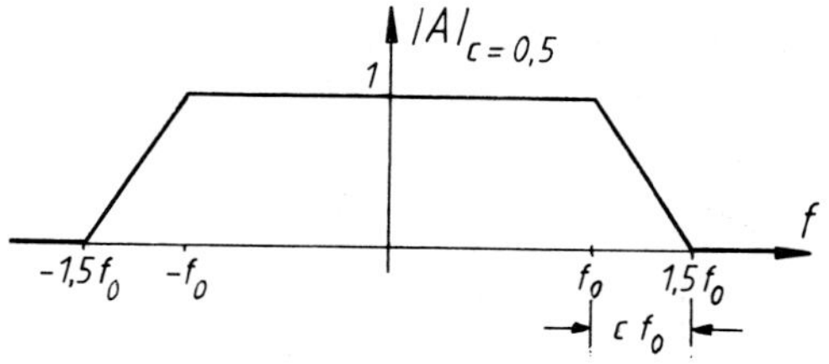

b) Phasengang von A

A ist ein Tiefpaß aufgrund des Betragsspektrums und hat nach Angabe einen verzerrungsfreien Phasengang. d.h. die Phase steigt linear mit der Frequenz. Damit ist der Zeitpunkt des Maximums der Impulsantwort identisch mit der Grundlaufzeit, d.h.

für $a_1(t) \circ\!\!-\!\!\bullet |A(f)|$ gilt $\max\{a_1\} = a_1(0)$ wegen

$$\max\{a_1\} = \max\left\{\int_{-\infty}^{\infty}|A(f)|\,e^{j2\pi ft}\,df\right\} = \int_{-\infty}^{\infty}|A(f)|\,df = a_1(0)$$

und daher folgt

$$a(t) = a_1(t-10/f_0)$$

$$\text{Verschiebungssatz}$$

$$A(f) = |A|\,e^{-j20\pi f/f_0}$$

und daraus

$$b_A = 20\pi f/f_0$$

c) Äquivalente Impulsbreite, s. MS S.110ff.

Δt_a (äquivalente Impulsbreite von a(t)) = Δt_{a_1} (äquivalente Impulsbreite von $a_1(t)$) = $1/\Delta f_{|A|}$ (äquivalente Bandbreite von |A|)
$\Delta f_{|A|}$ ist die Breite des flächengleichen Rechtecks zu |A| mit Amplitude |A(0)|:
aus Skizze von |A| oder über

$$\Delta f_{|A|}|A(0)| = \int_{-\infty}^{\infty} |A(f)|\,df \quad \text{folgt mit} \quad \int_{-\infty}^{\infty} |A|\,df = (2+c)f_0$$

$$\Delta t_a = 1/((2+c)f_0)$$

und

$$\Delta t_a(c=0{,}5) = 1/(2{,}5f_0)$$

d) Impulsantwort auf verschiedenen Wegen

wegen
$a(t) = a_1(t-10/f_0)$
braucht nur $a_1(t)$ bestimmt zu werden, was einfacher ist, da $|A| \multimap a_1$ reell, gerade und leicht aus einfachen Funktionen zusammenzusetzen, s. Lösungen (d2)-(d5)

d1) Fourierintegral

$$a_1(t) = \int_{-\infty}^{\infty} |A(f)|\, e^{j2\pi ft}\,df \overset{|A| \text{ ist gerade}}{=} \mathcal{F}\{\mathrm{rect}(f/2f_0)\} +$$
$$+\, 2\int_{f_0}^{(1+c)f_0} (1-(f-f_0)/cf_0)\cos(2\pi ft)\,df =$$

$$\overset{\text{rect-Korrespondenz bekannt}}{=} 2f_0 \,\mathrm{si}\, 2\pi tf_0 + 2(c-1)/c \int_{f_0}^{(1+c)f_0} \cos(2\pi ft)\,df -$$
$$-\, \frac{2}{cf_0}\int_{f_0}^{(1+c)f_0} f\cos(2\pi ft)\,df =$$

$$\overset{\text{Formelsammlung } \int x\cos ax\,dx = (\cos ax)/a^2 + (x\sin ax)/a}{=} \ldots \text{ mühsam, mühsam } \ldots =$$

$$= (c+2)f_0 \,\mathrm{si}(\pi cf_0 t)\,\mathrm{si}(\pi(c+2)f_0 t)$$

d2) Faltung zweier Rechtecke ($F_2 > F_1$)

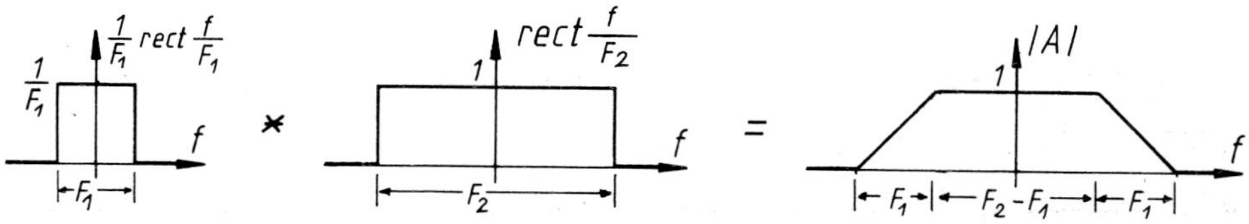

mit $F_1 = cf_0$ und $F_2 - F_1 = 2f_0$ folgt $F_2 = (2+c)f_0$
und mit

$$\text{rect}\,(f/F) \circ\!\!-\!\!\bullet\; F\,\text{si}\,\pi Ft$$

ergibt sich

$$a_1(t) = (2+c)f_0\ \text{si}(\pi cf_0 t)\ \text{si}((2+c)\pi f_0 t)$$

d3) Differenz zweier Dreiecke

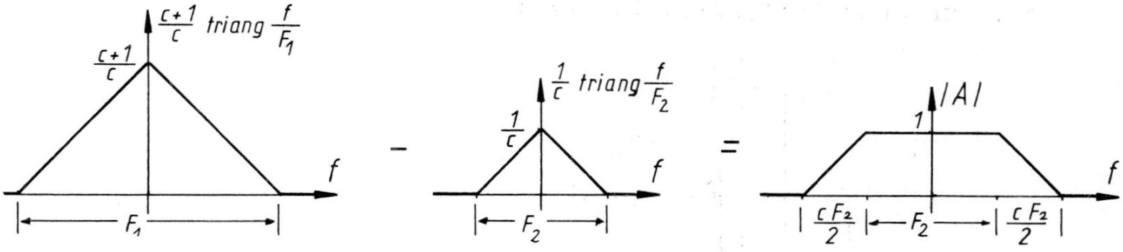

mit $F_1 = 2(c+1)f_0$ und $F_2 = 2f_0$
und mit

$$\text{triang}\,\frac{f}{F} = \frac{2}{F}\,\text{rect}(2f/F)*\text{rect}(2f/F) \circ\!\!-\!\!\bullet\; \frac{F}{2}\,\text{si}^2(\pi Ft/2)$$

ergibt sich

$$a_1(t) = (c+1)\ f_0\,\text{si}^2(\pi(c+1)f_0 t)/c - f_0\,\text{si}^2(\pi f_0 t)/c$$

(mit $\sin^2\alpha = \frac{1}{2}(1-\cos 2\alpha)$ und $\cos\alpha - \cos\beta = -2\sin\frac{\alpha+\beta}{2}\sin\frac{\alpha-\beta}{2}$
läßt sich das obige Ergebnis in das aus (d2) umrechnen).

d4) über Differentiations- und Faltungssatz

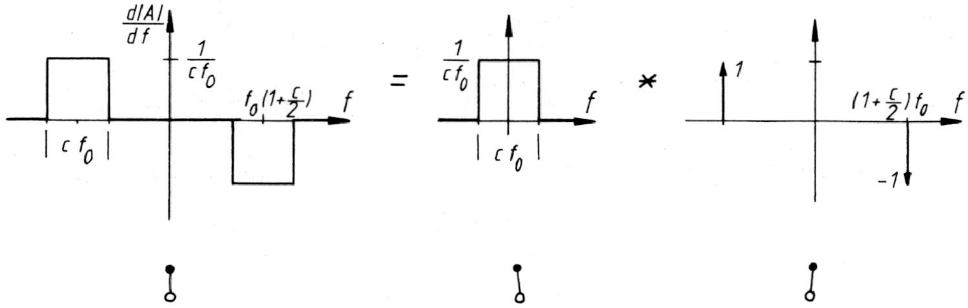

$$-j2\pi t\; a_1(t) \qquad = \mathrm{si}(\pi c f_0 t)(-2j)\;\sin(2\pi(1+\tfrac{c}{2})f_0 t)$$

und damit

$$a_1(t) = (2+c)f_0\;\mathrm{si}(\pi c f_0 t)\;\mathrm{si}(\pi(2+c)f_0 t) \qquad (\text{vgl. (d2)})$$

d5) nur über Differentiationssatz

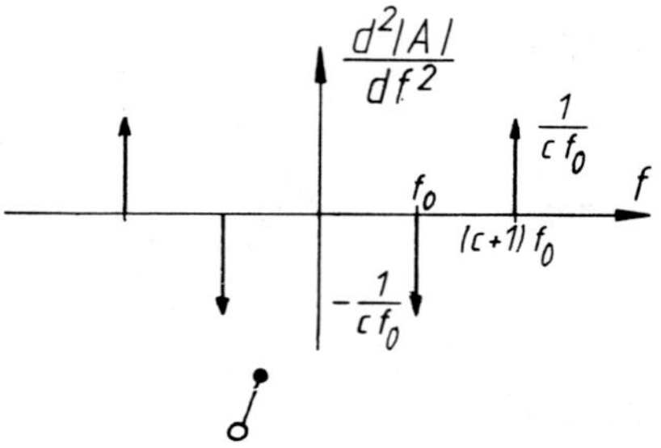

cos α − cos β = ... s. (d3)

$$-4\pi^2 t^2 a_1(t) = \frac{2}{cf_0}\cos 2\pi(c+1)f_0 t - \frac{2}{cf_0}\cos 2\pi f_0 t =$$

$$= -\frac{4}{cf_0}\sin(\pi(c+2)f_0 t)\cdot\sin(\pi c f_0 t)$$

und damit

$$a_1(t) = (c+2)f_0\;\mathrm{si}(\pi c f_0 t)\;\mathrm{si}(\pi(c+2)f_0 t) \quad (\text{vgl. (d2) und (d4)})$$

Ergebnis (d1)-(d5):

$$a(t) = a_1(t-10/f_0) = (c+2)f_0\,\mathrm{si}(\pi c f_0(t-10/f_0))\,\mathrm{si}(\pi(c+2)f_0(t-10/f_0))$$

$$a(t)_{c=0,5} = 2{,}5 f_0\,\mathrm{si}(0{,}5\pi f_0(t-10/f_0))\,\mathrm{si}(2{,}5\pi f_0(t-10/f_0))$$

e) Skizze

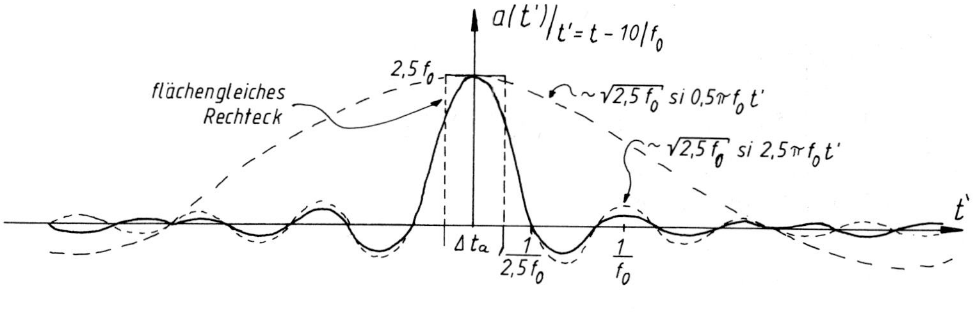

f) Grenzfälle

$c \rightarrow 0$

$|A| = \mathrm{rect}\ f/(2f_0) \;\bullet\!\!-\!\!\circ\; a_1(t) = 2f_0\ \mathrm{si}(2\pi f_0 t)$

= Ergebnis aus (d2), (d4) und (d5) für c=0

Die Methode von (d3) ist hier nicht anwendbar.

$c \rightarrow \infty$

$|A| = 1 \;\bullet\!\!-\!\!\circ\; a_1(t) = \delta(t)$

(d2), (d4) und (d5):

$$\lim_{c\to\infty} (2+c)f_0\ \mathrm{si}(\pi c f_0 t)\ \mathrm{si}((2+c)\pi f_0 t) = \delta(t)$$

Impuls mit Höhe $(2+c)f_0 \rightarrow \infty$ und äquivalenter Breite $\Delta t_a = \frac{1}{(2+c)f_0} \rightarrow 0$, aber der endlichen Fläche 1

(d3):

$$\lim_{c\to\infty} \frac{(c+1)^2}{c} f_0\ \mathrm{si}^2(\pi(c+1)f_0 t) - f_0\ \mathrm{si}^2(\pi f_0 t)/c =$$

$$\lim_{c\to\infty} c f_0\ \mathrm{si}^2(\pi c f_0 t) = \lim_{\Delta t\to 0} \frac{1}{\Delta t}\ \mathrm{si}(\pi t/\Delta t) \overset{\text{s. L2.2d}}{=} \delta(t)$$

L 7.1 Hilbert-Transformation im Zeitbereich

a) Berechnung

$$\hat{u}(t) = \mathcal{H}\{u(t)\} = u(t) * \frac{1}{\pi t} = \frac{1}{\pi}\int_{-\infty}^{\infty} \frac{u(x)}{t-x}\,dx$$

b) analytisches Signal

$$a(t) = u(t) + j\hat{u}(t)$$

$$A(f) = U(f) + \text{sign}(f)\cdot U(f) = 0 \text{ für } f < 0$$

c) Hilbert-Transformator

Da $\hat{u}(t) = u(t) * \frac{1}{\pi t}$ ist das System mit

Impulsantwort $s_H(t) = \frac{1}{\pi t}$

Übertragungsfunktion $S_H(f) = -j \text{ sign } f$

Sprungantwortspektrum $\Sigma_H(f) = S_H(f)\,\Gamma(f) =$

$$= -j\,\text{sign}(f)\left(\frac{1}{2}\delta(f) + \frac{1}{j2\pi f}\right) = -\frac{1}{2\pi|f|}$$

$$\text{sign}(f) = \begin{cases} 1, & f > 0 \\ 0, & f = 0 \\ -1, & f < 0 \end{cases}$$

der ideale Hilbert-Transformator

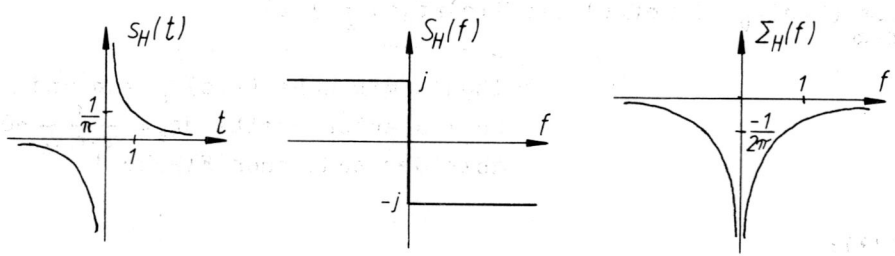

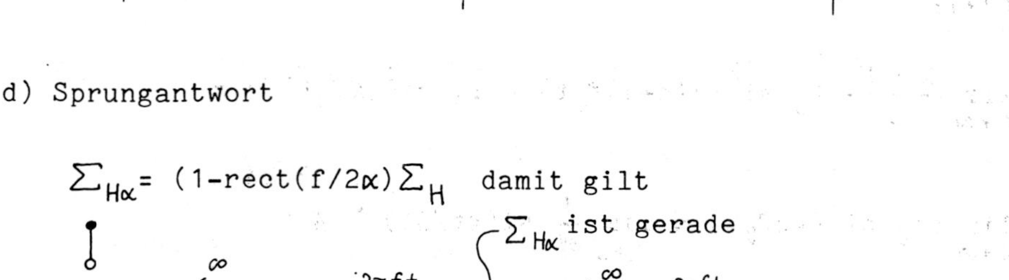

d) Sprungantwort

$\Sigma_{H\alpha} = (1-\text{rect}(f/2\alpha))\Sigma_H$ damit gilt

$\Sigma_{H\alpha}$ ist gerade

$$\sigma_{H\alpha} = \int_{-\infty}^{\infty} \Sigma_{H\alpha}(f)e^{j2\pi ft}\,df = -2\int_{\alpha}^{\infty} \frac{\cos 2\pi ft}{2\pi f}\,df =$$

$$= -\frac{1}{\pi}\int_{2\pi\alpha|t|}^{\infty}\frac{\cos x}{x}\,dx \;\stackrel{Ci(y) = -\int_y^{\infty}\frac{\cos x}{x}dx}{=}\; \frac{1}{\pi}\,Ci(2\pi\alpha|t|)$$ Integralcosinus

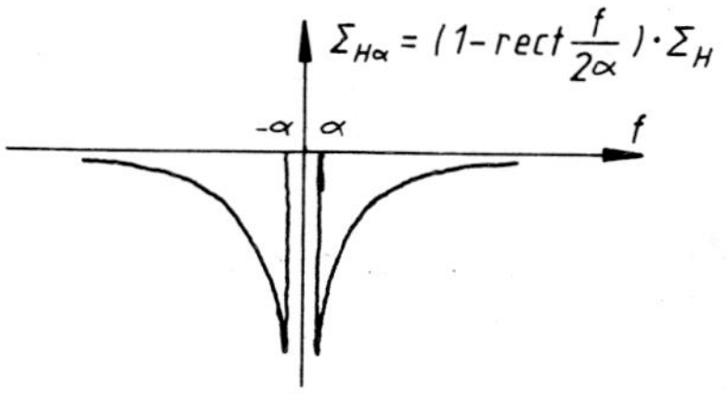

mit (s. Bronstein $\int \frac{\cos x}{x}dx$)

$$Ci(x) = C + \ln x - \frac{x^2}{2\cdot 2!} + \frac{x^4}{4\cdot 4!} - \frac{x^6}{6\cdot 6!} + \ldots$$

und $C = \lim\limits_{n\to\infty}\left(1 + \frac{1}{2} + \frac{1}{3} + \ldots \frac{1}{n} - \ln n\right) = 0{,}5772\ldots$ Euler'sche Konstante

folgt

$$\sigma_H(t) = \lim_{\alpha\to 0}\sigma_{H\alpha}(t) = \lim_{\alpha\to 0}\frac{1}{\pi}Ci(2\pi\alpha|t|) =$$

$$= \frac{C}{\pi} + \frac{1}{\pi}\lim_{\alpha\to 0}\left(\ln|t| + \ln 2\pi\alpha - \frac{(2\pi\alpha t)^2}{2\cdot 2!} + \ldots\right) =$$

$$= \frac{1}{\pi}\left(\ln|t| + C + \lim_{\alpha\to 0}\ln 2\pi\alpha\right), \quad t \text{ endlich}$$

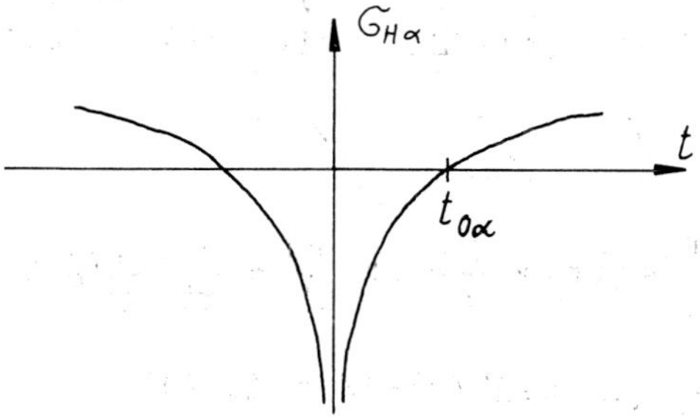

Bestimmung von $t_{0\alpha}$:
exakt:

$$\sigma_{H\alpha}(t_{0\alpha}) = \lim_{\alpha\to 0}\frac{1}{\pi}Ci(2\pi\alpha t_{0\alpha}) = 0$$

aus Funktionstabelle, z.B. Abramowitz & Stegun: "Handbook of mathematical functions", Dover, New York (1970)

$Ci(x) = 0 \qquad$ für $x \approx 0{,}616$

damit $\qquad t_{0\alpha} \approx 0{,}616/(2\pi\alpha)$

näherungsweise:

$$\sigma_{H\alpha}(t_{0\alpha}) \overset{\alpha \to 0}{\approx} \frac{1}{\pi}\left(\ln|t_{0\alpha}| + C + \ln 2\pi\alpha\right)$$

damit $\quad t_{0\alpha} \approx e^{-C}/(2\pi\alpha) \approx 0{,}561/(2\pi\alpha)$

in beiden Fällen gilt $\lim\limits_{\alpha \to 0} t_{0\alpha} = \infty$ und $\sigma_H < 0$ für $-\infty < t < \infty$

[Vergleiche Korrespondenz $u(t) = \begin{cases} 0, & t < \alpha \to 0 \\ -1/t, & t > \alpha \to 0 \end{cases}$

und gerader Teil des Spektrums in MS S.214 unten!]

e) Serienschaltung

Übertragungsfunktion

(1 bei f=0 wegen unverstärkter Gleichsignalübertragung)

$$S_S(f) = -j\,\mathrm{sign}(f) \cdot j2\pi f \cdot \mathrm{si}(\pi f \Delta t) = 2\pi|f| \cdot \sin(\pi f \Delta t)/(\pi f \Delta t) =$$

$$= \frac{2}{\Delta t} \sin \pi |f| \Delta t$$

$$s_S(t) = \frac{1}{\pi t} * \delta'(t) * \frac{1}{\Delta t}\,\mathrm{rect}\,\frac{t}{\Delta t} = \frac{1}{\pi t} * \frac{1}{\Delta t}\left(\delta\left(t+\frac{\Delta t}{2}\right) - \delta\left(t-\frac{\Delta t}{2}\right)\right) =$$

$$= \frac{1}{\pi \Delta t}\left(1/(t+\Delta t/2) - 1/(t-\Delta t/2)\right)$$

$$\sigma_S(t) = s_S(t) * \gamma(t) = \frac{1}{\pi t} * \frac{1}{\Delta t}\,\mathrm{rect}\,\frac{t}{\Delta t} = \mathcal{H}\left\{\mathrm{rect}\,\frac{t}{\Delta t}\right\} = \ldots =$$

$$= \frac{1}{\pi \Delta t} \ln\left|(t+\Delta t/2)/(t-\Delta t/2)\right|$$

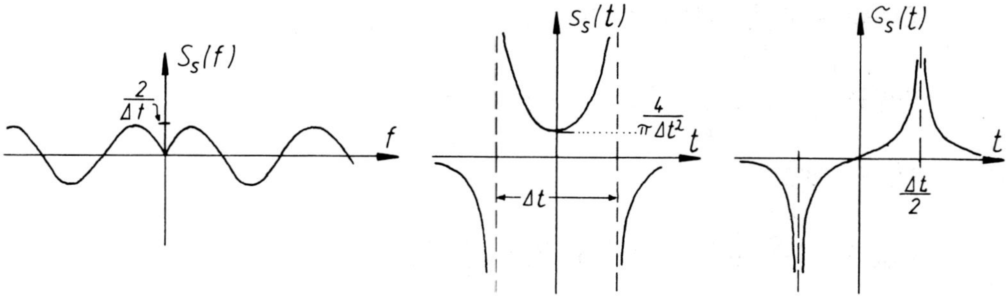

L 7.2 Hilbert-Transformation im Frequenzbereich

a) $Im\{S\}$ aus $Re\{S\}$ bei realisierbarem System

Realisierbarkeit bedeutet: s(t) ist kausal

damit gilt

$$s(t) = s_g(t) + s_u(t) = s_g(t) + \text{sign}(t) \cdot s_g(t)$$

$$\circ\!-\!\bullet$$

$$S(\omega) = S_{Rg}(\omega) + jS_{Ju}(\omega) = S_{Rg}(f) + j\left(\frac{-1}{\pi f}\right) * S_{Rg}(f)$$

damit gibt es zwei Berechungswege

a1) $$Im\{S(f)\} = S_{Ju}(f) = \mathcal{H}^{-1}\{S_{Rg}\} = -\frac{1}{\pi}\int_{-\infty}^{\infty} S_{Rg}(x)/(f-x)\, dx =$$

$$= -\frac{1}{\pi}\int_{-\infty}^{\infty} \frac{\sin 2\pi x t_0}{2\pi x t_0 (x-f)}\, dx = -\frac{1}{\pi}\int_{-\infty}^{\infty} \sin(y)/(y(y-\omega t_0))\, dy$$

= ... mühsam ...

a2) $$Im\{S(f)\} \bullet\!-\!\circ\, \text{sign}(t) s_g(t) = \text{sign}(t)\mathcal{F}^{-1}\{Re\{S(f)\}\} =$$

$$= \text{sign}(t)\, \frac{1}{2t_0}\, \text{rect}\,(t/2t_0) = s_u(t)$$

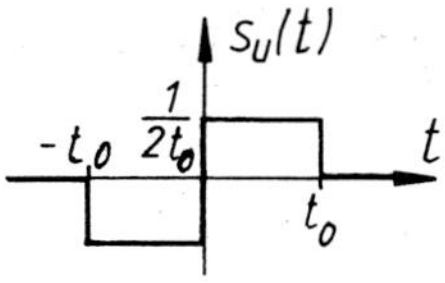

über Differentiationssatz folgt

$$\frac{ds_u}{dt} = -\frac{1}{2t_0}\,(\delta(t+t_0) + \delta(t-t_0)) + \frac{1}{t_0}\delta(t)$$

$$j2\pi f S_u(f) = \frac{1}{t_0}\,(1 - \cos 2\pi f t_0)$$

und damit

$$\mathrm{Im}\{S(\omega)\} = -j(1-\cos\omega t_0)/(\omega t_0)$$

b) Skizze

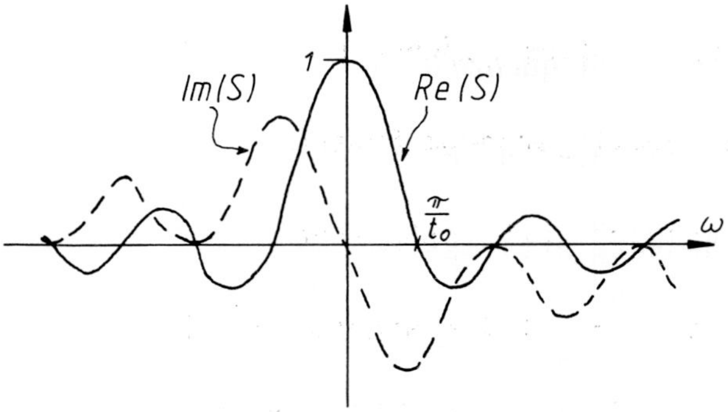

s. auch MS S.212

c) Impulsantwort

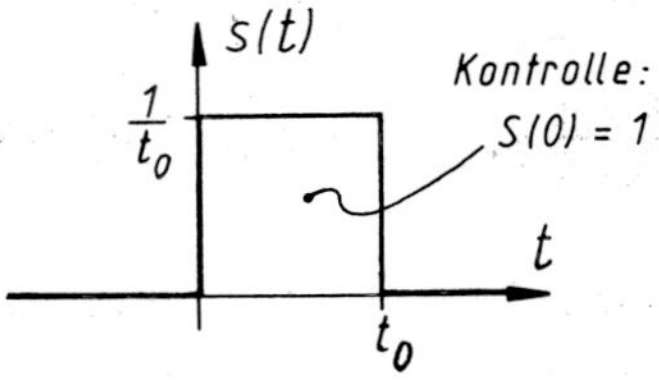

d) Zusammenhang Im{S} mit s

$$\mathrm{Im}\{S\} = -j\int_{-\infty}^{\infty} s_u(t)e^{-j2\pi ft}\,dt = -2\int_0^{\infty} s_u(t)\sin 2\pi ft\,dt =$$

$2s_u = s$ für $0 \leq t \leq \infty$

$$= -\int_0^{\infty} s(t)\sin 2\pi ft\,dt$$

Kontrolle durch obiges Beispiel:

$$\mathrm{Im}\{S\} = -\frac{1}{t_0}\int_0^{\infty} \mathrm{rect}((t-t_0/2)/t_0)\,\sin 2\pi f t\,dt =$$

$$= -\frac{1}{t_0}\int_0^{t_0} \sin 2\pi f t\,dt =$$

$$= -(-\cos 2\pi f t_0 + 1)/(2\pi f t_0) = \text{Ergebnis in (a)}$$

L 7.3 Realisierbare Minimumphasensysteme (MPS)

a) Übertragungscharakter

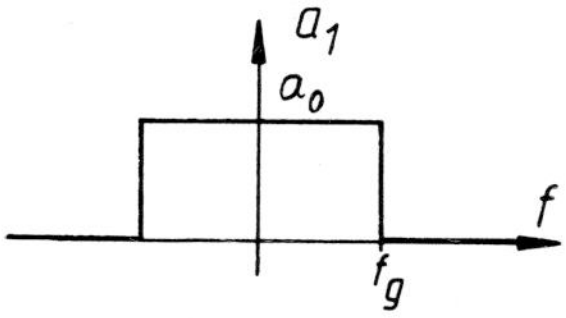

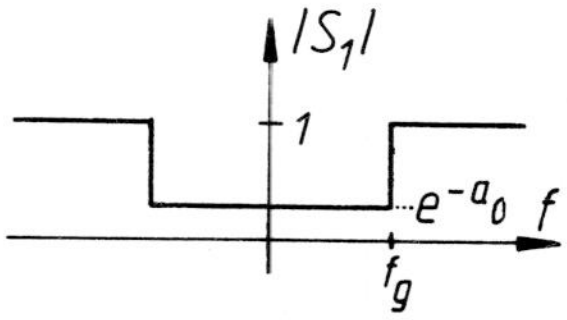

Hochpaß

b) Zusammenhang zwischen Dämpfung und Phase

MPS : S(p) hat keine Nullstelle in der rechten Halbebene

damit: $-\ln S(p) = g(p)$ hat keine Pole in der rechten Halbebene

damit: $\tilde{g}(\tau) = \mathcal{L}^{-1}\{g(p)\}$ ist kausal und exponentiell begrenzt

damit: $g(j\omega) = a(\omega) + jb(\omega)$

$$\tilde{g}(\tau) = \tilde{g}_g(\tau) + \tilde{g}_u(\tau) = \tilde{g}_g(\tau) + \mathrm{sign}(\tau)\cdot g_g(\tau)$$

$$j\left(-\frac{1}{\pi f}\right) * a(f)$$

damit: $b(f) = \mathcal{H}^{-1}\{a(f)\} = -\frac{1}{\pi f} * a(f)$

c) Phasenverlauf $b_1(f)$

c1) Faltung — Impulsantwort des Hilbert-Transformators, s. L7.1

$$b_1 = a_1 * \frac{-1}{\pi f} = a_1 * s_H(-f)$$

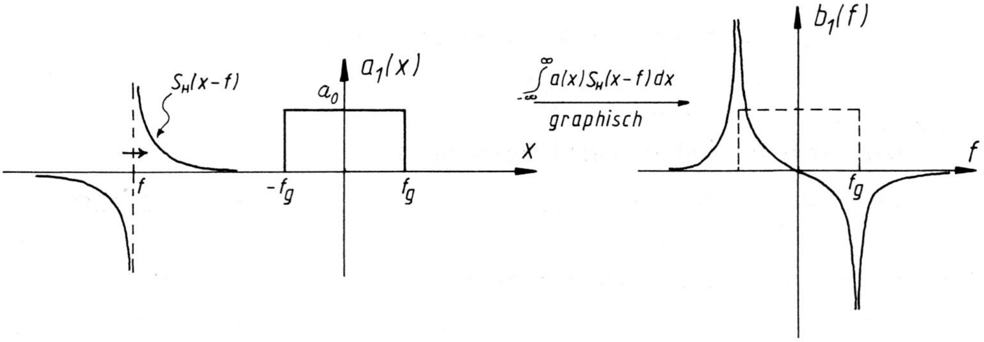

c2) Hilbert-Transformationsformel

$$b_1(f) = -\frac{1}{\pi}\int_{-f_g}^{f_g} \frac{a_0}{f-x}\,dx = -\frac{a_0}{\pi}\int_{f-f_g}^{f+f_g} \frac{1}{y}\,dy = \frac{a_0}{\pi}\ln|(f-f_g)/(f+f_g)|$$

c3) Überlagerung von Sprungantworten

nach L7.1 gilt

$$\sigma_H(f) = \frac{1}{\pi}(\ln|f| + C + \lim_{\alpha\to 0} \ln 2\pi\alpha)$$

wegen $a_1(f) = a_0(\gamma(f+f_g) - \gamma(f-f_g))$

und Sprungantwort von $\mathcal{H}^{-1}$

$$\mathcal{H}^{-1}\{\gamma(f)\} = -\sigma_H(f)$$

folgt

$$b_1(f) = a_0(\sigma_H(f-f_g) - \sigma_H(f+f_g)) =$$

$$= \frac{a_0}{\pi}(\ln|f-f_g| - \ln|f+f_g|) = \text{s.(c2)}$$

d) MPS mit $a_2(f)$

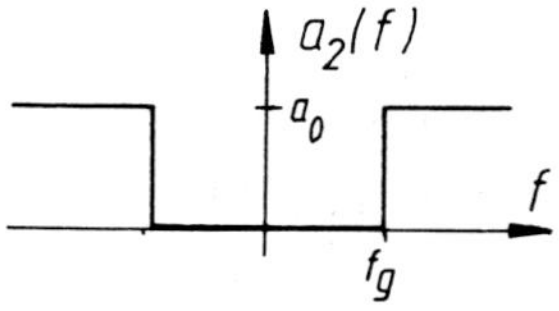

idealer Tiefpaß mit Sperrdämpfung a_0

$$b_2(f) = \mathcal{H}^{-1}\{a_2(f)\} = \frac{-1}{\pi f} * (a_0 - a_1(f)) = -\frac{1}{\pi f} * a_0 + \frac{1}{\pi f} * a_1(f) =$$

[Nebenrechnung mit Pfeil: $\frac{1}{\pi f} * \text{const} \circ\!\!-\!\!\bullet \ \text{sign}(\tau) \cdot \text{const}\,\delta(\tau) = 0$]

$$= -\frac{-1}{\pi f} * a_1(f) = -b_1(f) \quad \text{(s. (c))}$$

damit gilt

$$b_2(f) = \frac{a_0}{\pi} \ln |(f+f_g)/(f-f_g)|$$ s. MS S.122

e) Phasenverlauf einer MPS-Bandsperre

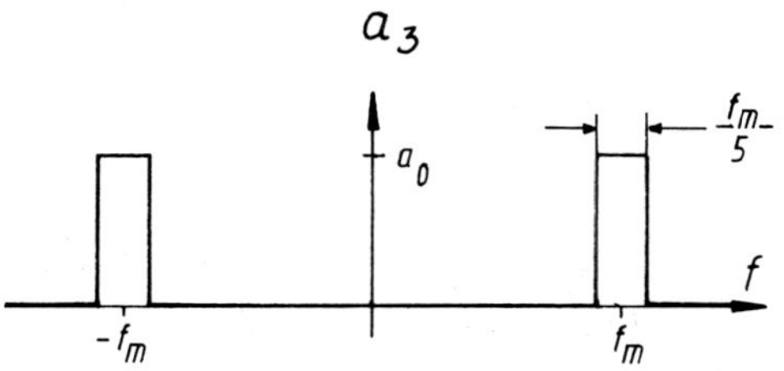

mit $a_3 = a_1 * (\delta(f+f_m) + \delta(f-f_m))$ und $f_g = \frac{f_m}{10}$

folgt

$$b_3 = -\frac{1}{\pi f} * a_3 = b_1(f+f_m) + b_1(f-f_m) =$$

$$= \frac{a_0}{\pi} \ln |(f+f_m-f_g)/(f+f_m+f_g)||(f-f_m-f_g)/(f-f_m+f_g) =$$

$$= \frac{a_0}{\pi} \ln |((f-f_g)^2 - f_m^2)/(f+f_g)^2 - f_m^2)|$$

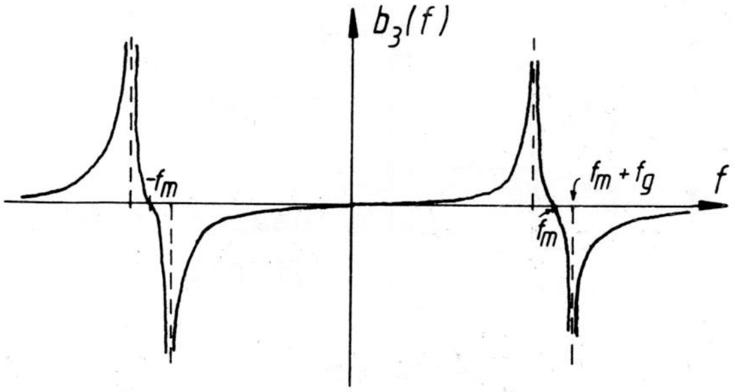

Vergleiche mit Bandsperren-
phasenverlauf in L4.1g!

L 7.4 Hilbert-Transformierte und Fourierkorrespondenztafel

a) Skizze

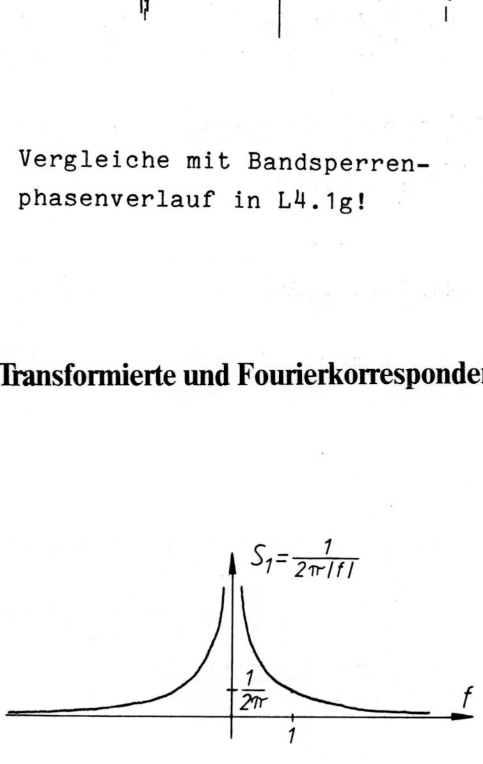

b) idealer Entzerrer

$S_{ges} = S_1 \, S_{2id} = 1$ damit $u_3(t) = u_1 * s_{ges} = u_1$

daher: $S_{2id} = 1/S_1 = 2\pi |f|$

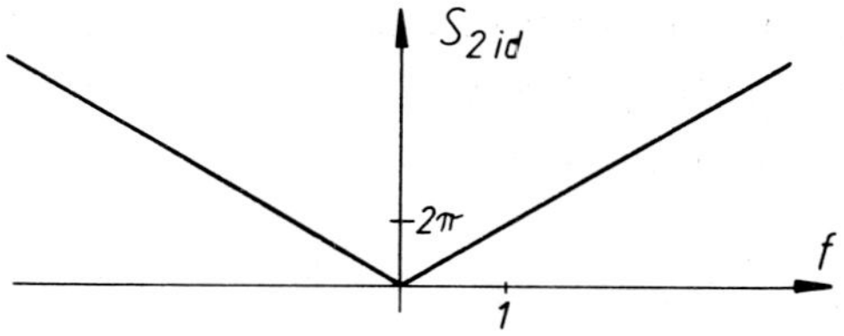

c) bandbegrenzte Entzerrung (Serienschaltung mit Differenzierer)

$$S_2 = S_{2id}\, S_{TP} = 2\pi|f|\cdot S_{TP} = j2\pi f(-j\ \mathrm{sign}(f))(f_g J_1(2f/f_g)/f)$$

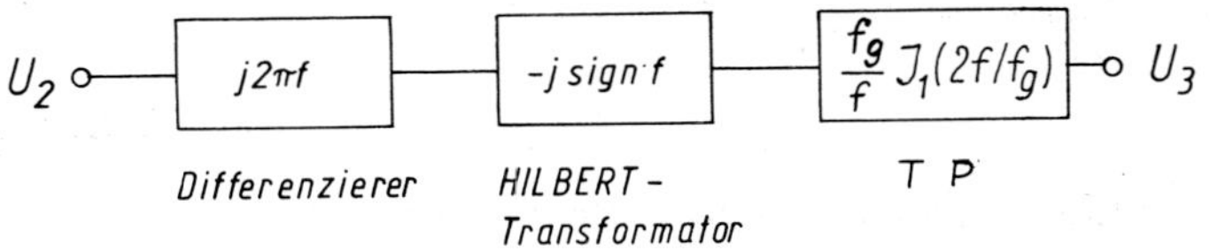

d) Entzerrerimpulsantwort bei nachfolgender Differentiation

$$s_2(t) = \delta'(t) * \frac{1}{\pi t} * \mathcal{F}^{-1}\{S_{TP}\} = \frac{d}{dt}\,\mathcal{H}\left\{\mathcal{F}^{-1}\{f_g J_1(2f/f_g)/f\}\right\}$$

Beziehungen in der gegebenen Korrespondenz

$$\underbrace{\gamma(t)\,a\,J_1(at)/t}_{u_k = u_g + u_u} \circ\!\!-\!\!\bullet \underbrace{\mathrm{rect}\left(\frac{\omega}{2a}\right)\sqrt{a^2-\omega^2}}_{\mathcal{F}\{u_g\}} \underbrace{-\ j\left(\omega-\left(1-\mathrm{rect}\ \frac{\omega}{2a}\right)\sqrt{\omega^2-a^2}\right)}_{\mathcal{F}\{u_u\} = \mathcal{H}^{-1}\{\mathcal{F}\{u_g\}\}}$$

$\mathcal{H}$

u_g kann mit Vertauschungssatz und geeignete Wahl von a in S_{TP} umgewandelt werden, damit kann die gesuchte Hilbert-Transformierte gewonnen werden:

$\omega \rightarrow 2\pi f$ und Vertauschungssatz:

$$\gamma(f)aJ_1(af)/f \;\bullet\!\!-\!\!\circ\; \mathrm{rect}\left(\frac{\pi t}{a}\right)\sqrt{a^2-(2\pi t)^2} + j\left(2\pi t-\left(1-\mathrm{rect}\frac{\pi t}{a}\right)\sqrt{(2\pi t)^2-a^2}\right)$$

$a = 2/f_g$ und Faktor f_g^2

$$\gamma(f)2f_g J_1(2f/f_g)/f \;\bullet\!\!-\!\!\circ\; 2f_g^2\,\mathrm{rect}\left(\frac{\pi f_g t}{2}\right)\sqrt{1/f_g^2-(\pi t)^2} + j2f_g^2\left(\pi t-\left(1-\mathrm{rect}\frac{\pi f_g t}{2}\right)\sqrt{(\pi t)^2-1/f_g^2}\right)$$

Der Imaginärteil ist die vom Faltungswerk zu realisierende Impulsantwort. Nach Umformung und mit $2/(\pi f_g) = \Delta t$ ergibt sich

$$s_{2F}(t) = (8/\Delta t^2)\left(t-\left(1-\mathrm{rect}\frac{t}{\Delta t}\right)\sqrt{t^2-(\Delta t/2)^2}\right)$$

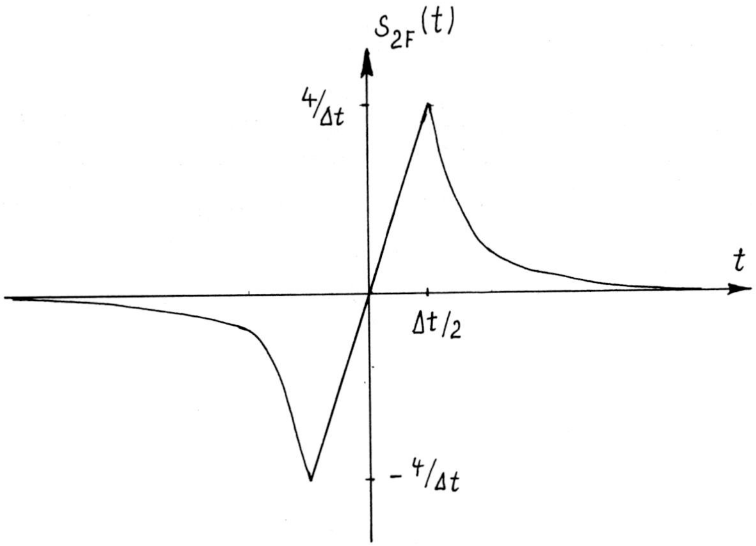

e) Entzerrerimpulsantwort $s_2(t)$

$$s_2(t) = \frac{d}{dt} s_{2F}(t) =$$

$$= (8/\Delta t^2)(1-(1-\mathrm{rect}\frac{t}{\Delta t})t/\sqrt{t^2-(\Delta t/2)^2})$$

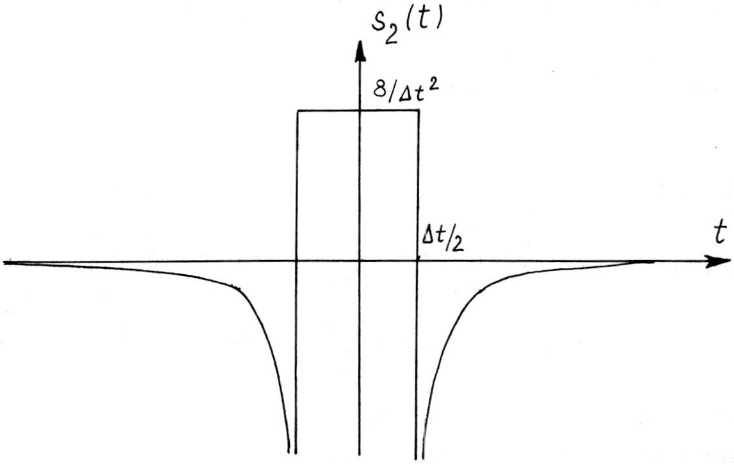

L 8.1 Küpfmüller-, Spalt- und Gauß-Tiefpaß

a) Küpfmüller-Tiefpaß

$$S(f) = \mathrm{rect}(f/\Delta f) \multimap s(t) = \Delta f\, \mathrm{si}(\pi t \Delta f) \overset{\Delta f = 1/\Delta t}{=} \mathrm{si}(\pi t/\Delta t)/\Delta t$$

$$\sigma(t) = \int_{-\infty}^{t} s(t)dt = \frac{1}{\Delta t}\int_{-\infty}^{t} \mathrm{si}(\pi t/\Delta t)dt = \frac{1}{\pi \Delta t}\int_{-\infty}^{\pi t/\Delta t} \mathrm{si}(x)\, dx =$$

$$= \frac{1}{\pi \Delta t}\int_{-\infty}^{0} \mathrm{si}(x)dx + \frac{1}{\pi \Delta t}\int_{0}^{\pi t/\Delta t} \mathrm{si}(x)dx = 0{,}5 + \mathrm{Si}(\pi t/\Delta t)/\pi$$

mit $\mathrm{Si}(x) = \int_0^x \mathrm{si}(y)dy$

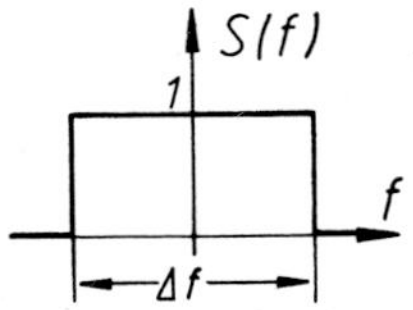

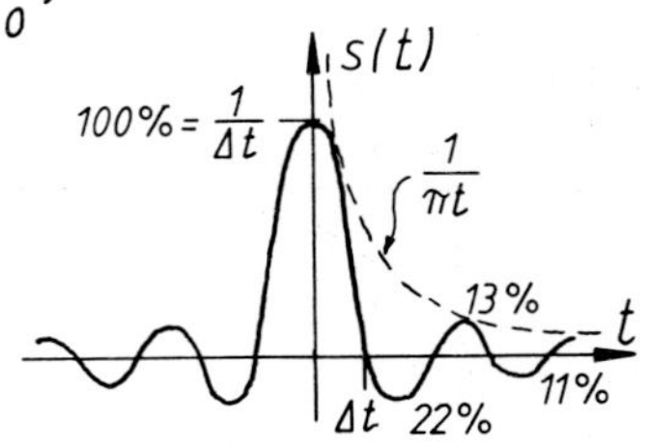

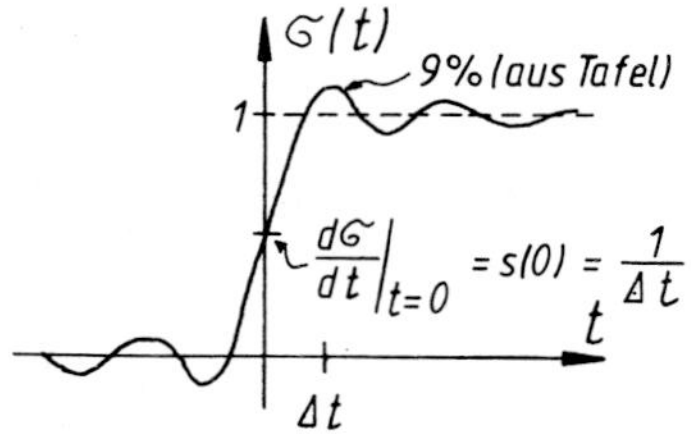

b) Spalt-Tiefpaß

$$S(f) = \mathrm{si}\ \pi f/\Delta f \multimap s(t) = \mathrm{rect}(t/\Delta t)/\Delta t$$

$$\sigma(t) = \int_{-\infty}^{t} s(t)dt = (0{,}5 + t/\Delta t)\ \mathrm{rect}\ t/\Delta t + \gamma(t - \Delta t/2)$$

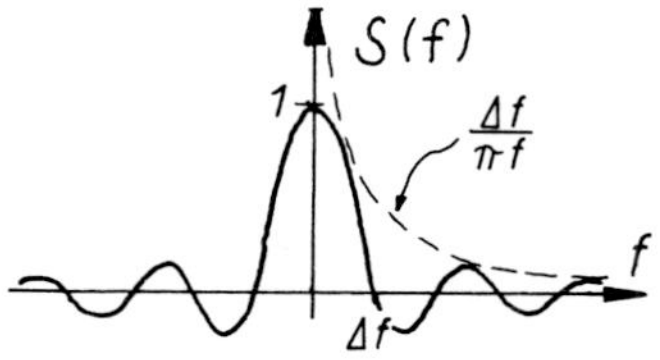

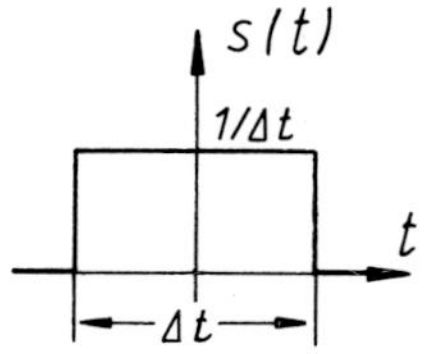

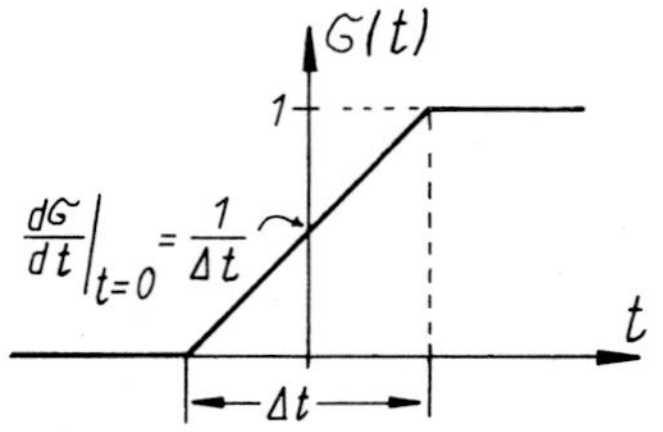

c) Gauß-Tiefpaß

$$S(f) = e^{-\pi (f/\Delta f)^2} \overset{\text{Tabelle}}{\multimap} s(t) = \frac{1}{\Delta t}\, e^{-\pi (t/\Delta t)^2}$$

$$\sigma(t) = \int_{-\infty}^{t} s(t)dt = \frac{1}{\Delta t}\int_{-\infty}^{t} e^{-\pi (t/\Delta t)^2} dt \overset{\sqrt{\pi}\, t/\Delta t = x}{=} \frac{1}{\sqrt{\pi}}\int_{-\infty}^{0} e^{-x^2}dx + \frac{1}{\sqrt{\pi}}\int_{0}^{\sqrt{\pi}\, t/\Delta t} e^{-x^2}dx =$$

$$= 1/2 + \phi(\sqrt{\pi}\, t/\Delta t)/2$$

mit $\phi(y) = \frac{2}{\sqrt{\pi}} \int_0^y e^{-x^2} dx$

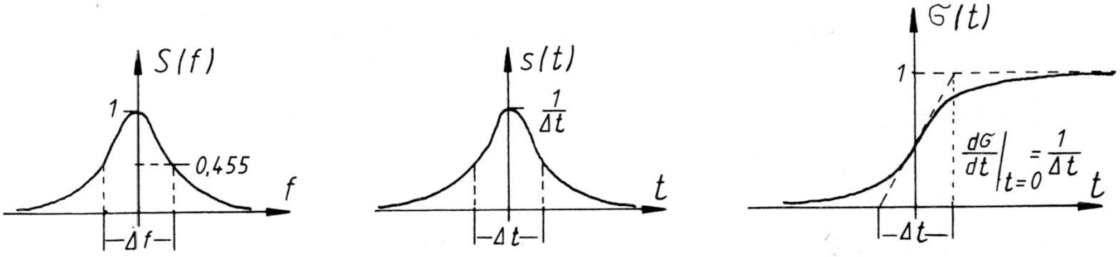

d) Überschwingerfreie Sprungantwort

Forderung: $\sigma(t)$ schwach monoton steigend

oder $\frac{d\sigma}{dt} \geq 0$

mit $s(t) = \frac{d\sigma}{dt}$ folgt $s(t) \geq 0$

(Beispiele: Sprungantworten von Spalt-, Gauß- und RC-Tiefpaß)

Küpfmüller-Approximation

e) Zusammenhang n und $\hat{\varepsilon}$

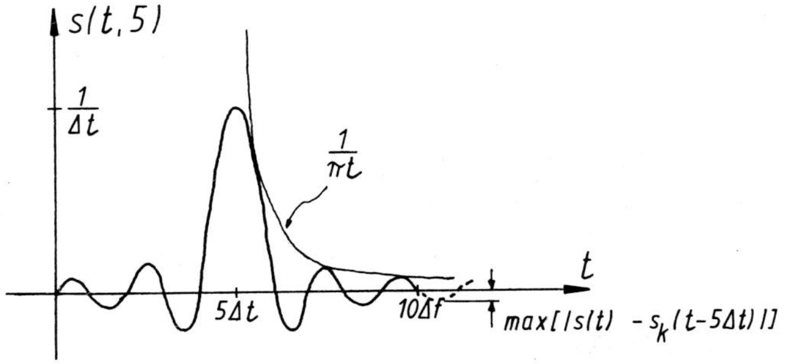

$s(t,n) = si(\pi(t-n\Delta t)/\Delta t)\ rect((t-n\Delta t)/(2n\Delta t))/\Delta t$

maximaler Fehler:

er tritt bei $-\Delta t/2$ oder $2n\Delta t+\Delta t/2$ auf

daher gilt

$$\varepsilon(n) = |s(-\Delta t/2) - s_K(t-n\Delta t + \Delta t/2)| / s_K(0) =$$

$$= |s_K(t-n\Delta t+\Delta t/2)|\,\Delta t \overset{\text{s. Hüllkurve}}{=} 1/(\pi(n+0,5))$$

f) Zusammenhang $S(f,n)$ mit $S_K(f)$

$$s(t,n) \overset{(e)}{=} \ldots \overset{\text{s. L5.3a5}}{=} (s_K(t)\cdot \text{rect}(t/(2n\Delta t)))*\delta(t-n\Delta t)$$

$$S(f,n) = (S_K(f)*2n\Delta t\ \text{si}(2\pi n\Delta t f))e^{-j\omega n\Delta t}$$

g) $|S(f,n)|$ und Küpfmüller-Sprungantwort

$$|S(f,n)| \overset{(f)}{=} S_K(f)*2n\Delta t\ \text{si}(2\pi n\Delta t f) =$$

$$\Delta f = 2fg$$

$$= (\gamma(f+f_g) - \gamma(f-f_g))*\mathcal{F}\{\text{rect}(t/(2n\Delta t))\}$$

Vertauscht man hier f mit t, dann entspricht $|S(t,n)|$ der Überlagerung von Sprungantworten $\sigma_{K,n}$ eines Küpfmüller-Tiefpasses mit Bandbreite $\Delta f' = 2n\Delta t = 2n/\Delta f = n/f_g$

mit $\sigma_{K,n}(t) \overset{\text{s.(a)}}{=} 0,5 + \text{Si}(\pi t n/f_g)/\pi$ und $t \to f$ folgt

$$|S(f,n)| = \sigma_{K,n}(f+f_g) - \sigma_{K,n}(f-f_g) =$$

$$= (\text{Si}(n\pi(f+f_g)/f_g - \text{Si}(n\pi(f-f_g)/f_g))/\pi$$

h) Skizze von $S = |S|e^{-jb_S}$ für n=5

$S(f,5)$ s.(e), $|S(f,5)|$ s.(f), $\sigma_K(t)$ s.(a) mit $t \to f$, n=5 und Bandreite $\Delta f' \to$ Impulsdauer $\Delta t' = 10\Delta t$

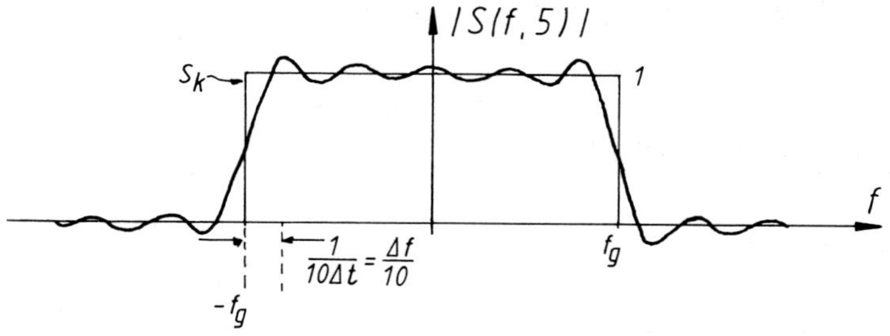

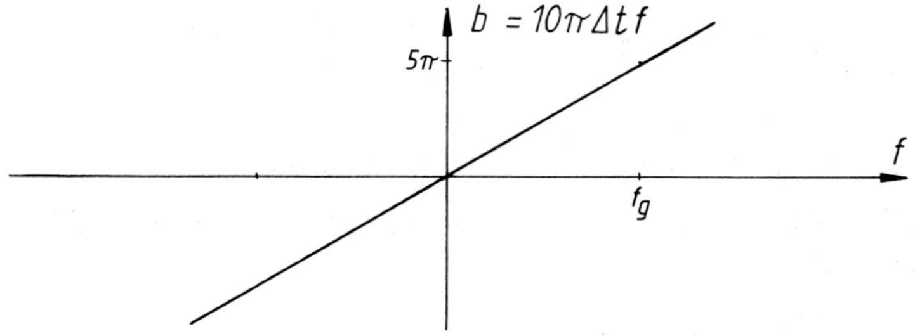

i) Flankensteilheit

$$|S(f,n)| = \sigma_{K,n}(f+f_g) - \sigma_{K,n}(f-f_g)$$

$$\frac{d}{df}|S(f,n)| = \frac{d}{df}\,\sigma_{K,n}\ldots = s_{K,n}(f+f_g) - s_{K,n}(f-f_g)$$

Flanke: $f = \pm f_g$

$$\frac{d}{df}\,S(\pm f_g\,,n) = \mp s_{K_n}(0) \pm s_{K,n}(2f_g) =$$

mit $s_{K,n}(f) = 2n\Delta t\ \mathrm{si}(2\pi n\Delta t f) = n\ \mathrm{si}(n\pi f/f_g)/f_g$

$$= \mp n/f_g$$

L 8.2 Hochpaß, Bandpaß und Schmalbandnäherung

a) Dämpfungs- und Übertragungsfunktion

$$a_1(f) = -\ln(1-\mathrm{si}\,\pi f/\Delta f)$$

→ Hochpaß

mit $b_1 = \pi \Delta t f$ folgt

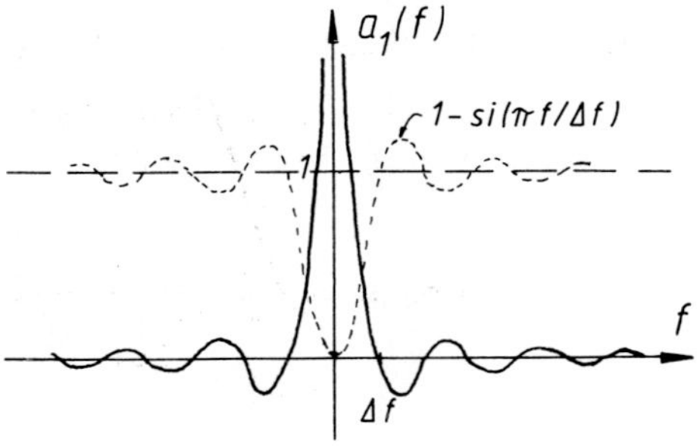

$$S_1(f) = e^{-a_1(f)} e^{-jb_1(f)} = (1-si(\pi f/\Delta f))e^{-j\pi\Delta t f} =$$

$= (1-S_S(f))e^{-j\pi\Delta t f}$, $S_S(f)$: Spalttiefpaß mit äquivalenter Bandbreite Δf

Ersatzschaltung

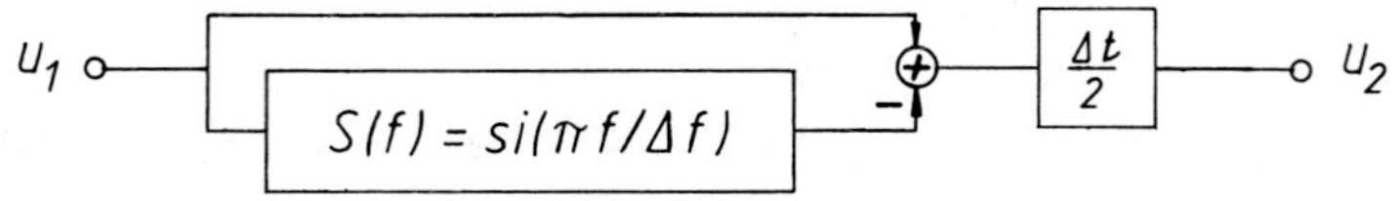

b) Impulsantwort

$$s_1(t) = (\delta(t) - s_S(t)) * \delta(t-\Delta t/2) =$$

s. L8.1b

$$= \delta(t-\Delta t/2) - \mathrm{rect}((t/\Delta t/2)/\Delta t)/\Delta t$$

Sprungantwort

$$\sigma_1(t) = \int_{-\infty}^{t} s_1(t)dt = s_1 * \gamma(t) = (\gamma(t) - \sigma_S(t)) * \delta(t-\Delta t/2) =$$

s. L8.1b

$$= \gamma(t-\Delta t/2) - (t/\Delta t)\ \mathrm{rect}\ ((t-\Delta t/2)/\Delta t) - \gamma(t-\Delta t)$$

Skizzen

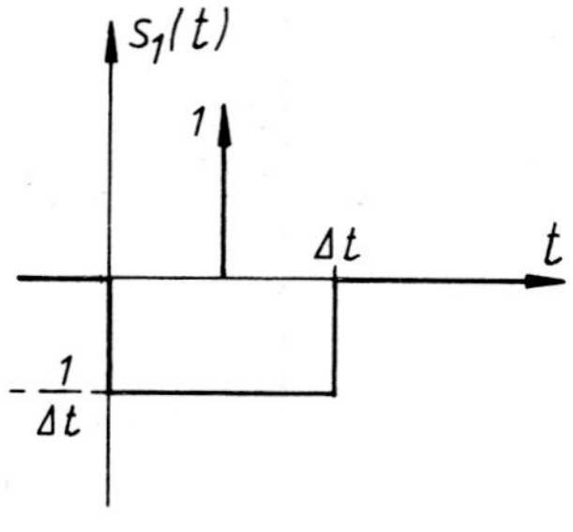

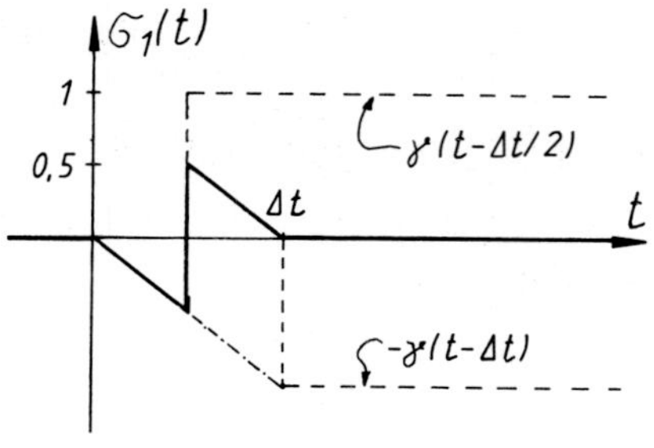

c) idealer Bandpaß

$S_2(f) = \mathrm{rect}((|f|-f_m)/\Delta f) =$

$= \mathrm{rect}(f/(2f_m+\Delta f)) - \mathrm{rect}\,(f/(2f_m-\Delta f))$

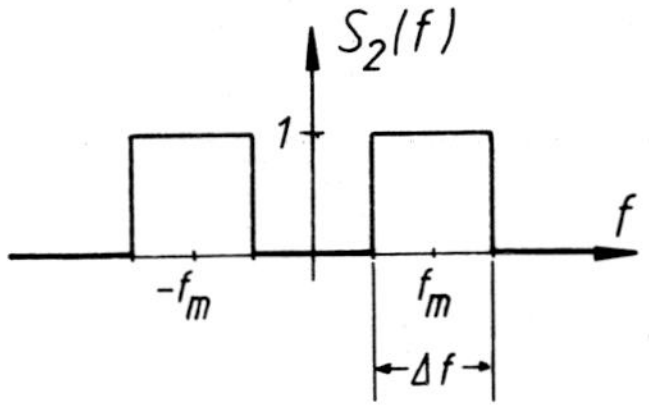

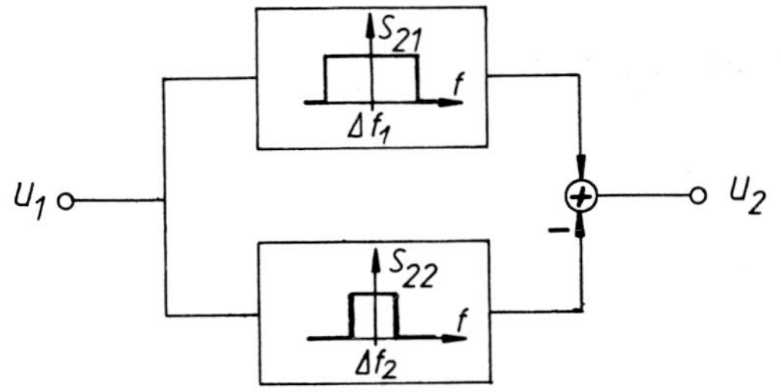

s_{2i} und σ_{2i} s. L8.1a

$f_m=\Delta f$ damit $\Delta f_1 = 3\Delta f$ und $\Delta f_2 = \Delta f$

$s_2(t) = s_{21}(t) - s_{22}(t) \overset{!}{=} \Delta f(3\mathrm{si}(3\pi t\Delta f) - \mathrm{si}(\pi t\Delta f)) =$

$= (3\mathrm{si}(3\pi t/\Delta t) - \mathrm{si}(\pi t/\Delta t))/\Delta t$

$\sigma_2(t) = \sigma_{21}(t) - \sigma_{22}(t) = (\mathrm{Si}(3\pi t/\Delta t) - \mathrm{Si}(\pi t/\Delta t))/\pi$

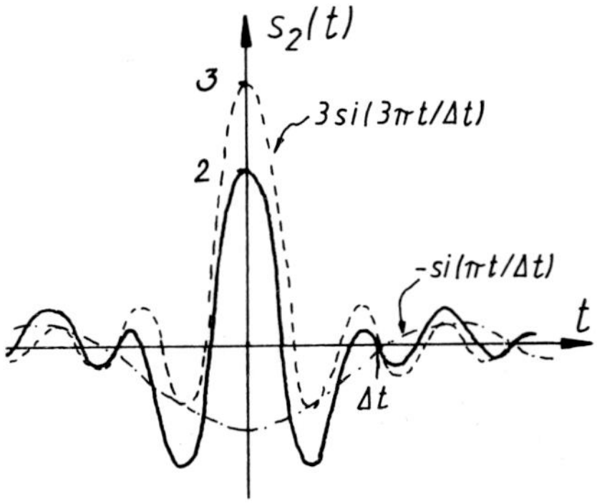

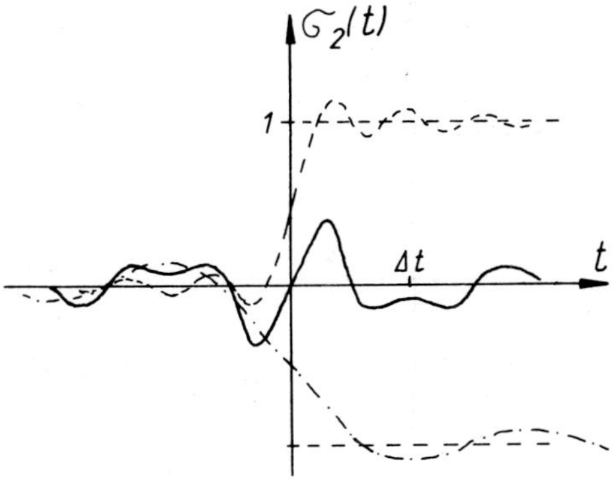

d) spektrale Verhältnisse für die "Schmalbandnäherung"

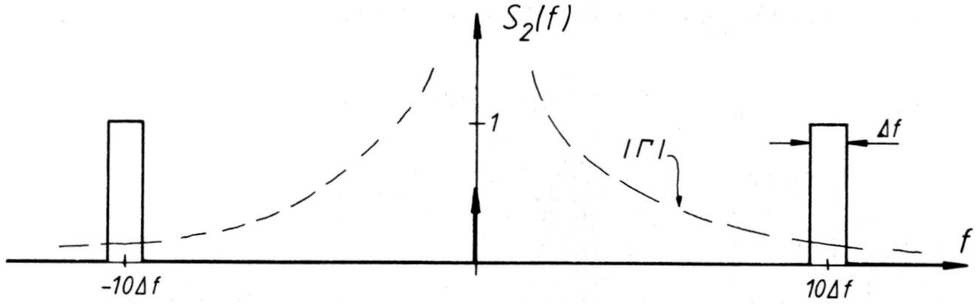

$$S_2(f) = \text{rect}((f-10\Delta f)/\Delta f + \text{rect}((f+10\Delta f)/\Delta f) =$$

$$= S_K(f-10\Delta f) + S_K(f+\Delta f)$$

e) Schmalbandnäherung und Sprungantwort

$$\Gamma(f) = \frac{1}{2}\delta(f) + \frac{1}{j2\pi f}$$

Taylor-Reihe um $f = f_m = 10\Delta f$

$$\Gamma(f) = -\, j/(20\pi\Delta f) + j(f-10\Delta f)/(200\pi\Delta f^2) + \ldots$$

$$(f-10\Delta f)/10 \ll \Delta f\,, \quad 9{,}5\,\Delta f \leq f \leq 10{,}5\,\Delta f$$

$$\approx -\, j/(20\pi\Delta f) = \text{const}$$

damit gilt

$$\sigma_2 \circ\!\!-\!\!\bullet\; \Sigma_2 = S_2\Gamma \approx \tilde{\Sigma}_2 = -jS_K(f-10\Delta f)/(20\pi\Delta f) + jS_K(f+\Delta f)/(20\pi\Delta f)$$

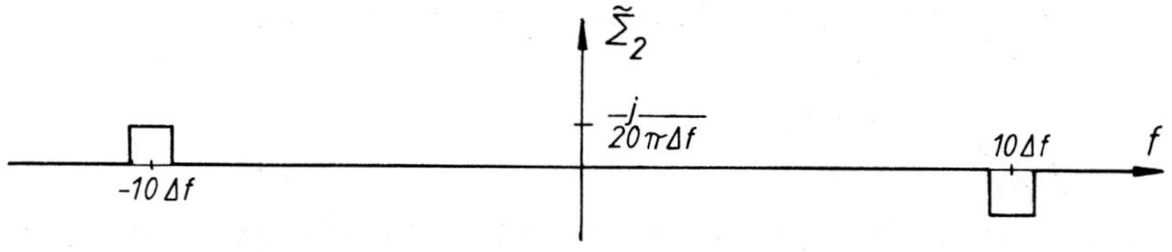

daraus folgt für die Näherung $\tilde{\sigma}_2$

$$\tilde{\Sigma}_2 \bullet\!\!-\!\!\circ\; \tilde{\sigma}_2(t) = j\, s_K(t)(e^{-j20\pi t\Delta f} - e^{j20\pi t\Delta f})/(20\pi\Delta f) =$$

$= s_K(t)\ \sin(20\pi t\Delta f)/(10\pi\Delta f) =$

$= \mathrm{si}(\pi t/\Delta t)\ \sin(20\pi t/\Delta t)/(10\pi)$

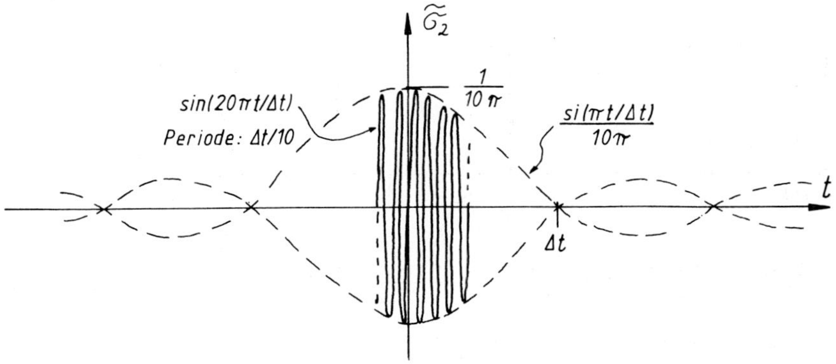

f) Abschätzung des Fehlers (zwischen 1. und 2. Näherung)

nach (e) kommt dazu

$$\tilde{\tilde{\Sigma}}_2 = +j(S_K(f-10\Delta f)(f-10\Delta f) + S_K(f+\Delta f)(f+10\Delta f))/(200\pi\Delta f^2)$$

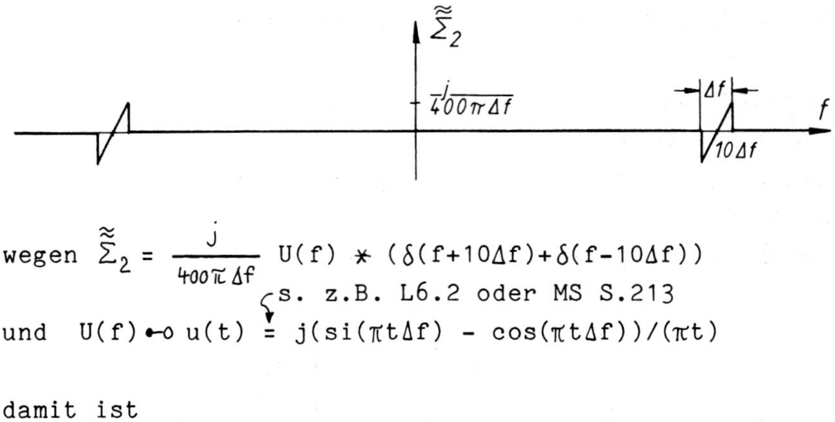

wegen $\tilde{\tilde{\Sigma}}_2 = \dfrac{j}{400\pi\Delta f}\ U(f) * (\delta(f+10\Delta f)+\delta(f-10\Delta f))$

s. z.B. L6.2 oder MS S.213

und $U(f) \bullet\!\!-\!\!\circ\ u(t) = j(\mathrm{si}(\pi t\Delta f) - \cos(\pi t\Delta f))/(\pi t)$

damit ist

$$\tilde{\tilde{\Sigma}}_2 \bullet\!\!-\!\!\circ\ \tilde{\tilde{\sigma}}_2(t) = ((\cos(\pi t/\Delta t) - \mathrm{si}(\pi t/\Delta t))/(200\pi^2 t/\Delta t))\ \cos(20\pi t/\Delta t)$$

Hüllkurve von $\tilde{\tilde{\sigma}}_2$ (s. Skizze in L1.3)

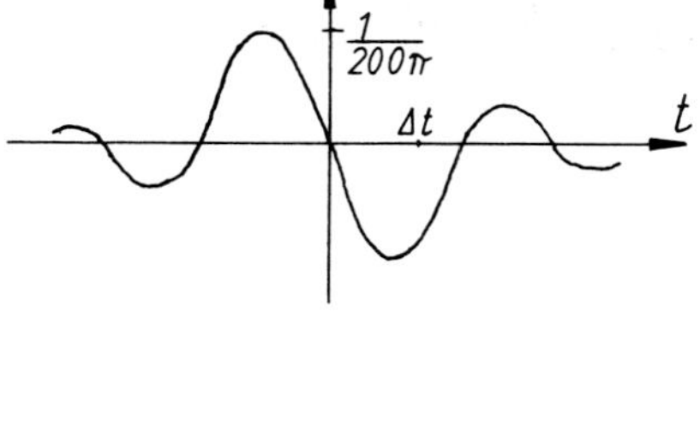

L 8.3 Gleich- und Wechselsignalsprungantwort eines Tiefpasses

a) Skizze von S

Spalt-Tiefpaß

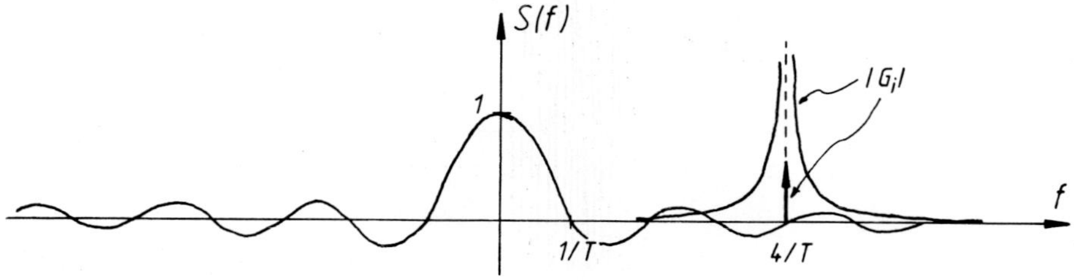

b) Skizzen von s und σ, s. L.8.1

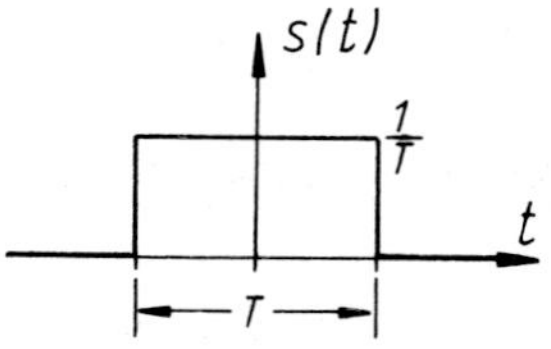

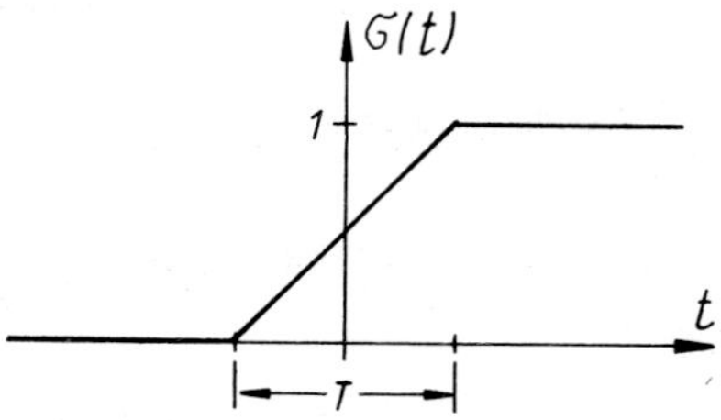

c) Sprungspektrum

$\gamma(t) \circ\!\!-\!\!\bullet\ \Gamma(f) = \delta(f)/2 - j/(2\pi f)$, s. MS S.19

d) Spektrum der stationären Schwingung

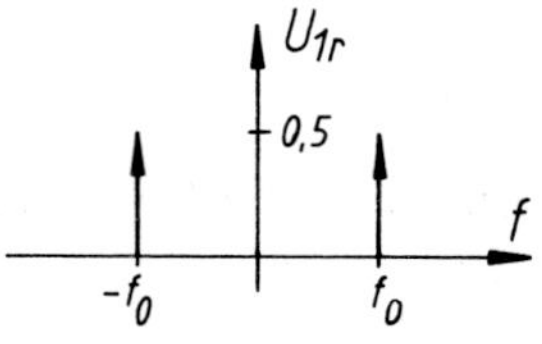

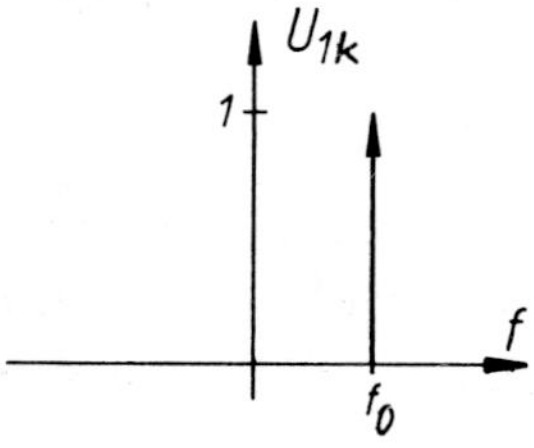

e) Spektrum des reellen Wechselsignalsprungs

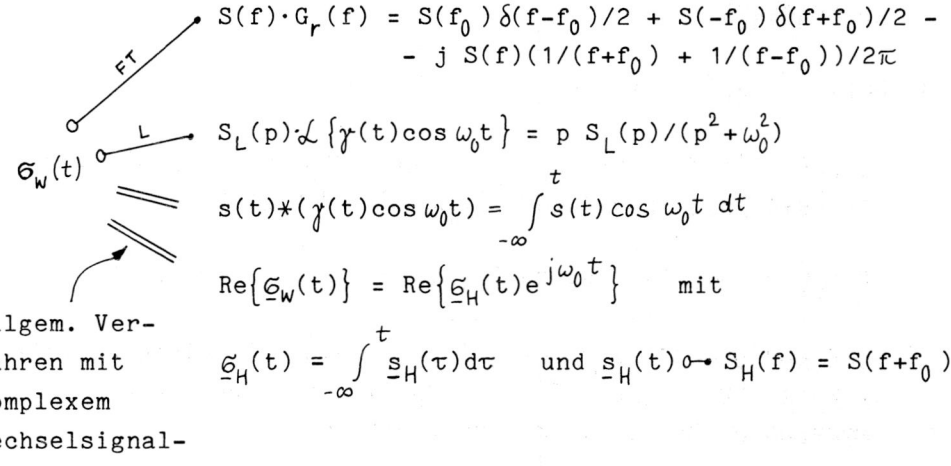

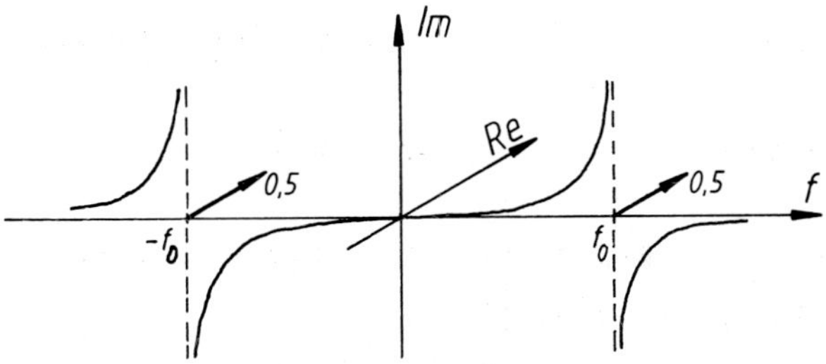

Berechnung der Wechselsignalsprungantwort

$\sigma_W(t)$ —FT→

$$S(f)\cdot G_r(f) = S(f_0)\,\delta(f-f_0)/2 + S(-f_0)\,\delta(f+f_0)/2 - - j\,S(f)(1/(f+f_0) + 1/(f-f_0))/2\pi$$

$\sigma_W(t)$ —L→

$$S_L(p)\cdot\mathcal{L}\{\gamma(t)\cos\omega_0 t\} = p\,S_L(p)/(p^2+\omega_0^2)$$

$$s(t)*(\gamma(t)\cos\omega_0 t) = \int_{-\infty}^{t} s(t)\cos\omega_0 t\,dt$$

$$\mathrm{Re}\{\underline{\sigma}_W(t)\} = \mathrm{Re}\{\underline{\sigma}_H(t)e^{j\omega_0 t}\} \quad \text{mit}$$

$$\underline{\sigma}_H(t) = \int_{-\infty}^{t} \underline{s}_H(\tau)d\tau \quad \text{und} \quad \underline{s}_H(t) \circ\!\!-\!\!\bullet\, S_H(f) = S(f+f_0)$$

allgem. Verfahren mit komplexem Wechselsignalsprung

f) Spektrum des komplexen Wechselsignalsprungs

$$g_k(t) = \gamma(t)e^{j2\pi f_0 t} \circ\!\!-\!\!\bullet\, G_k(f) = \Gamma(f)*\delta(f-f_0) =$$

$$= \delta(f-f_0)/2 - j/(2\pi(f-f_0))$$

Skizze in die Skizze von (a):

mit $f_0 = 4/T$ und $T=\pi/5$

$G_k(0) = j\,1/(2\pi f_0) = j/40$

$G_k(3/T) = j/10;\ G_k(3{,}5/T) = j/5$

g) Bedeutung von x(t)

nach Angabe: mit Verschiebungssatz:

$\delta(f-f_0) \bullet\!\!-\!\!\circ\, x(t)$ $\qquad x(t) = e^{j\omega_0 t}$

x(t) ist der stationäre Anteil des Wechselsignalsprungs komplex dargestellt. Es gilt:

$$\mathrm{Re}\{x(t)\} = \cos \omega_0 t$$

h) Bedeutung und Berechnung von $\underline{\sigma}_H$

nach Angabe:

$$\underline{\sigma}_W(t) = \underline{\sigma}_H(t)\, x(t) = \underline{\sigma}_H(t) e^{j\omega_0 t}$$

$\underline{\sigma}_H$ ist die komplexe Hüllkurve der komplex dargestellten Wechselsignalsprungantwort $\underline{\sigma}_W$, für die gilt

$$\mathrm{Re}\,\{\underline{\sigma}_W\} = \sigma_W(t) = \text{Wechselsignalsprungantwort (reell)}$$

Berechnung über $\underline{\sigma}_H \circ\!\!-\!\!\bullet\, \Gamma(f)S(f+f_0)$, d.h. die Gleichsignalsprungantwort von $S(f+f_0) = S_H(f)$ ist zu berechnen Lösungsweg über die Impulsantwort von S_H

$$S_H(f) = S(f+f_0) \bullet\!\!-\!\!\circ\, \underline{s}_H(t) = s(t)\, e^{-j2\pi f_0 t} \quad \text{(Verschiebungssatz)}$$

mit s aus (b) folgt

$$\underline{s}_H(t) = e^{-j2\pi f_0 t}\, \mathrm{rect}(t/T)/T$$

und

$$\underline{\sigma}_H(t) = \int_{-\infty}^{t} \underline{s}_H(t)dt \overset{f_0 = 4/T}{=} \mathrm{rect}(t/T) \int_{-T/2}^{t} e^{-j8\pi t/T}/T\, dt +$$

$$+ \gamma(t-T/2) \int_{-T/2}^{T/2} e^{-j8\pi t/T}/T\, dt = \ldots =$$

$$= j(e^{-j8\pi t/T} - 1)\, \mathrm{rect}(t/T)/(8\pi) =$$

$= \sin(8\pi t/T)\,\mathrm{rect}(t/T)/(8\pi) + j(\cos(8\pi t/T)-1)\,\mathrm{rect}(t/T)/(8\pi)$

In-Phase-Komponente σ_p — Quadratur-Komponente σ_q der Hüllkurve

i) reeller Einschwingvorgang

$$\sigma_W(t) = \mathrm{Re}\{\underline{\sigma}_W\} = \mathrm{Re}\{\underline{\sigma}_H(t)e^{j\omega_0 t}\} =$$

$$= \sigma_p(t)\cos\omega_0 t - \sigma_q(t)\sin\omega_0 t$$

In-Phase- Quadratur-Komponente

oder

$$= |\underline{\sigma}_H(t)|\cos(\omega_0 t + \varphi_{\sigma_H}(t)) \quad \text{mit} \quad \underline{\sigma}_H = |\underline{\sigma}_H| e^{j\varphi_{\sigma_H}}$$

reelle Hüllkurve — Phasenmodulation

aus (h) folgt daher

$$f_0 = 4/T$$

$$\sigma_W(t) = (\sin(8\pi t/T)\cos(8\pi t/T) - \cos(8\pi t/T)\sin(8\pi t/T) +$$

$$+ \sin(8\pi t/T))\mathrm{rect}(t/T)/(8\pi) =$$

$$= \sin(8\pi t/T)\mathrm{rect}(t/T)/(8\pi)$$

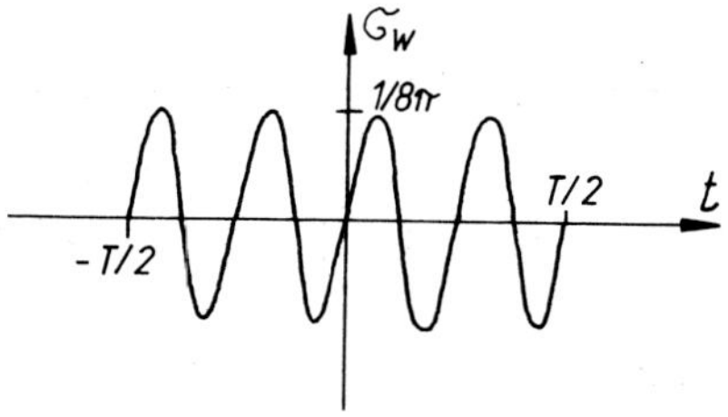

(Vergleiche Faltungsaufgabe A5.4!)

j) Stationärer Endzustand

$\sigma_W(t \to \infty) = 0$, s.(i)

Das Spektrum des stationären Anteils im Wechselsignalsprung fällt genau auf eine Nullstelle von $S(f)$, s.(a), und wird daher unterdrückt.

k) Der Vorteil der Einführung des komplexen Wechselsignalsprungs liegt in der Vereinfachung der Berechnung (nur ein Sprungspektrum ist anzusetzen, s.(d) und (e), und nur die (Gleichsignal-)Sprungantwort des Hilfssystems S_H ist zu berechnen) und der übersichtlichen Darstellung des Ergebnisses (Zerlegung des Ausgangs in In-Phase und Quadraturanteile bzw. (reelle) Hüllkurve $|\underline{\sigma}_H|$ und Phasenmodulationsterm $\varphi_{\sigma_H}(t)$, s.(i)).

L 8.4 Wechselsignalsprungantwort eines idealen Bandpasses

a) Komplexer Ansatz

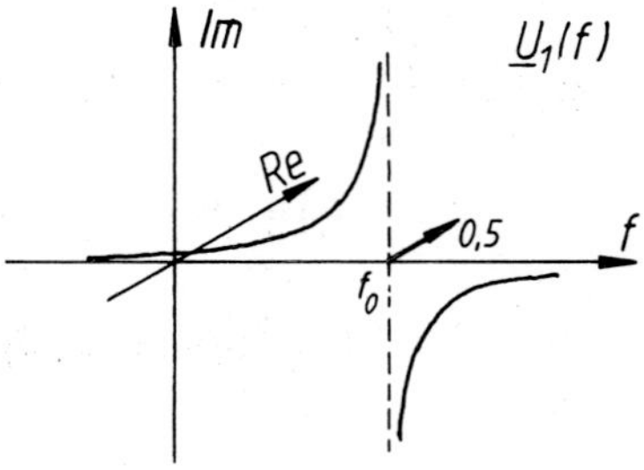

$$\underline{u}_1(t) = \gamma(t)e^{\omega_0 t}$$
$$\underline{U}_1(f) = \Gamma(f)*\delta(f-f_0) = \Gamma(f-f_0)$$

b) Spektrum der komplexen Hüllkurve

$$\underline{\sigma}_W = \underline{u}_1 * s$$
$$\underline{\Sigma}_W = U_1 \cdot S = (\Gamma(f)*\delta(f-f_0))\cdot S(f) = (\Gamma(f)S(f+f_0))*\delta(f-f_0)$$

damit gilt

$$\underline{\Sigma}_H(f) = \Gamma(f)S(f+f_0) =$$

$$= \underbrace{(\delta(f)/2-j/(2\pi f))}(\mathrm{rect}((f-f_m+f_0)/\Delta f) + \underbrace{\mathrm{rect}((f+f_m+f_0)/\Delta f}$$

NFB

c) Skizze von $\underline{\Sigma}_H$ mit $f_m = 10\Delta f$ und $f_0 = f_m$

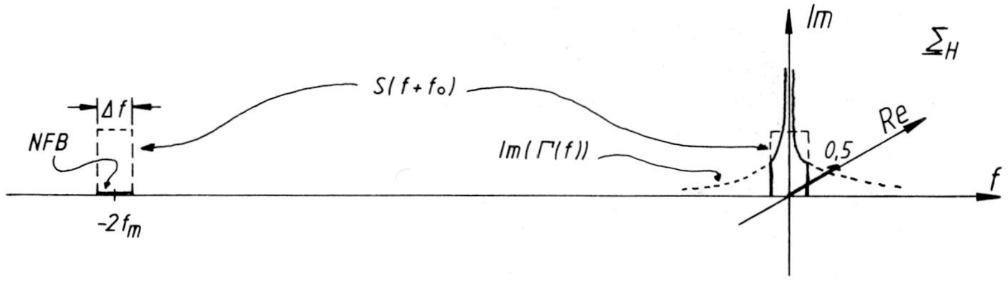

d) NFB und Näherung

Schmalbandnäherung:
für $f_0 \approx f_m$ und $\Delta f \ll f_m$ kann das Sprungspektrum durch den Wert im Zentrum des Übertragungsbereichs angenähert werden

$$\underline{\Sigma}_{H,NFB}(f) = -\, j\ \mathrm{rect}((f+f_m+f_0)/\Delta f)/(2\pi f) \approx j\ \mathrm{rect}(\cdot)/(2\pi(f_0+f_m))$$

NFB-Vernachlässigung
Für $f_m \gg \Delta f$ (Schmalbandpaß)
und $|f_0 - f_m| \ll f_0 + f_m$ (Wechselfrequenz f_0 liegt in der Nähe des Durchlaßbereichs) ist der Beitrag des NFB viel kleiner als der des Durchlaßbereichs nahe der Wechselfrequenz f_0 und kann für eine Näherung vernachlässigt werden.

e) Komplexe Hüllkurve für $f_0 = f_m$ und NFB-Vernachlässigung

$$\underline{\sigma}_H(t) \circ\!\!-\!\!\bullet\ \underline{\Sigma}_H(f) = \Gamma(f)S(f+f_0) \overset{\text{ohne NFB}}{\approx} (\delta(f)/2 - j/(2\pi f))\mathrm{rect}(f/\Delta f)$$

damit ist $\underline{\sigma}_H(t)$ die Sprungantwort eines Küpfmüller-Tiefpasses (s. L8.1a)

$$\underline{\sigma}_H(t) = 0{,}5 + \mathrm{Si}(\pi t/\Delta t)/\pi, \quad \Delta t = 1/\Delta f$$

f) WS-Sprungantwort für $f = f_m$

$$\sigma_W(t) = \mathrm{Re}\{\underline{\sigma}_H(t)e^{j\omega_0 t}\} \overset{\underline{\sigma}_H \text{ reell, s.(e)}}{=} \underline{\sigma}_H(t)\cos\omega_0 t \overset{f_0 = f_m = 10\Delta f}{=}$$

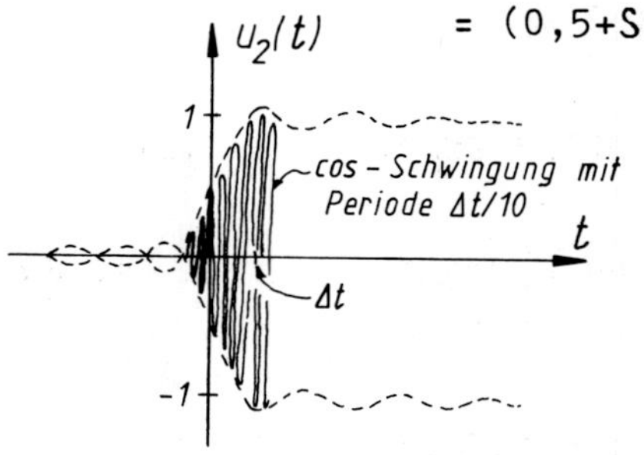

$= (0{,}5+\mathrm{Si}(\pi t/\Delta t))\cos(20\pi t/\Delta t)/\pi$

g) $\underline{\sigma}_H(t)$ für $f_0 = f_m + \Delta f_0$: $\Delta f_0, \Delta f \ll f_m$

$\underline{\sigma}_H(t) \circ\!\!-\!\!\bullet\ \Gamma(f)S(f+f_0)$

über Impulsantwort

$\sigma_H(t) = \gamma(t) * \underline{s}_H(t)$ mit $s_H \circ\!\!-\!\!\bullet\ S(f+f_0)$

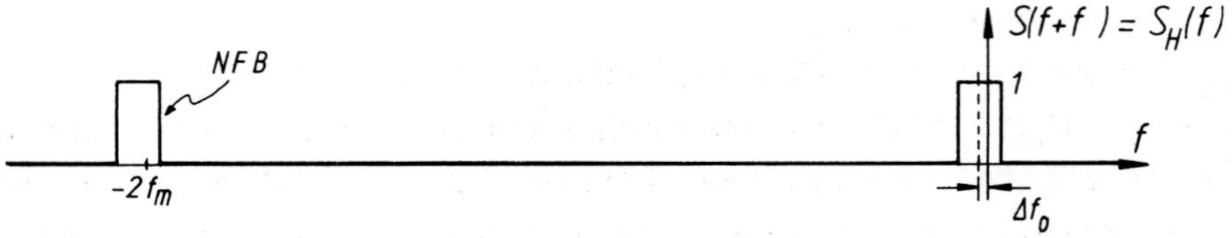

NFB-Vernachlässigung

$S_H \rightarrow \tilde{S}_H$

Zerlegung in geraden und ungeraden Anteil (in diesem Beispiel beide reell)

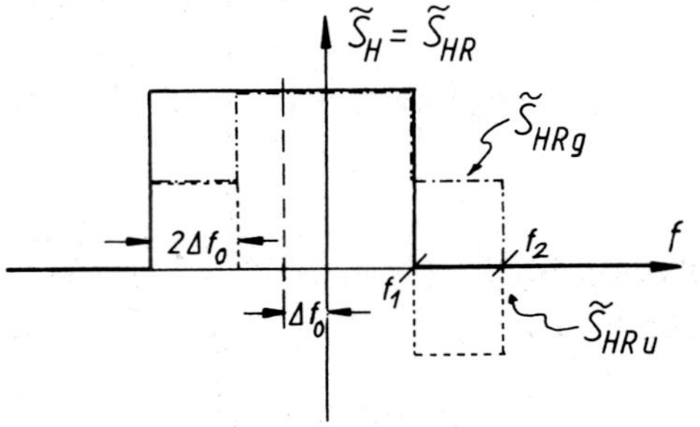

$$\tilde{S}_{HRg}(f) = \mathrm{Re}\{(\tilde{S}_H(f) + \tilde{S}_H(-f))/2\} =$$

$$= \mathrm{rect}(f/(2f_1))/2 + \mathrm{rect}(f/(2f_2))/2$$

mit $f_1 = \Delta f/2 - \Delta f_0$ und $f_2 = \Delta f/2 + \Delta f_0$ s. Skizze

s. L8.1a

$$\tilde{s}_{HRg}(t) = 2f_1\,\mathrm{si}(2\pi t f_1)/2 + 2f_2\,\mathrm{si}(2\pi t f_2)/2$$

↓ Integration

$$\mathrm{Re}\{\tilde{\sigma}_H\} = \tilde{\sigma}_p(t) = 0{,}5 + (\mathrm{Si}(\omega_1 t) + \mathrm{Si}(\omega_2 t))/(2\pi)$$

$$\tilde{S}_{HRu}(f) = \mathrm{Re}\{(\tilde{S}_H(f) - \tilde{S}_H(-f))/2\} =$$

$$= \mathrm{rect}(f/(f_2 - f_1)) * (\delta(f + (f_2+f_1)/2) - \delta(f - (f_2+f_1)/2))$$

mit $f_2 - f_1 = 2\Delta f_0$

$$j\tilde{s}_{HJu}(t) = 2\Delta f_0\,\mathrm{si}(\pi t(f_2 - f_1))(-j)\,\sin(\pi t(f_2 + f_1)) =$$
$$= j(\cos(2\pi t f_2) - \cos(2\pi t f_1))/(2\pi t)$$

↓ Integration

$$\tilde{\sigma}_q(t) = \int_{-\infty}^{t} \tilde{s}_{HJu}(x)\,dx = f_2 \int_{-\infty}^{t} \cos(2\pi x f_2)/(2\pi x f_2)\,dx - f_1 \int_{-\infty}^{t} \dots =$$

$$\mathrm{Ci}(y) = \int_{-\infty}^{y} \cos(x)/x\,dx$$

$$= (\mathrm{Ci}(\omega_2 t) - \mathrm{Ci}(\omega_1 t))/(2\pi)$$

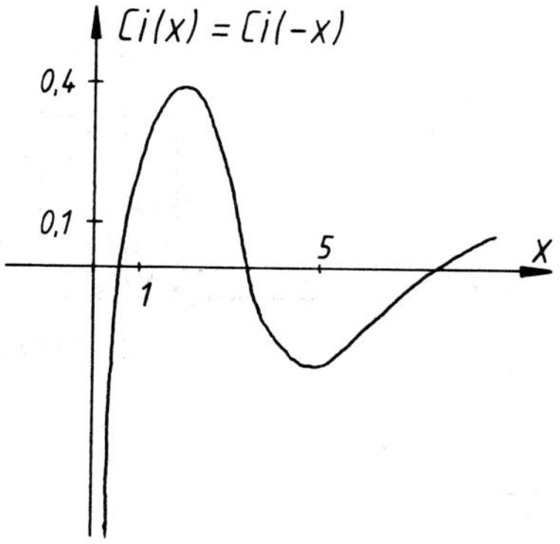

Näherungen für Ci

$\mathrm{Ci}(x) \approx 0{,}5772 + \ln|x|$ für $|x| \leq 0{,}2$

$\mathrm{Ci}(x) \approx \mathrm{si}(x)$ für $|x| \geq 6$

Gesamtergebnis mit $\Delta f_0 = f_0 - f_m$

$$\tilde{\underline{G}}_H(t,\Delta f_0) = 1/2 + \underbrace{(\mathrm{Si}(\pi t(\Delta f+2\Delta f_0)) + \mathrm{Si}(\pi t(\Delta f-2\Delta f_0)))/(2\pi)}_{\text{In-Phase-Komponente}} +$$

$$+ \underbrace{j(\mathrm{Ci}(\pi t(\Delta f+2\Delta f_0)) - \mathrm{Ci}(\pi t(\Delta f-2\Delta f_0)))/(2\pi)}_{\text{Quadraturkomponente}}$$

Kontrolle

$$\tilde{\underline{G}}_H(t,\Delta f_0 = 0) = \ldots = \underline{G}_H(t) \text{ aus (e)}$$

h) Skizzen

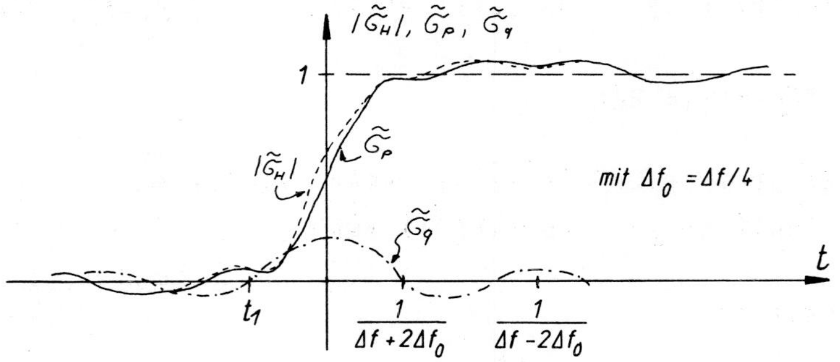

Ortskurve

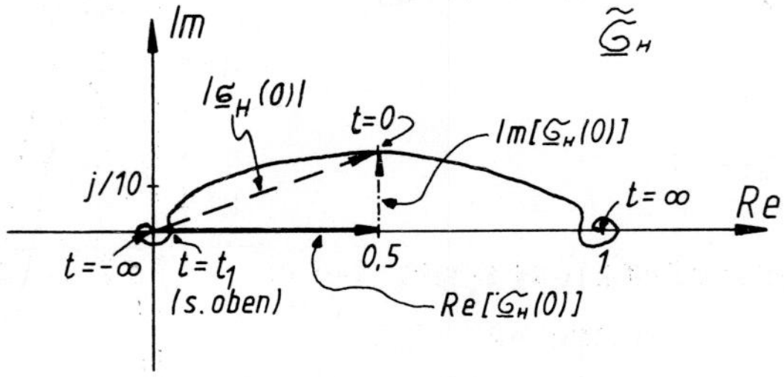

i) WS-Sprungantwort

$$u_2(t) = \sigma_W(t) = \mathrm{Re}\{\underline{\sigma}_H(t)e^{j\omega_0 t}\} =$$

$$= \sigma_p(t)\cos(\omega_0 t) - \sigma_q(t)\sin\omega_0 t =$$

oder

$$= \sqrt{\sigma_p^2 + \sigma_q^2}\,\cos(\omega_0 t + \mathrm{artan}(\sigma_q(t)/\sigma_p(t)))$$

mit $\tilde{\sigma}_p$ und $\tilde{\sigma}_q$, s.(g), als Näherungen für σ_p und σ_q

j) einfachere Näherung für σ_q für $\Delta f_0 \ll \Delta f$

$$\tilde{\sigma}_q \circ\!\!-\!\!\bullet\; \Gamma(f)\,jS_{HRu}(f) \approx \tilde{\tilde{\Sigma}}_q(f)$$ (Schmalbandnäherung)

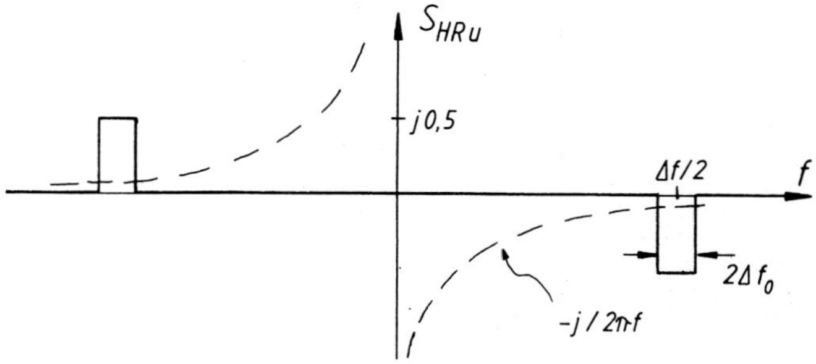

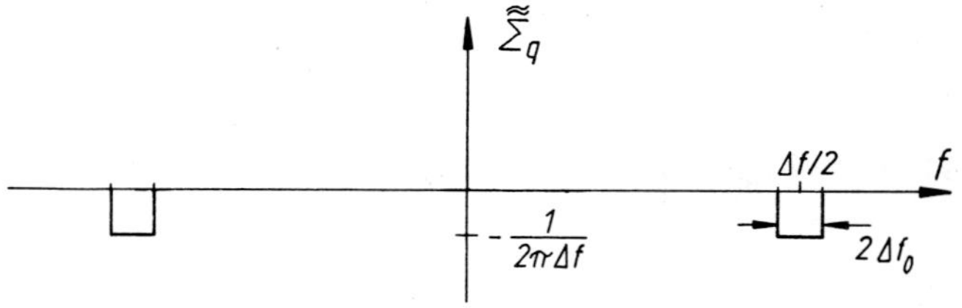

nach Skizze gilt

$$\tilde{\tilde{\Sigma}}_q(f) = -\,\mathrm{rect}(f/(2\Delta f_0))/(\pi\Delta f) * (\delta(f+\Delta f/2) + \delta(f-\Delta f/2))/2$$

$$\bullet\!\!-\!\!\circ$$

$$\tilde{\tilde{\sigma}}_q(t) = 2\Delta f_0\;\mathrm{si}(2\pi t\Delta f_0)\cos(\pi t\Delta f)/(\pi\Delta f)$$

$$\max\{\tilde{\tilde{\sigma}}_q(t,\Delta f_0)\} = 2\Delta f_0/(\pi\Delta f)$$

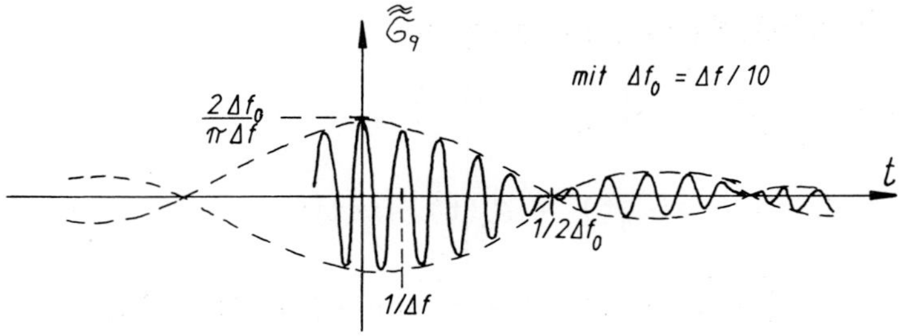

Kontrolle: $\tilde{\tilde{\sigma}}_q = 0$ für $\Delta f_0 = 0$ (symmetrische Lage der Wechselfrequenz)

$\tilde{\tilde{\sigma}}_q(0) = 1/(2\pi) \approx 0{,}15$ für $\Delta f_0 = \Delta f/4$ s. Skizze in (h)

k) Fehler durch NFB-Vernachlässigung

$\tilde{S}_H = S_H + \Delta S_H$, s.(g)
mit
$\Delta S_H = \mathrm{rect}((f+f_m+f_0)/\Delta f) \bullet\!\!-\!\!\circ\; \Delta \underline{s}_H$

damit ist der Fehler in $\underline{\sigma}_H$
$\Delta\underline{\sigma}_H(t) = \gamma(t) * \Delta \underline{s}_H$
mit Schmalbandnäherung wegen $\Delta f \ll f_m$ und $\Delta f_0 \ll f_m$

$\Delta\underline{\sigma}_H \approx \Delta\underline{\tilde{\sigma}}_H(t) \circ\!\!-\!\!\bullet\; j\, \mathrm{rect}((f+f_m+f_0)/\Delta f)/(2\pi(f_m+f_0))$

damit gilt
$\Delta\underline{\tilde{\sigma}}_H(t) = (\Delta f/(2\pi(2f_m+\Delta f_0))\ \mathrm{si}(\pi t \Delta f)\ e^{-j2\pi(f_m+f_0)t}$
und

$\max\{\Delta\underline{\tilde{\sigma}}_H(t)\} \overset{t=0}{\approx} \Delta f/(4\pi f_m) \ll 0{,}1$ wegen $\Delta f \ll f_m$

und damit gegen $\underline{\tilde{\sigma}}_H(t)$ aus (g) und (h)
wegen $\underline{\sigma}_H(t) \approx 1/2$ bei t=0 zu vernachlässigen.

L 8.5 Gauß-Tief-, Hoch- und Bandpaß

a) Skizze $|S_{TP}|$

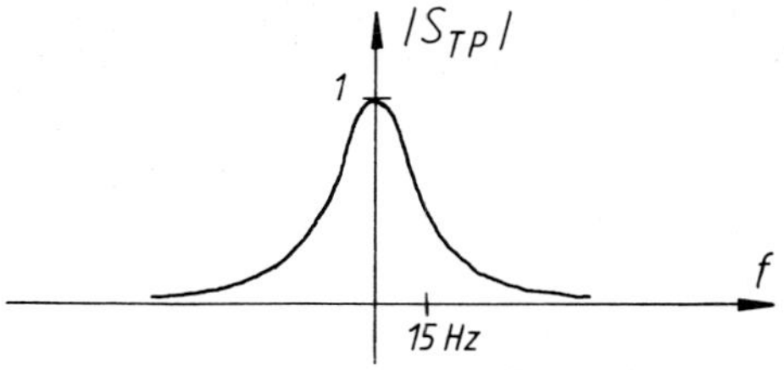

b) Skizze σ_{TP}

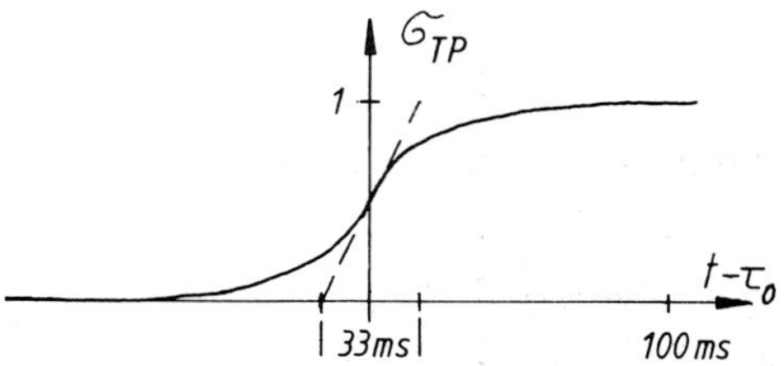

c) äquivalenter Hochpaß

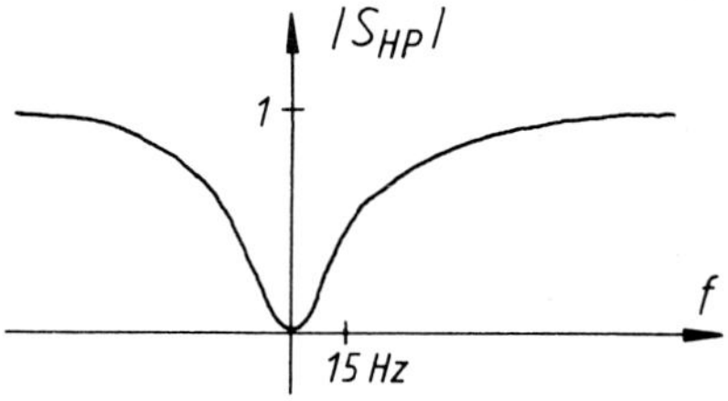

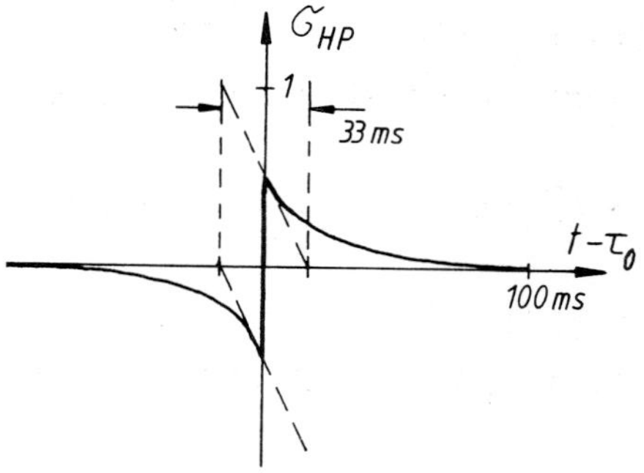

d) Bandpaß

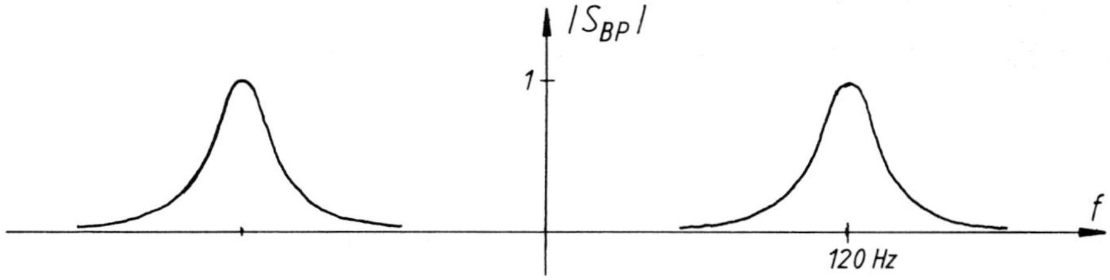

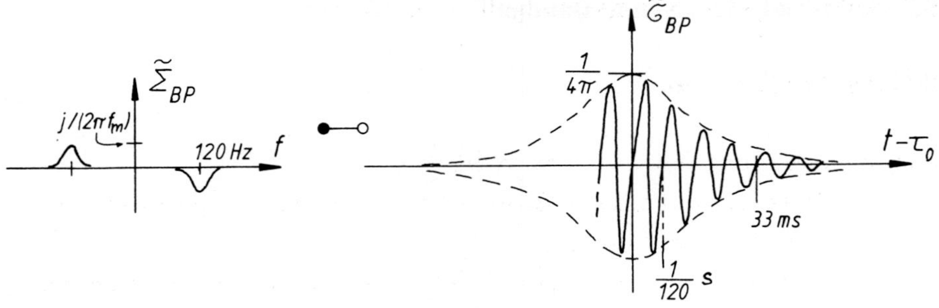

e) Wechselsignalsprungantwort
Wechselfrequenz symmetrisch im Bandpaß, s. L8.4

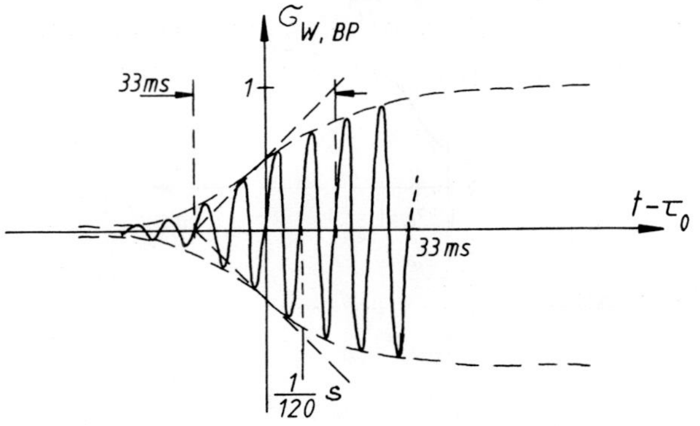

L 9.1 Abtastung eines schmalbandgefilterten Signals

a) Gruppenlaufzeit zu u_1

aus dem Verlauf von u_1 ist ersichtlich:

1) Die Spektralanteile kommen mit zu hohen Frequenzen ansteigender Verzögerung
2) die Schwerpunktslaufzeit (definiert über das "Momentengleichgewicht" s. L4.3) kann geschätzt werden: $\tau_s \approx 5/f_g$

Aus 1) folgt $db/d\omega = \tau_g(\omega)$ steigt mit der Frequenz.
Aus 2) folgt $\tau_s = \tau_g(0) \approx 5/f_g$
Aus $u_1(t)$ reell folgt, τ_g ist eine gerade Funktion s.L4.3.
Damit läßt sich τ_g grob qualitztiv skizzieren

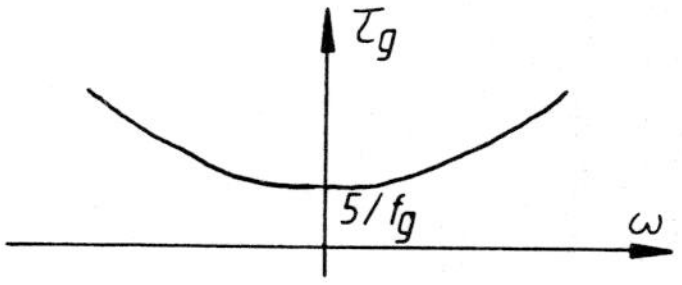

b) u_1 nach Bandpaßfilterung

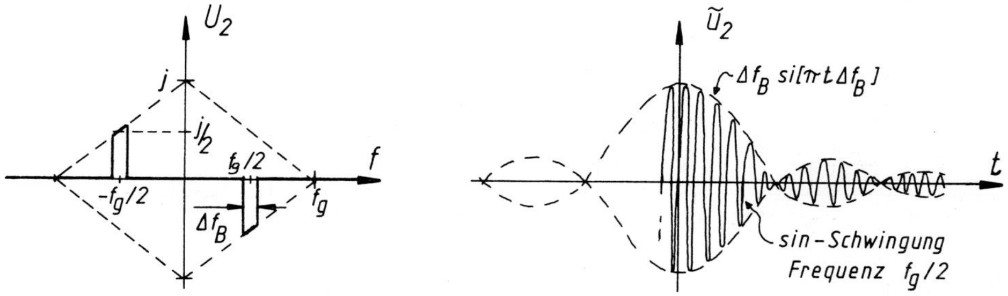

Näherung für $\tilde{u}_2$ (Vernachlässigung der Abschrägung im Spektrum)

$$U_2 \approx \tilde{U}_2 \overset{\text{mit } b(f_g/2) = \pi/2 \text{ und } b \text{ ungerade}}{=} \text{rect}(f/\Delta f_B) * (e^{-j\pi/2}\,\delta(f-f_g/2) + e^{j\pi/2}\,\delta(f+f_g/2))/2$$

$$u_2 \approx \tilde{u}_2 = \Delta f_B \,\text{si}(\pi t \Delta f_B) \cdot \sin \pi t f_g$$

c) Abtastung mit Diracpuls

$$u_3(t) = u_2(t)\; p(t,\Delta t) = \sum_k u_2(k\Delta t)\delta(t-k\Delta t)$$

$$U_3(f) = U_2(f)*P(f,\Delta t) = U_2(f)*\frac{1}{\Delta t}\sum_k \delta(f-k/\Delta t) = \frac{1}{\Delta t}\sum_k U_2(f-k/\Delta t)$$

Forderung des Abtasttheorems für NF-Spektren:

$\Delta t \leq 1/(2f_{N\,max})$

Grenzfrequenz von u_2: $f_g/2 + \Delta f_B/2 \approx f_g/2$ mit $\Delta f_B \ll f_g$

c1) $\Delta t < 1/f_g$ Überabtastung nach Abtasttheorem für NF-Spektren

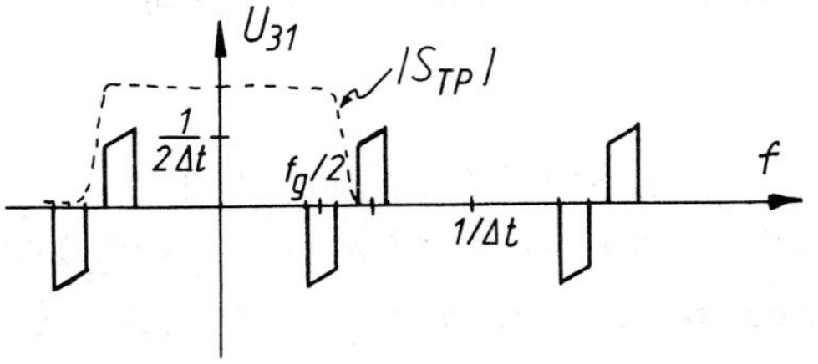

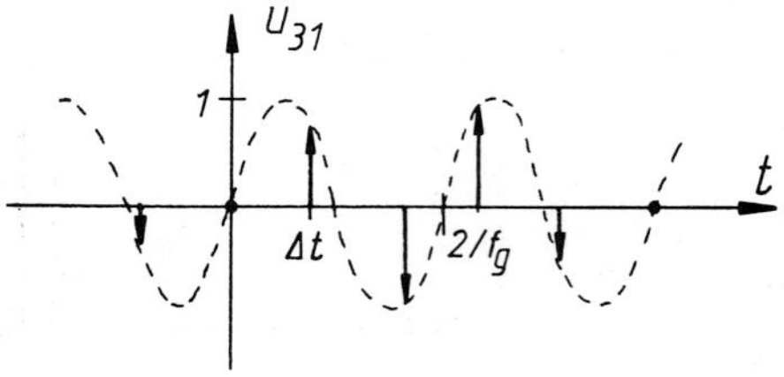

Skizzen für $\Delta t \approx 0{,}8/f_g$

c2) $\Delta t = 1/f_g$ Grenzfall

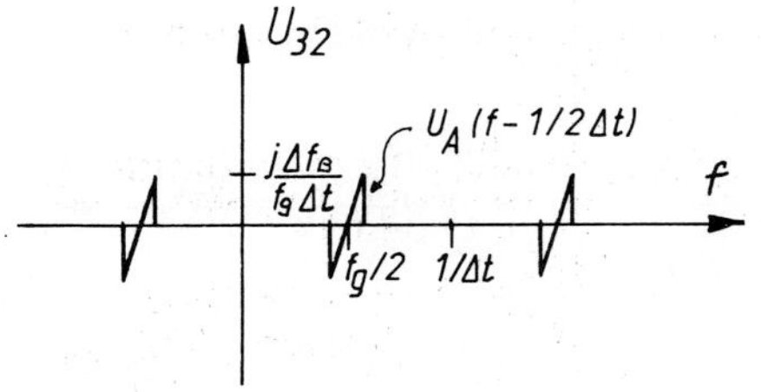

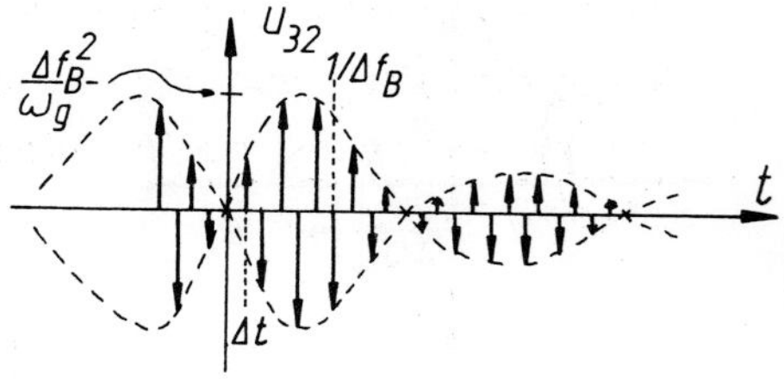

die Hüllkurve von u_{32} stammt genau von der in der Näherung in (b) vernachlässigten spektralen Abschrägung.
Mit folgendem Ansatz

$U_{32} = U_A * p(f-1/(2\Delta t), 1/\Delta t)/\Delta t$
und U_A z.B. aus L1.3 ergibt sich u_{32}

c3) $1/f_g < \Delta t < 2/f_g$ Unterabtastung nach Abtasttheorem für NF-Spektren

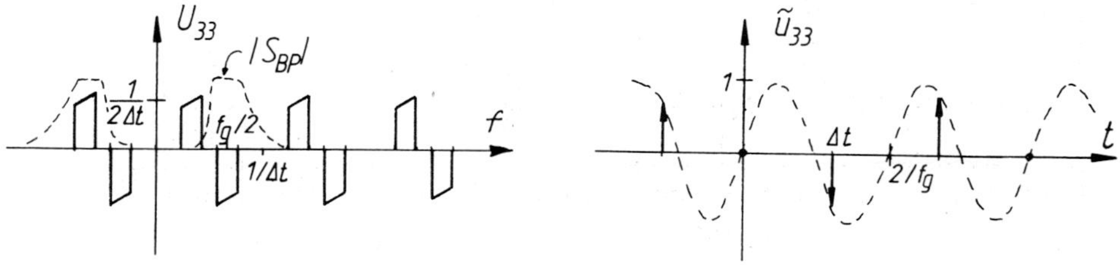

Skizzen für $\Delta t \approx 4/(3f_g)$

d) Aliasing und verzerrungsfreie Signalwiedergewinnung

d1) kein Aliasing (exakt für $\Delta t \leq 1/(f_g+\Delta f_B)$);
Wiedergewinnung durch Tiefpaß mit folgenden Übertragungseigenschaften

$$|S_{TP}| = \begin{cases} 1, \\ 0, \\ \text{beliebig}, \end{cases} \qquad b_S = \begin{cases} \sim f, & \text{für } |f| \leq (f_g+\Delta f_B)/2 \\ -, & \text{für } |f| \geq 1/\Delta t - (f_g+\Delta f_B)/2 \\ \text{beliebig} & \text{sonst} \end{cases}$$

d2) Aliasing (exakt für $1/(f_g+\Delta f_B) \leq \Delta t \leq 1/(f_g-\Delta f_B)$;
keine Wiedergewinnung möglich

d3) kein Aliasing (exakt für $1/(f_g-\Delta f_B) \leq \Delta t \leq 2/(f_g+\Delta f_B)$,
da Verschachtelung der HF-Spektren (bandbaß-gefilterte NF-Spektren!) ohne Überlappung;
Wiedergewinnung durch Bandpaß mit folgenden Übertragungseigenschaften

$$|S_{BP}| = \begin{cases} 1, \\ 0, \\ \text{beliebig} \end{cases} \qquad b = \begin{cases} \sim f, & \text{für } ||f| - f_g/2| \leq \Delta f_B/2 \\ - & \text{für } ||f| - 1/\Delta t| \geq (f_g-\Delta f_B)/2 \\ \text{beliebig} & \text{sonst} \end{cases}$$

e) Übertragungsfunktionen der zur Rückgewinnung geeigneten Systeme s. Skizzen von (c), wobei jeweils geringste Flankensteilheit angestrebt wurde.

f) Interpolationsimpulsantworten

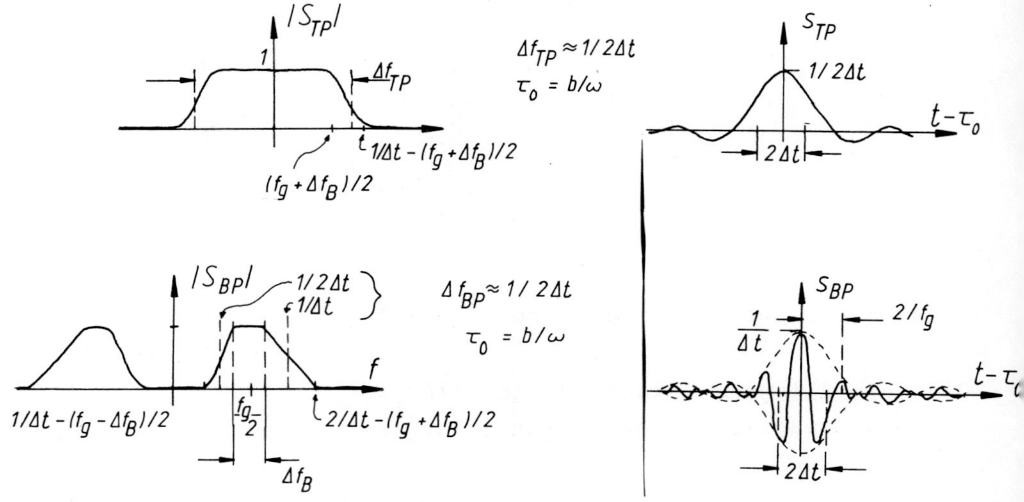

L 9.2 Abtastsystem

a) Impulsantwort s_1

$$S_1(f) = si^2(\pi f \Delta t_1) = S_{10}^2(f) \bullet\!\!-\!\!\circ\ s_{10}(t) * s_{10}(t) = s_1(t)$$

mit $s_{10}(t) = rect(t/\Delta t_1)/\Delta t_1$ folgt

$$s_1(t) = (1-|t|)\ rect(t/(2\Delta t_1))/\Delta t_1$$

Skizze s. (b)↓

b) Skizze von $u_1/20$ in die Skizze von s_1

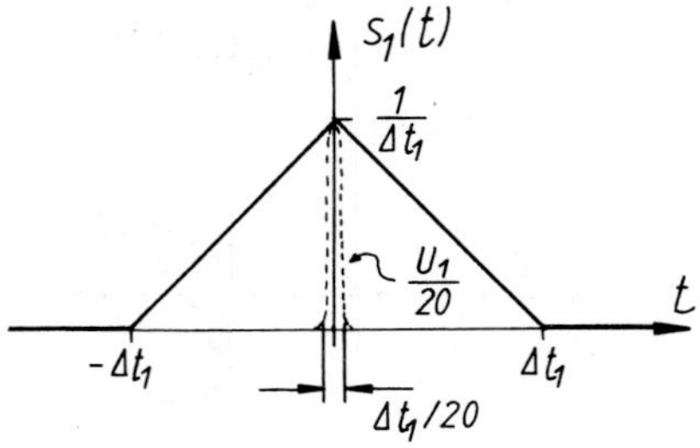

c) Skizzen von S_1 und U_1

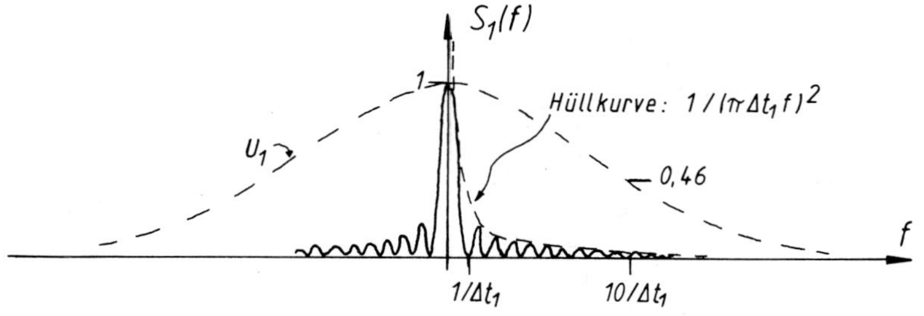

d) Signal nach Abtastung

$$u_2(t) = \tilde{u}_1 Tp = (u_1 * s)Tp = T \sum_k \int_{-\Delta t_1}^{\Delta t_1} u_1(kT-x)s_1(x)dx \cdot \delta(t-kT)$$

zur qualitativen Skizze von u_2:

1) $u_1 * s_1 \approx s_1$, da die äquivalente Impulsbreite von u_1 viel kleiner als die von s_1 ist, und daher für diese Faltung gilt $u_1(t) \approx \delta(t)$ und $S_1(0) = 1$, und daher auch gilt

$$\int_{-\infty}^{\infty} u_1 * s_1 \, dt \approx \int_{-\infty}^{\infty} s_1 \, dt$$

2) die Knickstellen von s_1 werden durch die Faltung verwischt, ungefähr über das Intervall $\Delta t_1/20$, die äquivalente Impulsbreite von u_1.

Dies läßt sich folgendermaßen leicht erkennen:

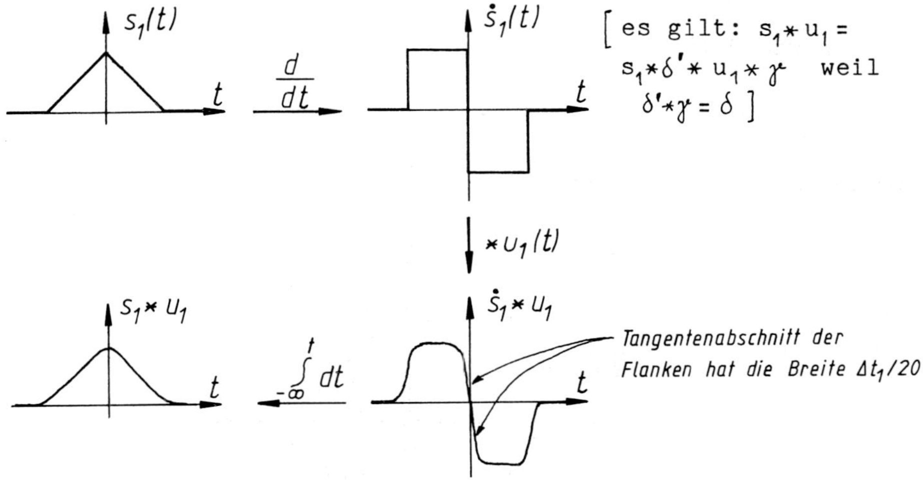

[es gilt: $s_1 * u_1 = s_1 * \delta' * u_1 * \gamma$ weil $\delta' * \gamma = \delta$]

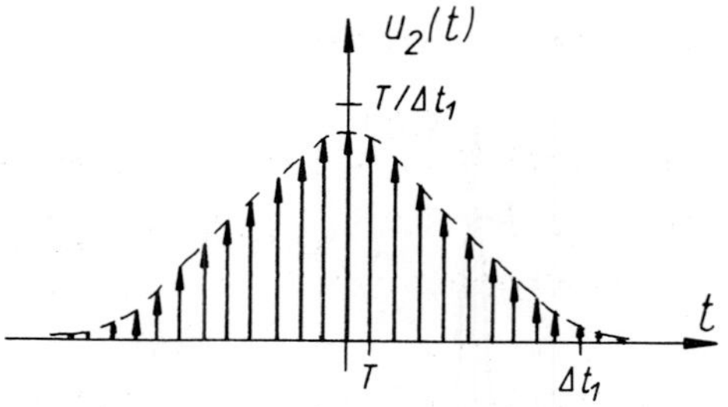

e) Linearität und Zeitinvarianz für $u_1 \multimap (S_A) \rightarrow u_2$, s. auch L4.5

e1) S_A ist linear, denn es gilt das Superpositionsgesetz

Beweis: $u_1 = a + b$

$u_2 = ((a+b)*s_1)Tp = (a*s_1)Tp + (b*s_1)Tp = a_2+b_2$

e2) S ist zeit<u>variant</u>, denn die relative Lage der Abtastimpulse zur Hüllkurve in u_2 hängt vom Auftrittszeitpunkt t_0 des Eingangssignals $u_1(t-t_0)$ ab

Beweis: $(u_1(t)*s_1(t))\ Tp(t) = u_2(t,0)$

$(u_1(t-t_0)*s_1(t))\ Tp(t) = u_2(t,t_0) \neq u_2(t-t_0)$ mit

$u_2(t-t_0) = (u_1(t-t_0)*s_1(t))Tp(t-t_0)$

f) Spektrum nach Abtastung

$\tilde{U}_1 = U_1 \cdot S_1$

$U_2 = \tilde{U}_1 * TP$ mit $P = \frac{1}{T}\sum_k \delta(f-k/T)$ folgt

$U_2(f) = \sum_k \tilde{U}_1(f-k/T) = \sum_k U_1(f-k/T)S_1(f-k/T)$ s. L2.3

g) Skizze U_2

h) Skizze S_3

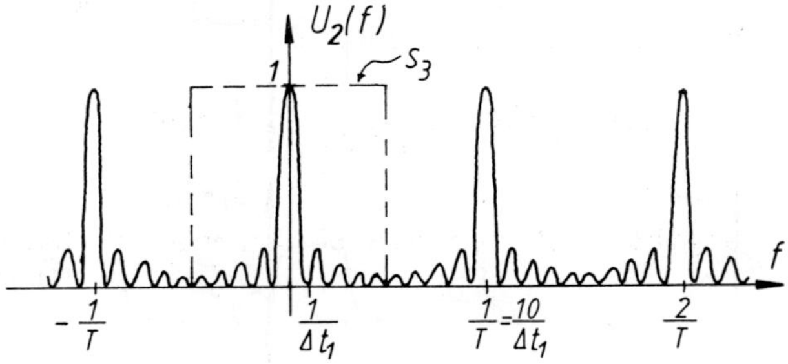

i) Verzerrungen in u_3 und ihre Spektren

i1) Amplitudenverzerrungen durch Antialiasingfilter S_1

$u_1 \rightarrow \tilde{u}_1 = u_1 * s_1 \circ\!\!-\!\!\bullet \tilde{U}_1 = U_1 \cdot S_1$ mit $U_1 = \tilde{U}_1 + V_1$

ergibt sich als Verzerrungsspektrum $V_1 = U_1(1-S_1)$

i2) Amplitudenverzerrungen durch Interpolationsfilter S_3

$\tilde{u}_1 \rightarrow \approx{u}_1 = u_1 * s_1 * s_3$

$V_2 = \tilde{U}_1(1-S_3) = U_1 S_1 (1-S_3)$

i3) Aliasing-Störungen

$\approx{u}_1 \rightarrow \overset{\approx}{\tilde{u}}_1 = \approx{u}_1 + u_A$

mit

$$u_A \circ\!\!-\!\!\bullet S_3 \sum_{\substack{k=-\infty \\ k \neq 0}}^{\infty} \tilde{U}_1(f-kT)$$

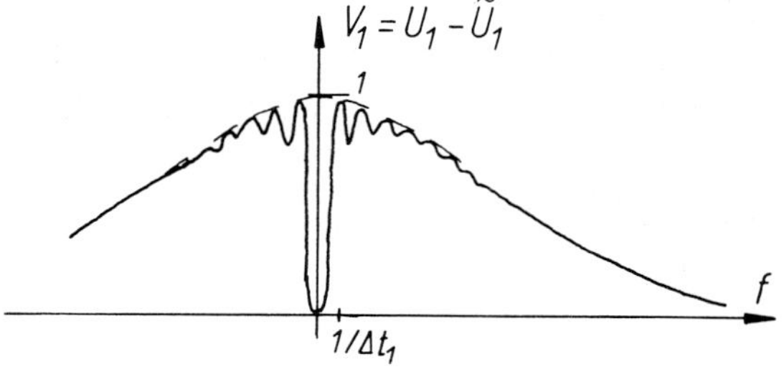

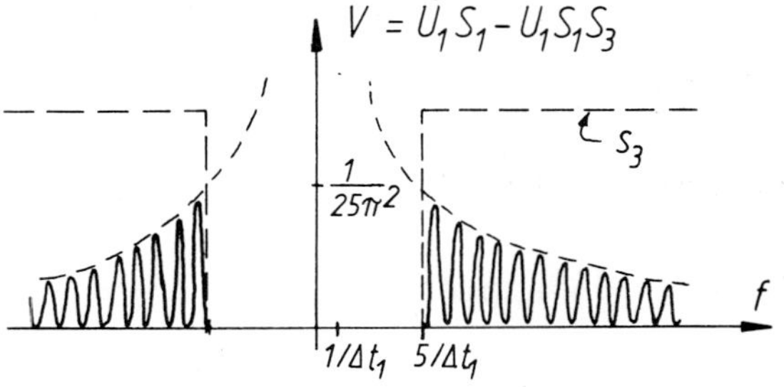

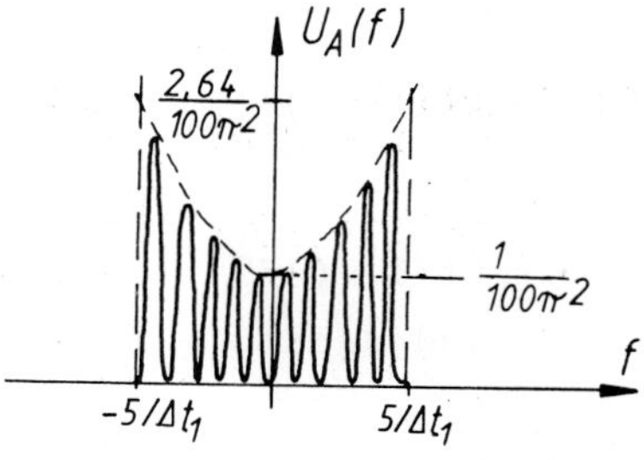

Für die Abschätzung der Hüllkurve von U_A wurde die Hüllkurve von $\tilde{U}_1$ nach (c) benutzt:

$$H\{\tilde{U}_1\} = e^{-\pi(f\Delta t_1/20)^2}/(\pi f \Delta t_1)^2$$

damit ergibt sich für die Hüllkurve von U_A

$$H\{U_A(0)\} = 2\sum_1^{\infty} H\{\tilde{U}_1(10k/\Delta t_1)\} = 2\sum_1^{\infty} e^{-\pi k^2/4}/(10k\pi)^2 =$$
$$= 0{,}46/(50\pi^2) + 0{,}04/(50\pi^2) + 0{,}0008/(50\pi^2) + \ldots$$
$$\ldots \approx 1/(100\pi^2)$$

$$H\{U_A(5/\Delta t_1)\} = e^{-\pi/16}/(25\pi^2) + 2\sum_1^{\infty} e^{-\pi(0{,}5+k)^2/4}/((0{,}5+k)10\pi)^2$$
$$= 2{,}48/(100\pi^2) + 0{,}15/(100\pi^2) + 0{,}002/(100\pi^2) + \ldots$$
$$\ldots \approx 2.64/(100\pi^2)$$

j) neue Abtastfrequenz unter Vorgabe des Maximums des Aliasing-Spektrums

$$U_A(f) = S_3 \sum_{\substack{k=-\infty \\ k\neq 0}}^{\infty} U_1(f-kT)S_1(f-kT) \qquad \text{s.(i)}$$

es gilt:

1) max $\{U_A\}$ tritt an den Bandgrenzen von S_3 auf (bei $f=5/\Delta t_1$)
2) es braucht für eine Abschätzung nur der Beitrag des ersten Nachbarspektrums betrachtet werden, da die Summe der beiden nächstkleineren Beiträge davon nur ca. 6% ausmacht, s. (i)
3) die Hüllkurve der wiederholten Spektren ist wieder $H\{\tilde{U}_1\} = e^{-\pi(f\Delta t_1/20)^2}/(\pi f\Delta t_1)^2$.
4) Gleichanteil von U_3:
$U_3(0) = U_1(0)S_1(0) + U_A(0) = 1 + 1/(100\pi^2) \approx 1$
5) $(1/T')/(1/T) = \Delta t_1/10T' = C$ (gesuchtes Verhältnis)
und damit $1/T' = 10C/\Delta t_1$

damit folgt die Bestimmungsgleichung für C

$$H\{\tilde{U}_1(10C/\Delta t_1)\} = e^{-\pi C^2/4}/(100C^2\pi^2) = 0{,}01$$

Lösung graphisch durch Interpolation zwischen einzelnen Hüllkurvenwerten:

z.B. aus (i) bereits bekannt: neue Werte:

$H\{\tilde{U}_1\}\|_{C=1} = 0{,}0009$	$H\{\tilde{U}_1\}\|_{C=0{,}25} = 0{,}015$
$H\{\tilde{U}_1\}\|_{C=0{,}5} = 0{,}002$	$H\{\tilde{U}_1\}\|_{C=0{,}35} = 0{,}0075$

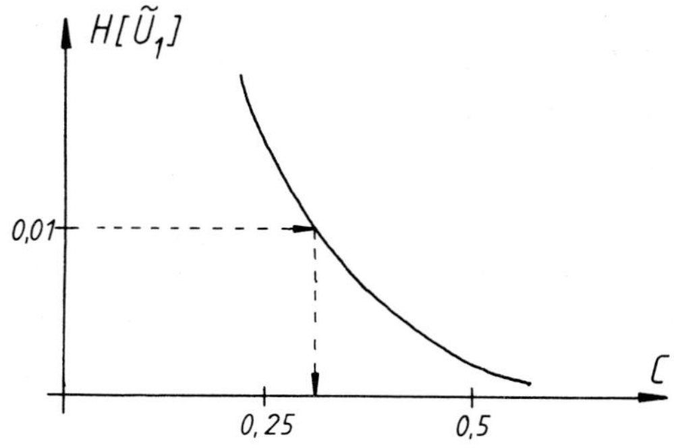

durch Interpolation: $C = (1/T')/(1/T) \approx 0{,}31$

(Prüfung: $H\{\tilde{U}_1\}\big|_{C=0,31} \approx 0{,}0098$)

k) Verhinderung der Aliasing-Störungen

Wenn das Antialiasing-Filter S_1 vollständig bandbegrenzt, d.h. $S_1(f) = 0$ für $|f| >$ Abtastfrequenz/2, gibt es keine Aliasing-Störungen mehr. S_1 braucht deshalb aber kein Küpfmüller-Tiefpaß zu sein, denn wegen $U_3 = U_1 \cdot S_1 \cdot S_3$ im Übertragungsband von S_3 können mit $S_3 = 1/S_1$ Verzerrungen durch S_1 wieder entzerrt werden.

l) Spalttiefpaß als Impulsformer

$$u_2(t) = (u_1 * s_1) \cdot (Tp * s_2)$$
$$U_2(f) = (U_1 S_1) * (TP \cdot S_2) =$$
$$= \sum_k S_2(k/T)\, U_1(f-k/T) S_1(f-k/T)$$

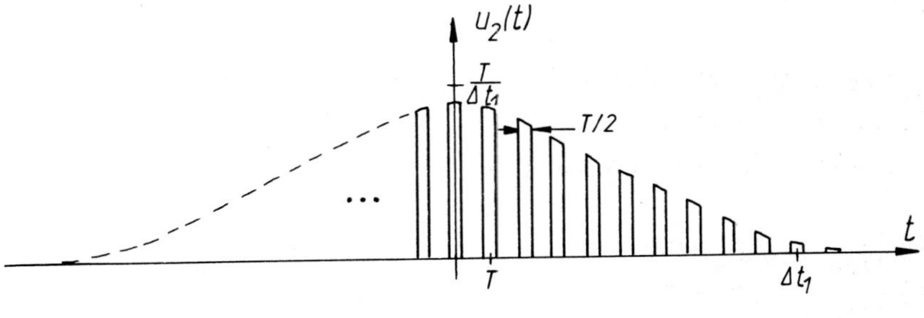

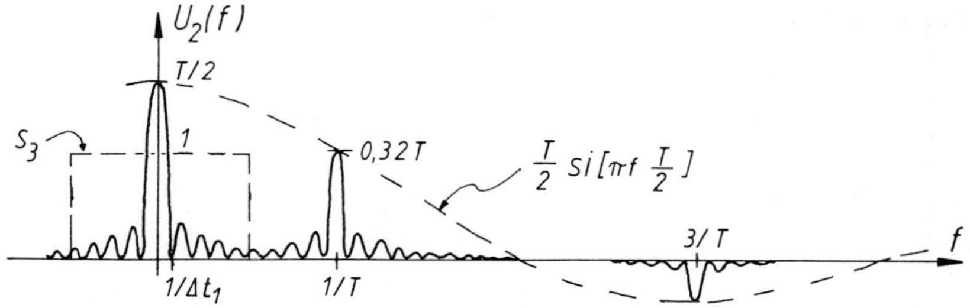

In $u_3(t)$ treten durch Hinzunahme des Impulsformers folgende Unterschiede auf:

1) Die spektrale Energie konzentriert sich im NF-Bereich (Durchlaßbereich von S_3) und die Amplitude von u_3 ist proportional zur Abtastimpulsbreite.
2) Die Seitenbänder sind gedämpft gegen das NF-Band (Verhältnis 1:0,64:0:0,21, 0. bis 3. Seitenband), daher ist die Aliasing-Störung (s. (i3)) um ca. 36% (Amplitude) verringert.
3) An den Dämpfungsverzerrungen durch S_1 und S_3, s.(i), ändert sich nichts.

L 9.3 Abtastung im Zeit- und Frequenzbereich

a) Skizzen

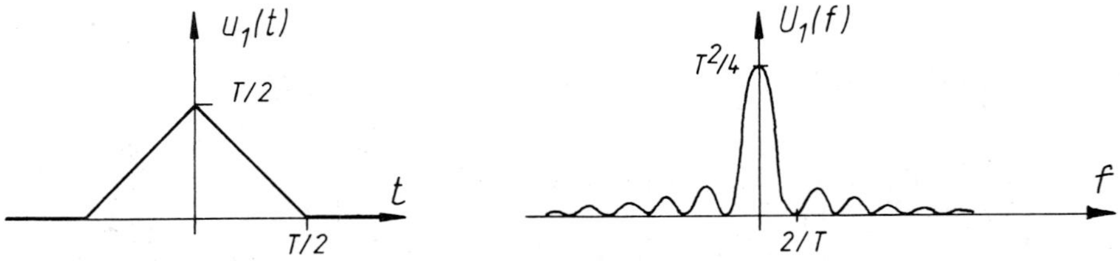

b) Signal nach Abtastung im Zeitbereich

$$u_2(t) = u_1(t)\, p(t,T/12) = \sum_{k=-5}^{5} u_1(kT/12)\delta(t-kT/12)$$

$$U_2(f) = U_1(f) * \frac{12}{T} \sum_k \delta(f-12k/T) = \frac{12}{T} \sum_k U_1(f-12k/T) =$$

$$= 3T \sum_k \mathrm{si}^2(\pi T(f-12k/T)/2)$$

c) Skizzen

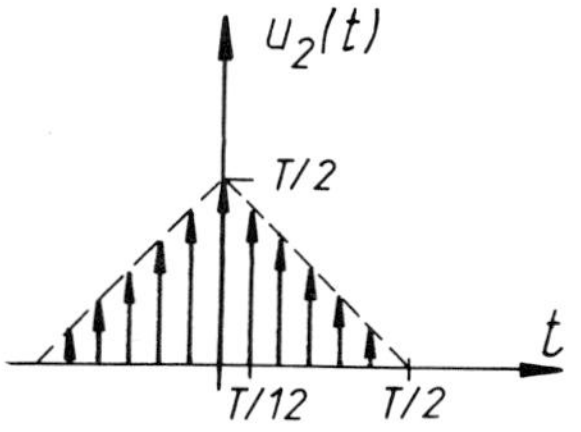

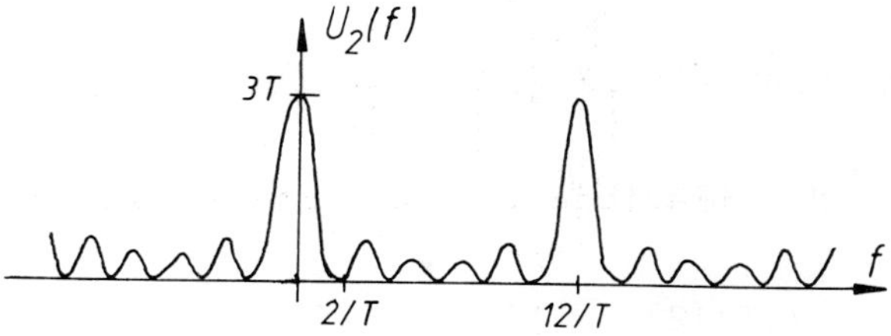

d) Abtasttheorem

Das Abtasttheorem ist nicht erfüllt, denn es kommt in U_2 zu spektralen Überlappungen (Aliasing-Störungen) aufgrund der unendlichen Bandbreite des Eingangssignals u_1.
Ist das Abtasttheorem erfüllt, so läßt sich das ursprüngliche Signal (u_1) vollständig aus dem abgetasteten Signal (u_2) zurückgewinnen.

e) Abtastbedingung für den Frequenzbereich

Nach Abtasttheorem muß gelten, s. MS S.135

$\Delta f \leq 1/(\text{Zeitdauer von } u_2) = 1/T$

f) Skizzen

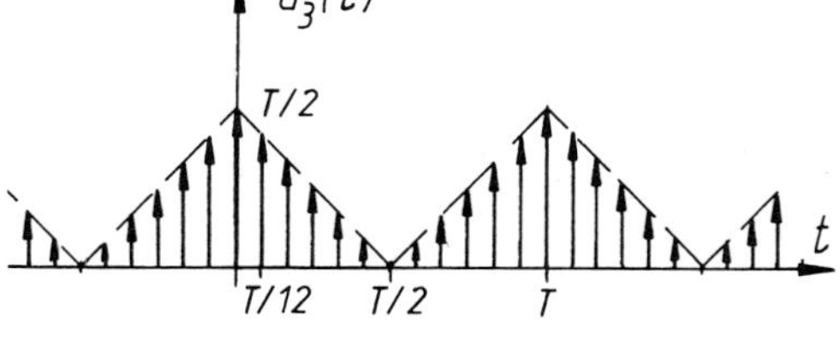

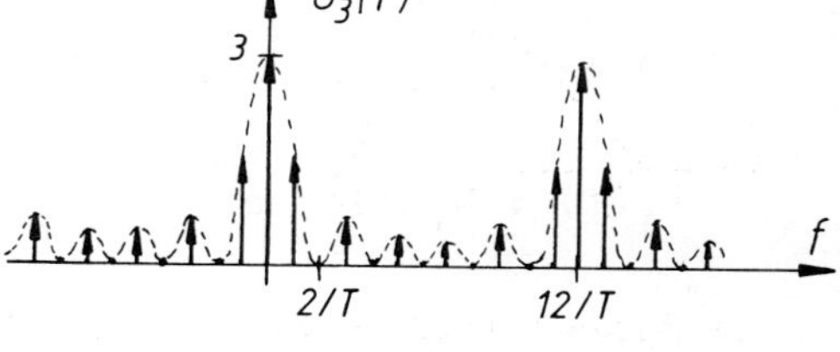

g) Impulsantwort des spektralen Abtasters

$$S(f) = \Delta f \sum_k \delta(f-k\Delta f) \circ\!\!-\!\!\bullet\, s(t) = \sum_k \delta(t-k/\Delta f) \overset{\Delta f=1/T}{=} \sum_k \delta(t-kT)$$

S(f) ist lineares, zeitinvariantes System ($U_3 = U_2 \cdot S$, d.h. Multiplikation mit der Übertragungsfunktion) und zwar ein ideales Kammfilter, d.h. eine Filterbank aus idealen differentiell schmalen äquidistanten Bandpässen.

h) minimale Länge des Vektors

N = (Periode von u_3 oder U_3)/Abtastintervall =

T/(T/12) = (12/T)/(1/T) = 12

i) Datenreduktion

Da u_1 und damit u_3 reell ist, genügt ein reeller Vektor der Länge 12 oder bei entsprechender Besetzung des Imaginärteils ein komplexer Vektor der Länge 6 zur Beschreibung von $u_3(t)$. Ebenso kann die Symmetrie des Spektrums U_3 benutzt werden, denn nach Zuordnungssatz, s. MS S.81, ist der Realteil gerade und der Imaginärteil ungerade und damit genügen die 6 Komponenten des komplexen Vektors für die positiven Frequenzen.

j) Darstellung eines Analogsignals durch Abtastwerte

Durch folgende Beweise kann gezeigt werden, daß immer unendlich viele Abtastwerte zur Beschreibung eines Analogsignals erforderlich sind. (Allerdings setzt dies unendlich hohe Meß- und Darstellungsgenauigkeit der Abtastwerte voraus, was in der Realität nicht der Fall ist).

1) bandbegrenztes Signal:

$$U_1(f) = U_1(f)\ \mathrm{rect}(f/(2f_g))$$

damit folgt

$$u_1(t) = u_1(t) * 2f_g\,\mathrm{si}(2\pi f_g t)$$

da die si-Funktion unendlich ausgedehnt ist, gilt dies auch für das Faltungsprodukt; auch bei Abtastung im maximalen Abstand $\Delta t = 1/(2f_g)$ ergeben sich unendlich viele Abtastwerte.

2) zeitbegrenztes Signal

$u_1(t) = u_1(t)\ \mathrm{rect}(t/T)$, T Zeitdauer von u_1

damit folgt analog wie bei (1)

$U_1(f) = U_1(f) * T\mathrm{si}(\pi f T)$

usw.

L 10.1 Echoverzerrung

a) Skizze von Impuls- und Sprungantwort

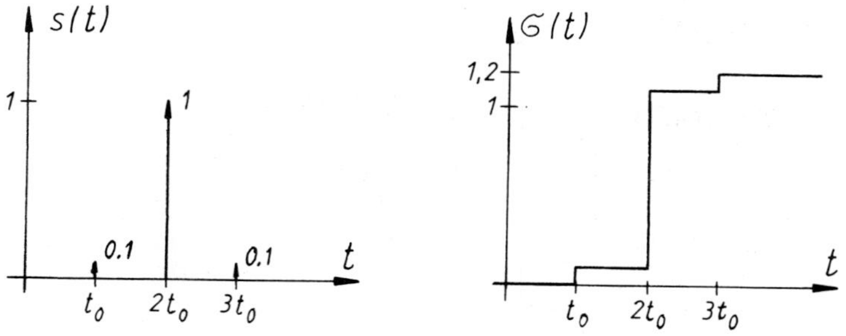

b) Übertragungsfunktion

Zentrierung von s(t) durch Abtrennen der Grundlaufzeit $2t_0$

$$s(t) = s(t+2t_0) * \delta(t-2t_0)$$

$$S(f) = (1 + 0{,}2 \cos 2\pi f t_0)\, e^{-j 4\pi f t_0}$$

c) Ortskurve von S(f)

nach (b) gilt

$$|S(f)| = 1 + 0{,}2 \cos 2\pi f t_0$$

$$\arg(S(f)) = -4\pi t_0 f$$

damit ist S(f) ein Drehzeiger mit konstanter Winkelgeschwindigkeit $-2\pi t_0$ und der frequenzabhängigen Länge $1+0{,}2\cos 2\pi f t_0$, d.h. näherungsweise ein Kreis mit Abweichungen entsprechend dem cos-Beitrag.

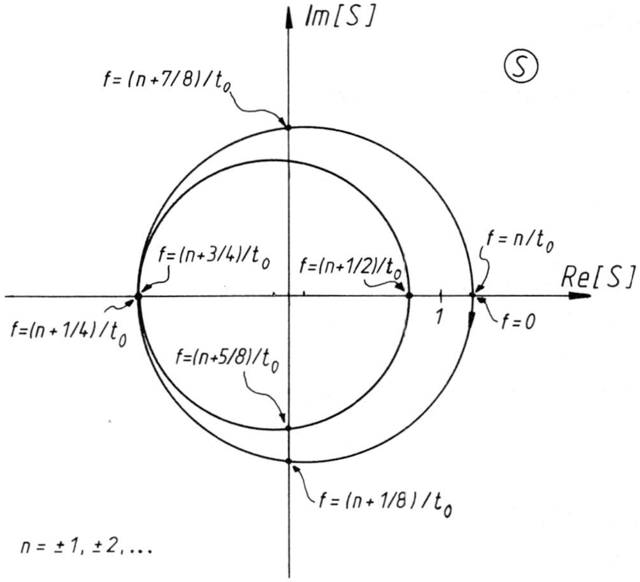

d) Verzerrungen?

Drehzeiger S(f) ändert seine Länge, d.h. Amplitudenverzerrungen
Drehzeiger S(f) hat konstante Winkelgeschwindigkeit, d.h. keine Phasenverzerrungen
Dies folgt wegen

$$a(f) = -\ln|S(f)|$$

$$b(f) = -\arg(S(f))$$

und den Bedingungen für verzerrungsfreie Übertragung:

$$a(f) = \text{const. bzw. } b(f) \sim f$$

e) Näherung für Dämpfung und Phase

mit $e^x = 1 + x + x^2/2! + x^3/3! + \ldots$ für $|x| < \infty$
folgt

$$S = e^{-a-jb} = 1 - a - jb + (a+jb)^2/2 + \ldots \approx$$

$$\approx 1 - a - jb \quad \text{für } a,b \ll 1$$

aus (b):

$$S(f) = S_1(f)\, S_2(f)$$

$$S_1(f) = 1 + 0{,}2\cos 2\pi t_0 f \approx 1 - a_1(f)$$

mit $a_1(f) = -\,0{,}2\cos 2\pi t_0 f;\quad b_1(f) = 0$

$$S_2(f) = e^{-j4\pi t_0 f} \quad \text{(Laufzeitglied)}$$

mit $a_2(f) = 0;\quad b_2(f) = 4\pi t_0 f$

damit folgt

$$a(f) = a_1 + a_2 \approx -\,0{,}2\cos 2\pi t_0 f$$

$$b(f) = b_1 + b_2 = 4\pi t_0 f$$

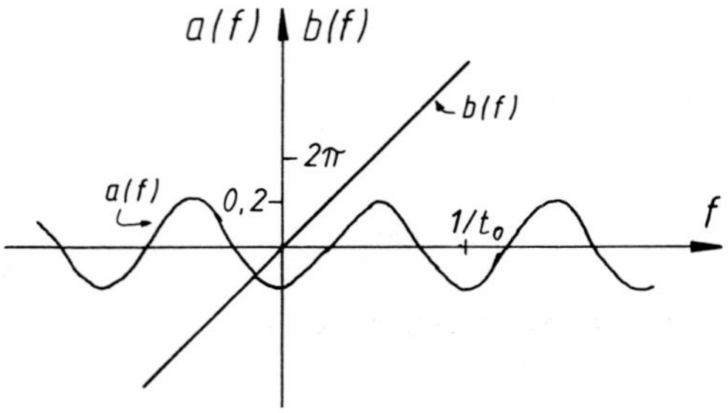

L 10.2 z-Transformation

a) Impulsantwort des Gesamtsystems

$$s_d(t) = s_1(t) \sum_k \delta(t - k\Delta t) = a \sum_0^{\infty} e^{-ak\Delta t}\,\delta(t - k\Delta t)$$

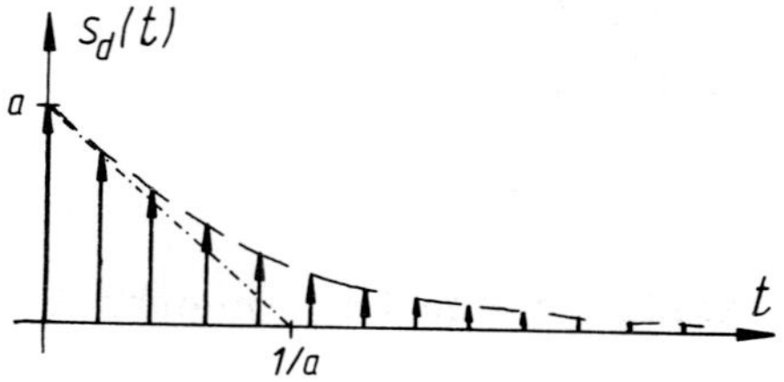

b) Fourier- und z-Übertragungsfunktion

mit $\delta(t-k\Delta t) \circ\!\!-\!\!\bullet\, e^{-j\omega k\Delta t}$ folgt

$$S_d(f) = a \sum_{k=0}^{\infty} e^{-ak\Delta t} e^{-j2\pi k\Delta t f}$$

mit $z = e^{j2\pi\Delta t f}$, s. MS S.138ff., folgt

$$\underset{\sim}{S}(z) = a \sum_{k=0}^{\infty} (e^{a\Delta t} z)^{-k}$$

c) Vereinfachung durch Summenformel

$$\underset{\sim}{S}(z) = a \sum_{k=0}^{\infty} (1/(e^{a\Delta t} z))^k \overset{\text{Im Gültigkeitsbereich}}{=} \underset{\sim}{S}_v(z) = a/(1-(e^{a\Delta t} z)^{-1}) = \ldots =$$

$$= az/(z - e^{-a\Delta t})$$

Gültigkeitsbereich (s. Summenformel-Angabe):

$|1/(e^{a\Delta t} z)| < 1$ und daraus

$|z| > e^{-a\Delta t}$

d) Polverteilung und Gültigkeitsbereich

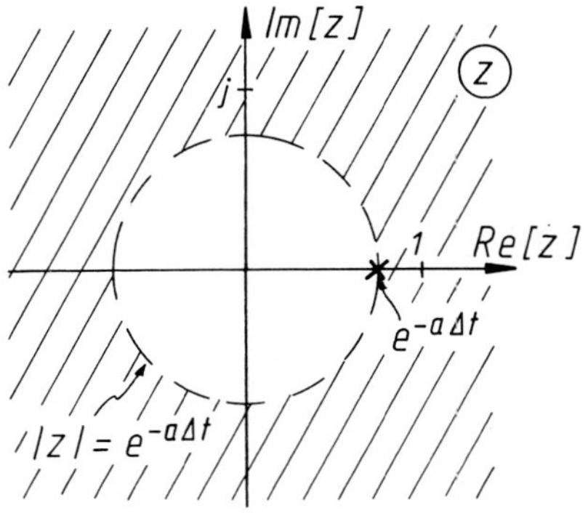

e) Stabilität

Das Gesamtsystem ist stabil, da der Pol innerhalb des Ein-

heitskreises liegt.
(Begründung über Stabilitätskriterium bei Laplace-Transformierten: keine Pole in der rechten Halbebene: $Re\{p_{\infty i}\} \leq 0$ mit $z = e^{p\Delta t}$ folgt

$$z_{\infty i} = e^{Re\{p_{\infty i}\}\Delta t} \, e^{j\, Im\{p_{\infty i}\}\Delta t}$$

und damit $|z_{\infty i}| = e^{Re\{p_{\infty i}\}\Delta t} \leq 1$)

f) Vereinfachung von $S_d(f)$ und $S_d(p)$

mit $z = e^{j2\pi\Delta t f} = e^{p\Delta t}$ und $\underset{\sim}{S}_v(z)$ aus (c) folgt

$$S_d(f) = a\, e^{j2\pi\Delta t f}/(e^{j2\pi\Delta t f} - e^{-a\Delta t}), \quad \text{für alle f, da}$$

$$|e^{j2\pi\Delta t f}| = 1 > e^{-a\Delta t}$$

$$S_d(p) = a\, e^{p\Delta t}/(e^{p\Delta t} - e^{-a\Delta t}), \quad \text{für } Re\{p\} > -a, \text{ da}$$

$$|z| = e^{Re\{p\}\Delta t} > e^{-a\Delta t}$$

d.h. rechts von den Polen von $S_d(p)$. Diese Darstellung genügt, denn zur Rücktransformation muß der Integrationsweg nur rechts an den Polen vorbei, kann also immer im Gültigkeitsgebiet bleiben.

g) Pole von $S_d(p)$

mit $S_d(p)$ aus (f) folgt

$$e^{p_{\infty i}\Delta t} = e^{-a\Delta t}$$

und mit $p_{\infty i} = \alpha_i + j\omega_i$

$$e^{\alpha_i \Delta t} e^{j\omega_i \Delta t} = e^{-a\Delta t}$$

und damit

$\alpha_i = - a;\quad \omega_i = 2i\pi/\Delta t,\; i = 0, +1, +2, \ldots$
das bedeutet: periodisch auftretende Pole bei

$$p_\infty = - a + j\, i2\pi/\Delta t$$

h) Integrationsweg in der z-Ebene

Der Integrationsweg muß im Gegenuhrzeigersinn die Pole einschließen, denn für Laplace-Spektren gilt
$Re\{p_J\} > Re\{p_{\infty i}\}$, mit p_J längs des Integrationsweges J ;

mit $z = e^{p\Delta t}$ gilt dann

$$|z_J| = e^{Re\{p_J\}\Delta t} > e^{Re\{p_{\infty i}\}} = |z_{\infty i}|$$

und $\arg(z_J) = Jm\{p_J\}\Delta t$, d.h. Drehung im Gegenuhrzeigersinn für wachsenden $Im\{p_J\}$

i) $\underset{\sim}{S}_V(z)$ für $|z| = 1$

mit $z = e^{p\Delta t}$ und $|z| = 1$ folgt $z = e^{j\omega\Delta t}$,
d.h. auf $|z| = 1$ ist die Fouriertransformierte in die z-Ebene abgebildet.

j) z-Rücktransformation

$$\underset{\sim}{S}_V(z) = az/(z - b) \qquad \text{mit } b = e^{-a\Delta t}$$

j1) Polynom-Division

$$\underset{\sim}{S}_V(z) = az : (z - b) = a + abz^{-1} + ab^2 z^{-2} + \ldots$$

$$\begin{array}{l} az - ab \\ \hline \quad ab - ab^2 z^2 \\ \hline \qquad ab^2 z^{-1} \\ \qquad \vdots \end{array}$$

$$s_d(t) = a\delta(t) + ae^{-a\Delta t}\delta(t-\Delta t) + ae^{-2a\Delta t}\delta(t-2\Delta t) + \ldots$$

$$z^{-k} = e^{-j\omega k\Delta t} \bullet\!\!-\!\!\circ\; \delta(t-k\Delta t)$$

Ergebnis in Form einer unendlichen Reihe.

j2) z-Rücktransformation s. MS S.147

die z-Rücktransformation liefert die Zahlenfolge

$s_1(k\Delta t)$, wobei gilt

$$s_d(t) = s_1(t)\sum_k \delta(t-k\Delta t) = \sum_k s_1(k\Delta t)\delta(t-k\Delta t) \quad \text{und}$$

$$\underset{\sim}{S}(z) = \sum_{k=0}^{\infty} s_1(k\Delta t)z^{-k}$$

$$s_1(k\Delta t) = \sum_{\nu} \mathrm{Res}_{\nu}\left(\underset{\sim}{S}_V(z)z^{k-1}\right) =$$

$$= \left[\underset{\sim}{S}_V(z)z^{k-1}(z - e^{-a\Delta t})\right]_{z=e^{-a\Delta t}} =$$

$$= ae^{-ak\Delta t} = \left\{a,\ ae^{-a\Delta t},\ ae^{-2a\Delta t},\ldots\right\},\ k \geq 0$$

L 10.3 Diskrete Entzerrungsfilter

a) Skizze der zu entzerrenden Impulsantwort

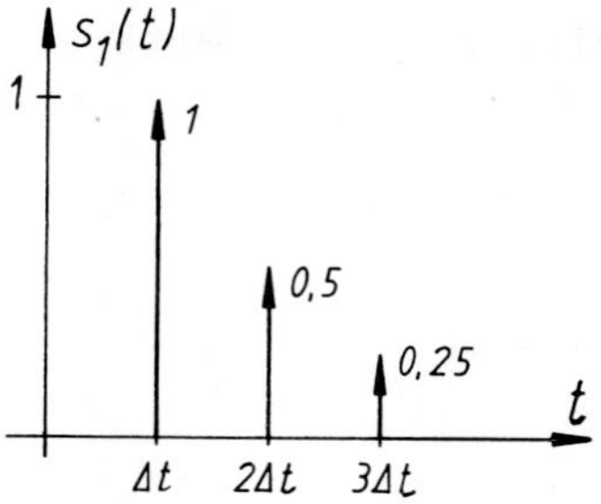

b) idealer Entzerrer

$$s_0(t) = \delta(t-\Delta t) \circ\!\!-\!\!\bullet\ e^{-j\omega\Delta t} = S_1(\omega)S_{20}(\omega)$$

mit $s_1(t) = \sum_{k=1}^{3} 2^{1-k}\delta(t-k\Delta t)$

$$S_1(\omega) = \sum_{1}^{3} 2^{1-k}e^{-j\omega k\Delta t} \quad \text{folgt}$$

$$S_{20}(\omega) = e^{-j\omega\Delta t}/S_1(\omega) = 1/(1 + e^{-j\omega\Delta t}/2 + e^{-j2\omega\Delta t}/4)$$

c) Vier-stufiges nichtrekursives Laufzeitfilter, s. MS S.133

mit $z = e^{j\omega\Delta t}$ folgt aus (c)

$$\underset{\sim}{S}_{20}(z) = 1/(1 + z^{-1}/2 + z^{-2}/4) =$$
$$= z^2/(z^2 + z/2 + 1/4) =$$

Polynom-Division

$$\stackrel{!}{=} 1 - z^{-1}/2 + z^{-2}/8 - z^{-3}/16 + \ldots$$

Filterschaltung (n=4)

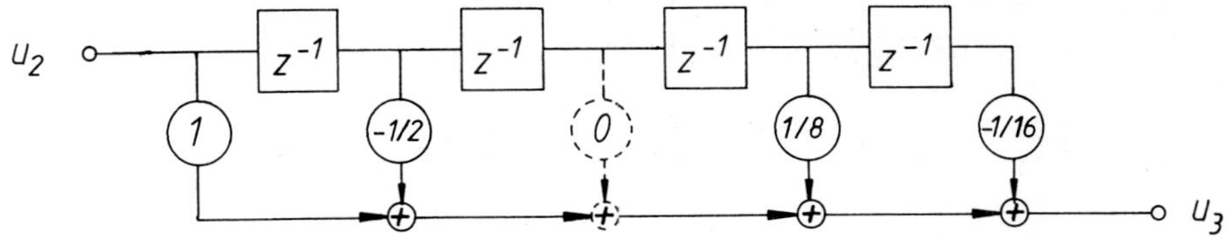

Übertragungsfunktion: $\underset{\sim}{S}_{21}(z) = 1 - z^{-1}/2 + z^{-3}/8 - z^{-4}/16$

Impulsantwort: $s_{21}(t) = \delta(t) - \delta(t-\Delta t)/2 + \delta(t-3\Delta t)/8 - \delta(t-4\Delta t/16)$

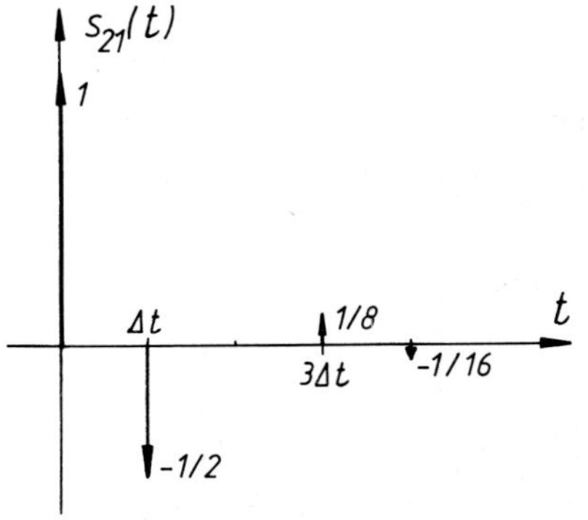

d) n-stufiges nichtrekursives Laufzeitfilter, Restechos < 1%

Bedingung für $s_{02}(t)$:

$$s_{02}(t) \overset{!}{=} \delta(t-\Delta t) + \sum_{2}^{\infty} a_k \delta(t-k\Delta t) \quad , \quad |a_k| < 0.01$$

Ansatz für die diskrete Faltung $s_{02} = s_1 * s_{22}$:

$$s_{22}(t) = \sum_{k=0}^{n} c_k \delta(t-k\Delta t)$$

Die diskrete Faltung mit s_1 liefert s_{02} durch dreifach verschobene Wiederholung mit Gewichtung (Faltung mit Dirac-Impuls s. L2.3) z.B. nach folgendem Schema

$$s_1 = \{1,\ 1/2,\ 1/4\}\ , \qquad s_2 = \{c_0, c_1, c_2, \ldots\}$$

$$\begin{array}{cccccccccc}
c_0 & c_1 & c_2 & c_3 & c_4 & c_5 & \ldots & c_n & & \\
 & + & + & + & + & + & & + & & \\
 & c_0/2 & c_1/2 & c_2/2 & c_3/2 & c_4/2 & \ldots & c_{n-1}/2 & c_n/2 & \\
 & \Sigma & + & + & + & + & & + & & \\
 & & c_0/4 & c_1/4 & c_2/4 & c_3/4 & \ldots & c_{n-2}/4 & c_{n-1}/4 & c_n/4 \\
\downarrow & \downarrow & \downarrow & \downarrow & \downarrow & \downarrow & & & & \downarrow \\
\hline
s_{02} = \{a_0 & a_1 & a_2\ , & a_3\ , & a_4 & \ldots & \ldots & \ldots & \ldots & a_{n+2}
\end{array}$$

mit der Bedingung für s_{02}, s. oben, die so ausgelegt wird, daß die a_i so lange Null gesetzt werden, bis sie kleiner 1% sind, folgen folgende Gleichungen, die die gesuchten c_i liefern:

$$a_0 = c_0 = 1$$

$$a_1 = c_1 + c_0/2 \overset{!}{=} 0^{*)} \quad \Rightarrow \quad c_1 = -1/2$$

$$a_2 = c_2 + c_1/2 + c_0/4 \overset{!}{=} 0 \quad \Rightarrow \quad c_2 = 0$$

$$a_3 = c_3 + c_2/2 + c_1/4 \overset{!}{=} 0 \quad \Rightarrow \quad c_3 = 1/8$$

$$a_4 = c_4 + c_3/2 + c_2/4 \overset{!}{=} 0 \quad \Rightarrow \quad c_4 = -1/16$$

$a_5 = c_5 + c_4/2 + c_3/4 \overset{!}{=} 0 \quad \Rightarrow c_5 = 0$

$a_6 = c_6 + c_5/2 + c_4/4 \overset{!}{=} 0 \quad \Rightarrow c_6 = 1/64$

$a_7 = c_7 + c_6/2 + c_5/4 \overset{c_7 = 0}{=} 1/128 < 0{,}01$

$a_8 = c_8/4 \overset{c_7, c_8 = 0}{=} 1/256 < 0{,}01$

} Restechos

(*) $|a_i|$ müßte eigentlich nur kleiner als 0,01 sein, die Rechnung vereinfacht sich jedoch wesentlich durch das Nullsetzen. Andernfalls kann eventuell n minimiert werden, indem die a_i innerhalb $|a_i| < 0{,}01$ variabel gehalten werden).

Ergebnisse:

$n = 6$

$$s_{22}(t) = \sum_0^6 c_k \delta(t-k\Delta t)\ , \quad \{c_k\} = \{1,-1/2,0,1/8,-1/16,0,1/64\}$$

$$s_{02}(t) = \sum_0^8 a_k \delta(t-k\Delta t)\ , \quad \{a_k\} = \{1,0,0,0,0,0,0,1/128,1/256\}$$

e) rekursives Laufzeitfilter

$\underset{\sim}{S}_{20}(z) = 1/(1 + z^{-1}/2 + z^{-2}/4)$ s.(c)

durch Rückkopplung läßt sich realisieren:

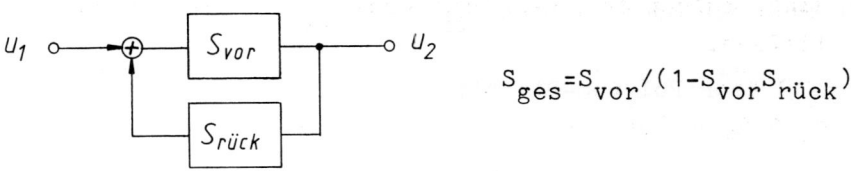

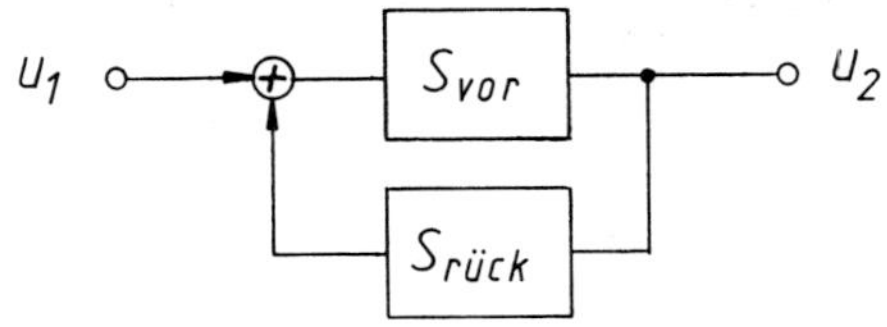

$S_{ges} = S_{vor}/(1 - S_{vor} S_{rück})$

durch Vergleich mit $\underset{\sim}{S}_{20}$ ergibt sich, daß das ideale Entzerrungsfilter durch ein einfaches rückgekoppeltes Netzwerk realisiert werden kann:

$S_{vor} = 1$ und $S_{rück} = -z^{-1}/2 - z^{-2}/4$

und damit

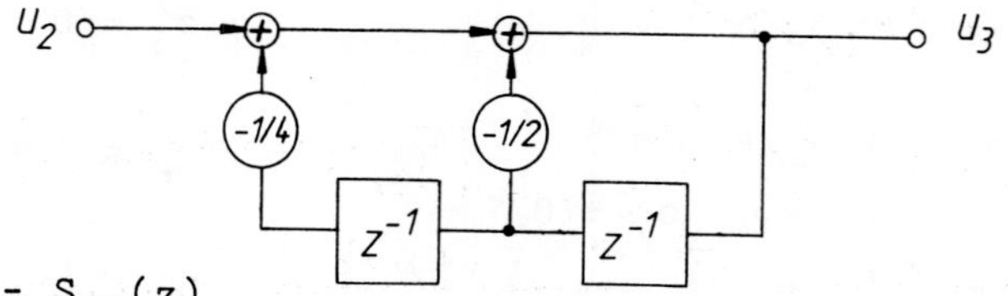

$\underset{\sim}{S}_{23}(z) = \underset{\sim}{S}_{20}(z)$

allgemein:

$$\underset{\sim}{S}_{20}(z) = z^2/(z^2 + z/2 + 1/4) =$$

$$= \sum_{\nu=0}^{n} b_\nu z^\nu / \sum_{\nu=0}^{n} a_\nu z^\nu$$

erste kanonische Realisierung durch ein Laufzeitfilter, s. MS S.177, ergibt z.B.

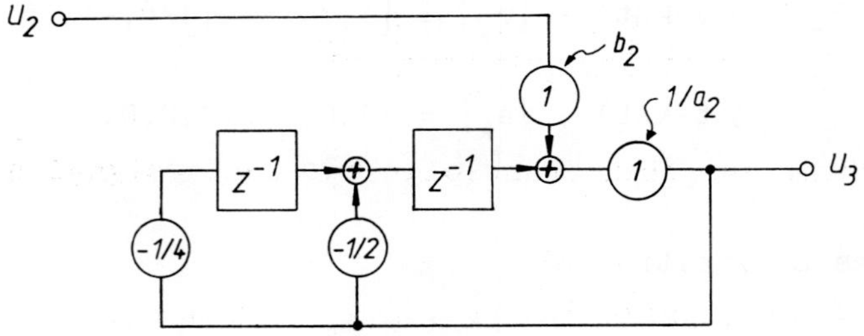

(identisch mit obiger Schaltung)

f) Enzerrerimpulsantwort $s_{23}(t) = s_{20}(t)$

f1) über Polynom-Division
s. (c) und (d)

$$\underset{\sim}{S}_{20}(z) = 1 - z^{-1}/2 + z^{-3}/8 - z^{-4}/16 + z^{-6}/64 - \dots$$

$$s_{20}(t) = \sum_{k=0}^{\infty} c_k \delta(t-k\Delta t); \; c_k = \{1,-1/2,\dots \text{ unendliche Fol}$$

f2) über z-Rücktransformation
Pole von $\underset{\sim}{S}_{20}(z)$: $z_{1,2} = (-1 \pm j\sqrt{2})/4 = x \pm jy$ (→ stabil!)

$$c_k = \sum_{\nu} \mathrm{Res}_{\nu}\left(\underset{\sim}{S}_{20}(z)z^{k-1}\right) =$$

$$= \left[\underset{\sim}{S}_{20}(z)z^{k-1}(z-z_1)\right]_{z=z_1} + \left[\underset{\sim}{S}_{20}(z)z^{k-1}(z-z_2)\right]_{z=z_2} = \ldots =$$

$$= \frac{z_1^{k+1} - z_2^{k+1}}{z_1 - z_2} = \frac{(x+jy)^{k+1} - (x-jy)^{k+1}}{2jy} \quad \text{analytischer Ausdruck}$$

Kontrolle: $c_0 = 1, \quad c_1 = 2x = -1/2, \ldots$

L 10.4 Diskrete FT (DFT)

a) Grundfolge

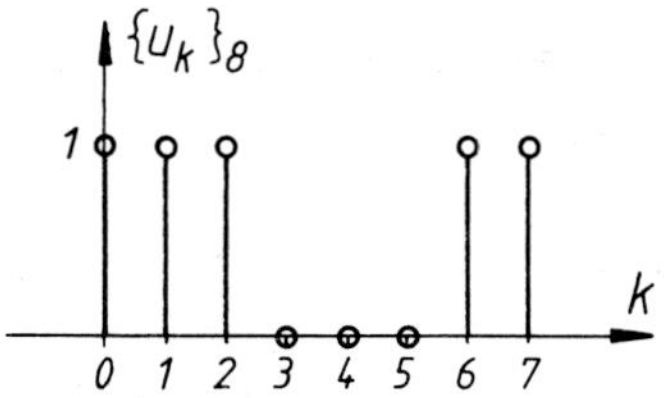

b) Zusammenhang zwischen Grundfolge und Analogsignal nach MS S.156

$$\{u_k\}_N = \left\{\sum_n u((k-nN)\Delta t)\right\}_N, \quad k = 0,1,\ldots,N-1$$

c) mögliche Analogsignale

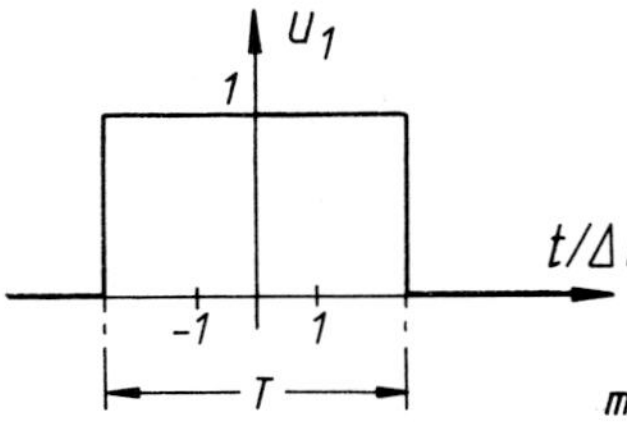

mit $4<T<6$

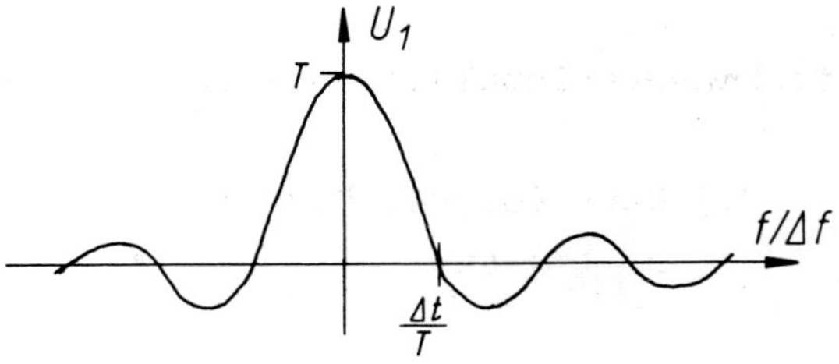

oder

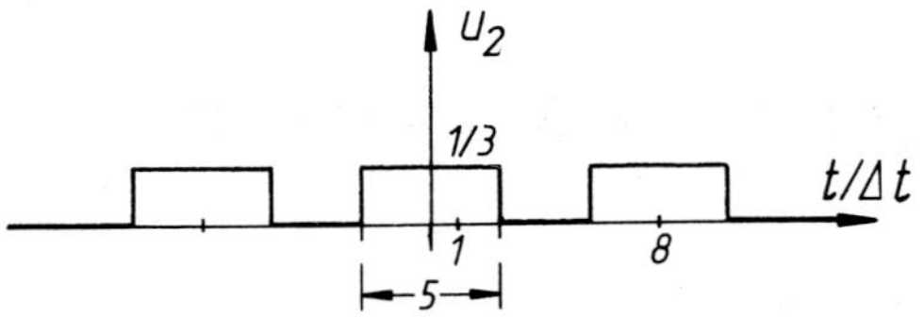

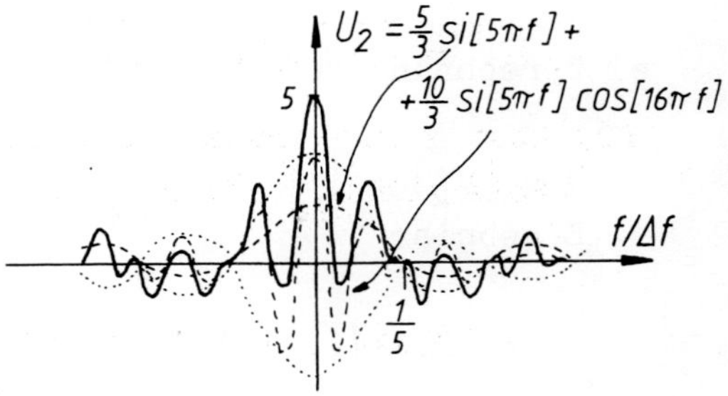

oder

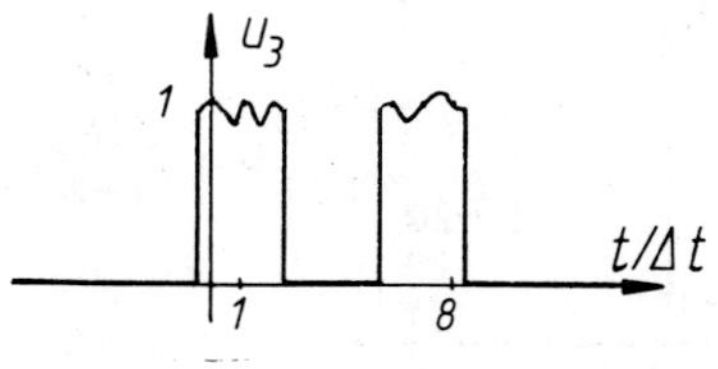

usw.

d) FT-Matrix für N=8 s. MS S.162

$[F] = [\varepsilon^{-ik}]$ mit $\varepsilon = e^{j2\pi/N} = e^{j\pi/4}$

damit folgt

$$[F] = \begin{bmatrix} 1 & 1 & 1 & 1 & 1 & 1 & 1 & 1 \\ 1 & e^{-j\pi/4} & -j & e^{-j3\pi/4} & -1 & e^{j3\pi/4} & j & e^{j\pi/4} \\ 1 & -j & -1 & j & 1 & -j & -1 & j \\ \cdot & \cdot & \cdot & e^{-j\pi/4} & -1 & e^{j\pi/4} & -j & e^{j3\pi/4} \\ \cdot & \cdot & \cdot & \cdot & 1 & -1 & 1 & -1 \\ \cdot & \cdot & \cdot & \cdot & \cdot & e^{-j\pi/4} & j & e^{-j3\pi/4} \\ \cdot & \cdot & \cdot & \cdot & \cdot & \cdot & -1 & -j \\ \cdot & \cdot & \cdot & \cdot & \cdot & \cdot & \cdot & e^{-j\pi/4} \end{bmatrix} \begin{bmatrix} 1 \\ 1 \\ 1 \\ 0 \\ 0 \\ 0 \\ 1 \\ 1 \end{bmatrix} \vec{u}$$

F ist symmetrisch

mit $e^{\pm j\pi/4} = \sqrt{2}\,(1 \pm i)/2$

$e^{\pm j3\pi/4} = \sqrt{2}\,(-1 \pm i)/2$

e) Berechnung von $\vec{U}_D = [F]\,\vec{u}$

$\vec{u} = \{u_k\}^T$ ist bereits neben $[F]$ in (b) eingetragen
Ergebnis:

$\vec{U}_D^T = (5, 1+\sqrt{2}, -1, 1-\sqrt{2}, 1, 1-\sqrt{2}, -1, 1+\sqrt{2})$

f) Skizze der Grundfolge zu $\vec{U}_D$

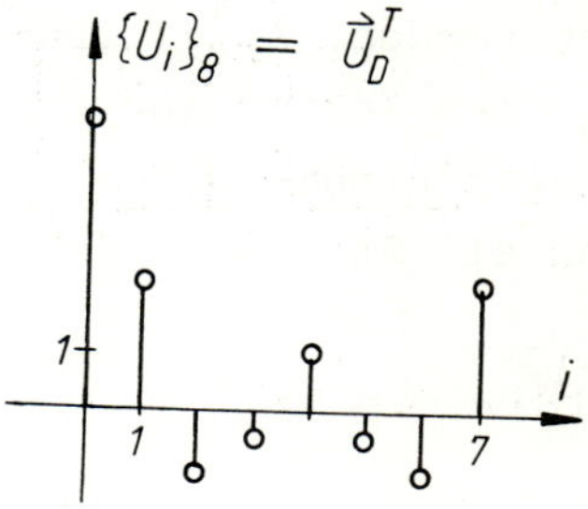

g) Ableitung der Hüllkurve U_d von $\{U_i\}_8$

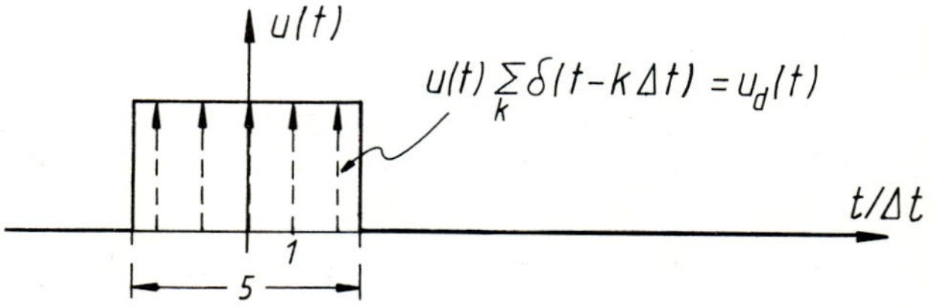

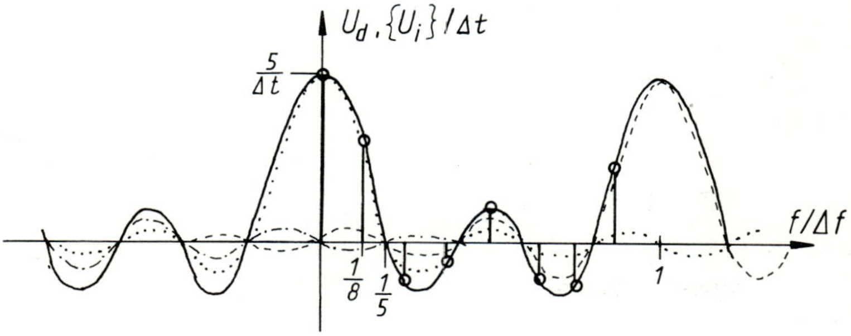

Die Hüllkurve von $\{U_i\}_8/\Delta t$ ist die Fouriertransformierte des abgetasteten Analogsignals $u_d(t)$: $\{U_i\}_8 = U_d(i\Delta f/8)$, $i=0,1,2,\ldots 7$. Als Analogsignal können z.B. auch die anderen in (c) angegebenen möglichen u_i eingesetzt werden. Durch Aliasing ergeben sich immer die gleichen Abtastwerte der Grundfolge.

h) Zusammenhang $\vec{U}_D \leftrightarrow u(t)$

Die DFT stellt einen eigenen Zusammenhang dar, da die Analogspektren durch Aliasing aufgrund der Abtastung von u(t) verändert werden, s.(g). Durch Vergrößerung von N wird $\hat{U}_D = \{U_i\}_N$ dem Vektor aus den entsprechenden Abtastwerten des Analogspektrums $U(f) \bullet\!\!-\!\!\circ\, u(t)$ immer ähnlicher, und die DFT kann dann als Approximation für die FT verwendet werden.